《深圳市中心区城市设计与建筑设计 1996-2002》系列丛书

Urban Planning and Architectural Design for Shenzhen Central District 1996-2002

深圳市中心区专项规划设计研究

Specific Area Studies of Shenzhen Central District

丛书主编单位：深圳市规划与国土资源局

Editing Group: Shenzhen Planning and Land Resource Bureau

中国建筑工业出版社

China Architecture & Building Press

《深圳市中心区城市设计与建筑设计1996—2002》系列丛书 编委会

《深圳市中心区专项规划设计研究》是中心区1996～2002年城市设计不可缺少的组成部分，系统反映了对一些国际咨询成果消化吸收、改进完善、管理实施的过程。其中交通规划研究一直保持着对规划演变的动态配合和支持；行道树规划和城市雕塑规划体现了对环境要素整体性的重视以及在城市设计专项领域的探索；地下商业街、地下水系、广场及南中轴，以及一些街区研究则是对城市设计概念的深化和延伸；成功应用电脑仿真技术进行城市设计和方案比较分析也是在中国城市建设史上的一项开创性工作；而这些规划成果的实施，最终将依靠法定图则的编制和执行。

"Specific Area Studies of Shenzhen Central District"

These are indispensable parts of the Central District urban planning, and systematically reveal how international consultation results have been digested, improved upon, and i,plemented. Of these traffic planning has always dynamically coordinated with and supports the whole planning evolution. planning for street trees and urban sculptres enhances total environmental quality. Design research on underground streets, water systems, plazas and central axis is an important extension of general urban planning. In addition, successful adoption of computer simulation technology to conduct comparative analysis of urban design schemes has been innovative. All of these efforts will be implemented according to the Statutory Plan. The collection of these studies will help the reader explore specific fields of study in-depth.

1996 年
之前的中心区规划研究
Planning before 1996

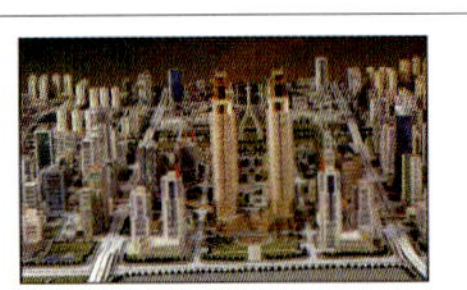

1986 年确定中心区选址范围 Select the Site of the New Centre District in 1986

1989 年四个概念方案 Four Conseption Schemes in 1989

1991 年综合规划方案 Integration Planning Schemes in 1991

1992 年《控制性详细规划》《交通规划》 The Control Planning in 1992

1994 年《中心区城市设计》 The Urban Design in 1994

1996 年
核心段城市设计国际咨询
International Consultation for Urban Design of Core Area in 1996

美国李名仪／廷丘勒建筑师事务所 John M.Y.Lee/ Michael Timchula Architect,USA

法国建筑与城市规划设计国际公司 Architecture and City Planning LLP, France

香港华艺设计顾问有限公司 Huayi Designs Consultant, Hongkong

新加坡雅科本建筑规划咨询顾问公司 Archurban Designs & Managent Swrvices,Sg

优选 winner

1997 年
中轴线公共空间系统规划
Urban Design of the Public Space System along the Cenral Axis (PSSCA) in 1997

日本黑川纪章设计事务所 Kiso Kulokawa Architect,Jappan

交通规划研究 地铁选线研究 Researching of Tranportation and Subway Line

市民中心及广场设计 Design the City hall and Square

购物公园设计 Design of Commercial Park

市政设计调整 Infrastructure Design Adjustment

文化设施设计 Four Cultural Facilities Design

1998 年
22、23-1 街坊城市设计
Urban Design Guideline of Blocks 22 and 23-1 in 1998

美国 SOM 设计公司 Skidmore Owings & Merrill LLP,USA

编制法定图则 Work out the Statutory Plan (SP) (Draft)

行道树规划设计招标 Planning of the Street tree

岗厦村改造策略前期研究 Renovation Study of Gangsha Area

1999 年
城市设计、交通、地下空间综合规划国际咨询
International Consultation for Urban Design, Traffic and the Underground Space

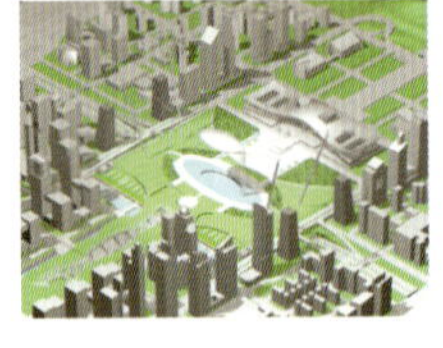

德国欧博迈亚工程咨询公司 OBERMEYER Planen +Beraten,Germeny

美国 SOM 设计公司 Skidmore Owings & Merrill LLP,USA

日本 日本设计公司 NIHON SEKKEI, Inc.Japan

岗厦改造规划 Renovation Planning of Gangsha Area

优选 winner

2000 年
深圳会议展览中心重新选址研究
Researching of the site selection for the Shenzhen Confrence and Exhibition Center (SCEC) in 2000

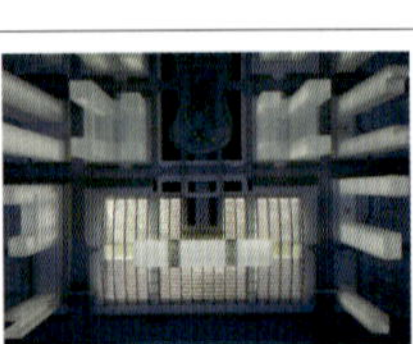

会展中心在南中轴尽端选址并设计招标 SCEC Located in S End of PSSCA and designed

南中轴两侧水系可行性研究 Feasibility Study of the Water System beside the South of PSSCA

福华路地下街研究与设计 Study and Design of Fuhua Underground Street

城市电脑仿真系统的应用 Apply the Urban Computer Simulation

建筑单体设计 Architecture Design

2001 年
深化完善中心区城市设计
Improvement the Urban Design in 2001

中心广场及南中轴项目研究 Primary Study of Centre Square and South PSSCA

二层步行系统完善研究 Improvement of the Skyway Sytem

街区城市设计深化 Urban Design Guideline of Some Blocks

城市雕塑规划 Planning of the City Sculpture

莲花山生态资源调查评估 Eco Evaluation in Lianhua Mt.

2002 年
深化和实施
Improvement and Implement in 2001

中心广场及南中轴项目设计 Design of Centre Square and South PSSCA

法定图则修编 详细蓝图研究 The SP Update and Detailed Blueprints Study

街道环境景观设计 Street's Furniture and Landscape Design

莲花山公园规划设计 Planning of Lianhua Park

本册内容在深圳市中心区城市规划设计体系及历程中的示意
System and Evolution of the ShenZhen Central District Planning

目　录

CONTENTS

一、法定图则

（一）概述

自1990年起，深圳市开始实行城市规划体系的改革，即在执行国家颁布的《中华人民共和国城市规划法》之外，把深圳市规划编制分为五个层次——总体规划、次区域规划、分区规划、法定图则、详细蓝图。其中法定图则相当于控规的深度，主要把土地性质、开发强度、市政公用配套3项内容法定化，经过法定程序使之成为法令性文件，以保证规划实施效果。

1996年底，深圳市中心区完成了核心区城市设计国际咨询工作后，就委托深圳市规划设计研究院在该咨询优选方案的基础上编制中心区法定图则（当时，深圳市法定图则的编制及审批办法尚未公布）。随着法定图则的编制及审批办法的正式实施，1998年形成了中心区第一轮法定图则草案，并于1998年9月10日～10月10日向市民公开展示“深圳市中心区法定图则草案（FT01—01/01）”。展示期间，公众参观人数达7 000人次，索取法定图则资料1 000多份，提交书面意见11份（见附表）。经过认真研究，吸取部分公众意见修改法定图则，于1999年3月正式形成中心区（也是深圳市）第一个法定图则送审稿。深圳市城市规划委员会于2000年1月20日正式批准了中心区法定图则（FT01—01/01）。

由于中心区第一轮法定图则从编制到审批历时较长，期间经历了几次城市设计深化研究、专项规划及重大项目选址调整，因此2000年底又委托深圳市规划设计研究院开展中心区法定图则（FT01—01&02）修编。2002年4月22日～5月28日进行了公开展示，收到公众意见6份。至2002年9月已完成中心区法定图则修编送审稿，将提交市规划委员会审批。

（二）编制背景

1、编制的目的

旨在说明规划区内各地块的土地使用性质、开发强度、道路规划、公共配套设施及城市设计方面的要求，以便将规划区的发展纳入法定管理范围内，确保长期贯彻执行。法定图则仅表明规划区内土地使用的概括性原则，所以在下一层次详细蓝图时，各用地界线、道路位置（或坐标）可能略有更改。

2、编制背景

（1）1984年，当时的深圳市城市规划管理局（即现在的深圳市规划与国土资源局）与中国城市规划设计研究院合作编制了《深圳经济特区总体规划》，提出深圳市今后的发展需要一个全市性的新的中心，福田中心区（即现在的深圳市中心）选在深圳经济特区的地理中心位置。

（2）1990年，中国城市规划设计研究院深圳咨询中心编制了《深圳城市发展策略》，明确了深圳市新中心区的功能应是集金融、贸易、信息等于一体的城市商务办公区，也是全市性的行政、文化、会议、展览中心。

（3）在经过中心区规划方案国际咨询及综合方案之后，1992年12月中国城市规划设计研究院深圳咨询中心编制完成了《深圳市（福田）中心区详细规划》及《深圳市（福田）中心区交通规划》。在经规划主管部门确认后，由市政设计单位作出了中心区市政道路施工图，随后开始市政道路建设，到1996年，中心区内的主要道路及市政管网均已基本建成。

（4）1995年1月，深圳市城市规划设计研究院编制了《深圳市（福田）中心区城市设计》，对上述成果作了进一步的修订和深化。

（5）1996年初举行中心区核心区城市设计国际咨询，美国李名仪／廷丘勒建筑事务所的设计方案评为优选方案，并由深圳市政府1996年9月27日深府[1996]265号文件确认。

3、编制的依据

（1）《中华人民共和国城市规划法》1990年

（2）《深圳市城市规划条例》1996年试行

（3）《深圳市城市规划标准与准则》1997年

（4）《深圳市城市总体规划1996－2010》

（5）李名仪／廷丘勒建筑事务所“深圳市中心区城市设计国际咨询”优选方案及修改说明

（6）参考下列文件：

A.《深圳市（福田）中心区详细规划》

B.《深圳市（福田）中心区城市设计》

C.《深圳市（福田）中心区交通规划》

（三）编制范围及内容

1、编制的范围

深圳市中心区位于深圳经济特区五个规划组团的地理中心，由滨河大道、红荔路、彩田路、新洲路四条城市干道围合而成，总用地413.86hm²。深南大道由东向西穿越其间，将中心区分为南北两个片区，南片区面积233hm²，北片区面积180hm²。

2、本图则的组成内容

（1）本图则成果包括按《法定图则》制定程序批准的“法定文件”及作为制定“法定文件”的基础技术支撑和解释性技术说明的“技术文件”。

（2）法定文件的构成：

A．文本：指经法定程序批准具有法律效力的规划控制条文；另附有一份附表，说明规划区内无须批准及必须经深圳市城市规划委员会或其他经委托的常设机构批准的土地使用相容性。

B．图则：指经法定程序批准并由深圳市城市规划委员会主任签署生效的具有法律效力的规划控制总图及其附表。

C．名词解释和技术规定：主要说明本法定图则文件内有关词汇的专有定义及有关技术规定，仅适用于本图则（深－福田01—01）。

（3）技术文件的构成

A．规划研究报告：指关于规划情况的技术性研究报告和说明书，以及关于本图则制定的背景和过程的解释性文字报告。

B．总图图册：指为说明规划情况和研究过程的各类专项规划图纸。

C．分图图册：指按街坊划分的规划综合控制图。

（四）公众展示及法定图则FT01—01／01

1、公众展示公告

根据《深圳市城市规划条例》第25条的规定，现将“深圳市中心区法定图则

FT01—01／01（草案）”公开展示事宜公告如下：

本次展示地区为深圳市中心区，东西南北分别由彩田路、新洲路、滨河大道、红荔路四条城市干道围合而成，总用地面积4.13km^2。深圳市城市规划委员会将于9月10日上午在展示地点举办“深圳市中心区法定图则（草案）”情况介绍会。

热情欢迎社会各界参加，并对该地区规划建设提出建议。

公开展示时间：1998年9月10日～10月10日

公开展示地点：深圳市振华路设计大厦二楼展厅

2、法定图则FT01—01／01（草案）

3、公众意见

见附表一

4、法定图则FT01—01／01（批准版）

（见图1）

2000年1月22日深圳市城市规划委员会第八次会议审批通过了深圳市福田01—01号片区[中心区]法定图则

（五）法定图则修编的背景及内容

1、法定图则修编的背景

虽然2000年1月才正式批准中心区法定图则，但其内容已于1998年公开展示（草案）。因此，由于以下几项城市设计的深化及重大项目的选址，必须对法定图则进行修编。

A．1999年中心区城市设计及地下空间利用综合规划国际咨询，德国欧博迈亚公司的优选方案提出的若干项城市设计导则被采用。

B．1999年美国SOM公司设计的中心区22、23—1街坊城市设计被采用实施。

C．2000年市政府决定深圳会展中心重新选址到中心区与CBD形成整体，带动CBD开发。2001年2月，德国GMP公司的深圳会展中心建筑设计方案中标。

D．深南大道近期交通改造方案通过审批；深南大道和红荔路在中心区的部分立交匝道被取消。

E．2001年，深圳市规划院对中心区中心广场及南中轴城市设计的深化。

F．莲花山公园尚未编入法定图则。

2、法定图则修编的内容

A．深圳会展中心规划选址在中心区11号地块，但通过该地块的原有两条南北向市政道路保持不变。

B．适当调整中心区大型公交枢纽站的位置，使之与地铁站直接换乘，行人能便捷到达会展中心。

C．被取消的立交匝道用地规划为城市公园绿地。

D．对于未出让地块，增加容积率的弹性范围，以适应市场需要；部分地块的土地相容性二类、三类用地合并。

E．将莲花山公园纳入本次法定图则修编。

F．增加岗厦片区的公建配套指标。

（六）展示草案及公众意见

1、法定图则FT01—01&02展示草案

2002年4月22日～5月28日进行了公开展示。

2、公众意见（见附表二）

根据公众意见的归纳，经局技术委员会研究决定，采用部分合理意见修改法定图则。至2002年9月，已完成中心区法定图则（FT01—01&02）修编送审稿（见图2），将上报市规划委员会审批。

深圳市中心区法定图则（草案）公众意见信息表　　附表一

	意见信息栏			意见提交人信息栏
序号	基本意见	意见摘要	提交日期	
0001	基本同意	中心区应以本市政治、文化、教育及对外交流为其特点，避免造成一种大型生活区的感觉	1998/10/05	安徽省安庆市石化总厂，王先生
0002	基本同意	建议将皇岗路以西、红荔路以南、滨河路以北以岗厦村为主的地区划入中心区加以规划改造		福田区福华村，胡先生
0003	基本同意	彩田路以东的岗厦村划入中心区并加以改造	1998/09/12	深圳市福华村，杨女士
0004	基本同意	建议从莲花山至皇岗公园开挖一系列的人工水系以创造优美环境且利于排水	1998/10/06	深圳市友谊路友谊城，李先生
0005	反对	莲花山应有湖光衬托，没有水，就等于这座山没有生命力。		《法制报社》广告部，陈先生
0006	基本同意	取消金田路、益田路跟红荔路相交的两座立交	1998/09/14	深圳市人民南路发展中心大厦，黄先生
0007		建议延伸新洲路至龙华镇以加强深圳中北部和中心区的联系	1998/09/14	深圳利商会计师事务所，阮先生
0008	基本同意	地铁4号线东移，中心区东北侧划入中心区并加强北片区的商业、绿化配套规划	1998/09/11	振华路苏发大厦商业银行华强支行，杨先生
0009	赞同	请将福华路改为福华二路	1998/09/11	市公安局，朱先生
0010	基本同意	路名应多元化和艺术化，“福”“田”太多，“一路”“二路”难记；应保留一些用地备用；购物公园应逐步开发		市红桂路荔花村，张先生
0011	赞同			福田区皇岗中路深大新村，陈先生

深圳市中心区01—01&01—02片区[中心区及莲花山片区]法定图则草案公众意见审议表　　附表二

序号	部门	意见内容	项目组归纳意见及情况说明	局技术委员会意见	法定图则委员会审议意见
1	市中心办	1. 图表中应增加位于岗厦片区内14—1、14—2、18—4、18—6、21—2等5个地块的控制指标 2. 文本中若干条文的修改：包括个别公共设施的数量与位置、地铁站名的修改、城市设计有关条文的修改等	1. 同意 18—5地块内不符合“岗厦片区改造方案”的有关要求，属于拟改造地块，不能作为法定图则图表的改造内容 2. 同意		
2	市局规划处	1. 中心区法定图则修编是第一个法定图则修编项目，应在文本中增加修订的因由	1. 在法定图则修编的技术文件中，已增加了对修编背景和主要修改内容的描述，考虑到文本的法定效应，不宜在文本中增加有关修订因由的条文		
3	市局市政处	1. 会展中心的交通组织是影响片区交通的最关键因素，尤其是对滨河路交通集散要重点研究，提出合理可行的措施(该片区交通规划已经审查过) 2. 未提供市政专业图纸文件	1. 同意 在技术文件中增加已审查过的交通规划的有关内容 2. 1999年1月已正式完成《深圳市中心区市政工程设计》，因此本次中心区法定图则修编，未包括市政工程部分		
4	市交通中心	1. 部分道路未按最新情况调整，包括海田路、福华路、福华一路断面等	1. 同意		
5	城市规划研究所	1. 作为法定图则的修编，在表达形式上应体现与上版图则的连续性，明确表明对上版图则的调整情况 2. 备注栏的表达应按照最新的要求，区分规划保留、规划、依据政府批件等几类 3. 公共设施应明确是否独立占地、占地规模等 4. 城市设计导引图的地块布局与图则要求不符	1. 本次法定图则修编在规划范围、地块划分、用地性质、开发强度以及表达方式等方面与上版法定图则相比、均发生了许多改变，无法逐一进行表述，在法定图则修编的技术文件中，已增加了对修编背景和主要修改内容的描述，基本上可以体现与上版图则的连续性 2.同意 3.同意 4.同意		
6	市民	1. 中心区内太多用途、规模不明确的预留发展用地，有碍于市民投资预留用地周边的房地产，应尽可能给予明确 2. 27—2—1地块已建成，建成区内并没有幼儿园，图则是否出错，误导投资者 3. 27—2—1地块的容积率高达15，该地块如此高的容积率与中心区总体规划不相称，应结合27—2—2预留发展用地降低该地块容积率 4. 27—1—2用地正在兴建，未见有小学，实际与图则不符 5. 建议沿新洲路，在深南大道与红荔路之间设立公共汽车站，建议向西打通福中路，穿过新洲路，形成与红荔路和深南大道并列的小干线，分流两条主干线车流 6. 中心区西北角30—1—1和30—1—2地块，规划应作为绿化或文体活动用地。干道边的预留地也应绿化，不可荒废而杂草丛生	1. 为了适应中心区未来发展的需要，规划了九处预留发展用地，保证政府在未来中心区的发展过程中掌握一定的土地资源 2. 同意，去掉27—2—1地块中的幼儿园； 3. 27—2—1地块为现状建成区，应如实表达开发强度 4. 27—1—2与27—3—2地块均为天健集团的开发项目，上述两个地块一个规划要点提出相关的规划设计要求，要点中明确规定两个地块中应配置一所标准小学，如果27—1—2地块中未设，27—3—2地块中应按照设计要点，设置一所小学 5. 超出了本法定图则修编的内容，可以作为建议向有关部门提出 6. 30—1—1和30—1—2地块作为预留发展用地，可在技术文件中建议作为文体用地，中心区内的预留用地可接受市民意见，进行必要的绿化		

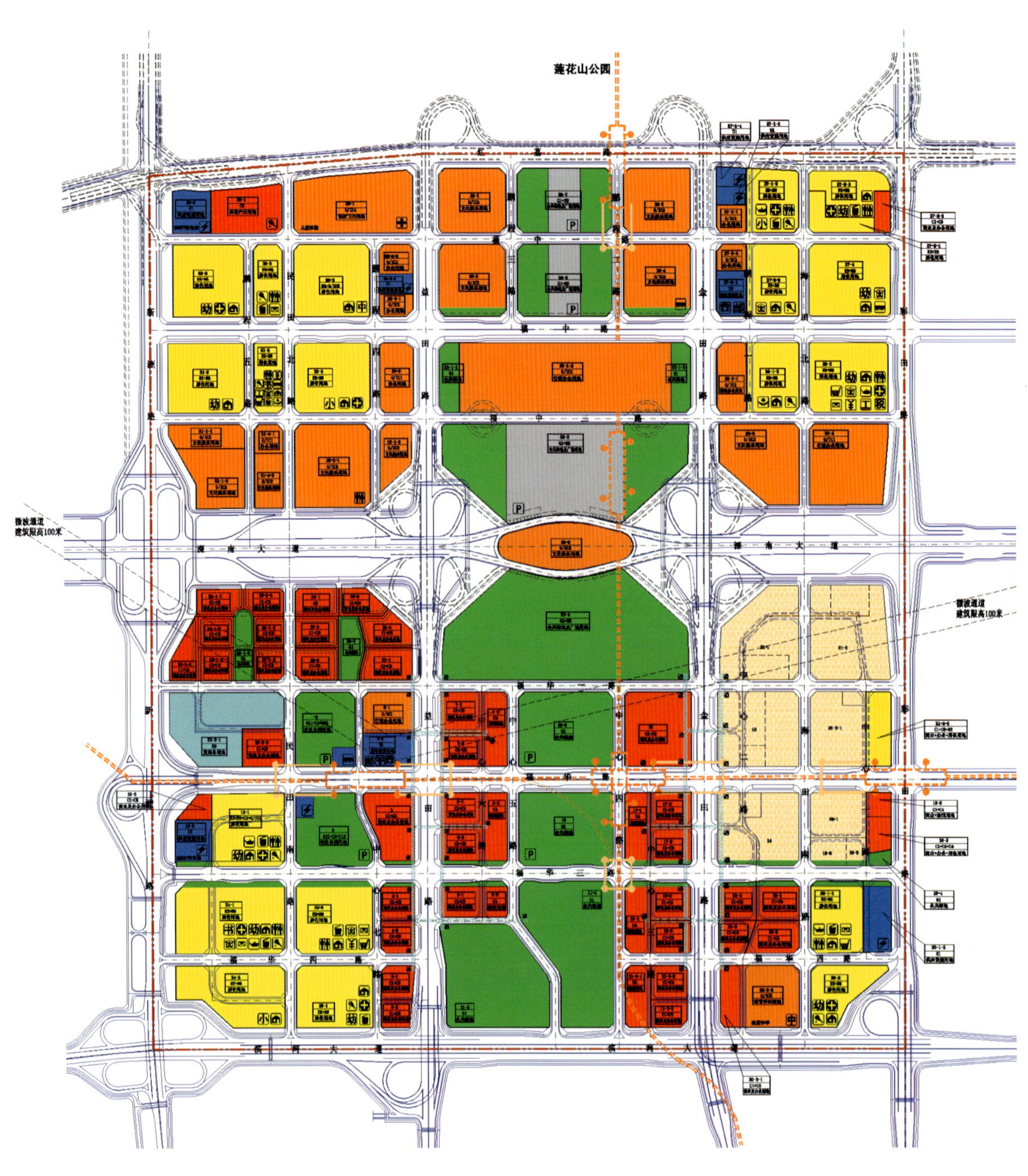

图例

规划范围
远期规划道路
地铁线路及站点
地块线
地下过街人行通道
微波通道
近期规划道路
二层人行天桥

居住用地
绿地
发展备用地
商业性公共设施用地
市政公用设施用地
岗厦综合片区用地
政府/团体/社区用地
道路广场用地

20-1-2	地块编号
U1	用地性质代码
供应设施用地	用地性质

幼托
小学
中学
医院
社区健康服务中心
老年人活动站
体育活动场地
居委会
社区服务管理机构
工商所
邮电支局
邮电所
综合市场
储蓄所
变电站
公共厕所
垃圾收集站
社会公共停车场
公交枢纽站
公共楼梯

图1　深圳市福田01–01号片区[中心区]法定图则

图 2　深圳市福田 01—01&02 号片区[中心区]法定图则

二、交通规划研究

(一)1997年市中心区交通规划研究

(编制单位：深圳市城市交通规划研究中心)

1.市中心区土地利用规划前景及交通区位背景

土地利用规划、城市设计简要回顾

1.1 中心区土地利用布局与开发规模已经过几次规划。1986年"深圳经济特区总体规划"基本确定了市中心区位置以及提出市中心区的规划构想。

1.2 1992年进行中心区详细规划，确定中心区总用地面积4.13km²，由滨河大道、红荔路、彩田路和新洲路4条城市干道围合而成，深南大道穿越其间，将中心区分成南北两个片区。开发规模选取高方案，总建筑面积达1 246.4万m²，其中南片区956.8万m²，同时进行了中心区交通规划。

1.3 1995年开展中心区(南片区)城市设计，中心区的规划建筑面积调整为923.5万m²，其中南片区为708.9万m²。城市设计对各地块的总平面、容积率、建筑高度、绿化覆盖率、限高、建筑退地块红线等均作了规定。交通前提条件采用1992年的规划。

1.4 1996年中心区城市设计国际咨询的优选方案(李名仪／廷丘勒方案)，对中心区中轴线及CBD的土地利用布局作了规划调整。该城市设计方案趋向于指导性，侧重对空间布局、城市环境的分析与优化，其总体布局合理有序并具有灵活性，有利于土地利用与交通系统的协调。

土地利用的最新规划与就业岗位、居住人口分布

1.5 确定市中心区的主要功能包括：金融、贸易、信息、商务、行政、文化和配套居住等，其中，南片区主要为全市性的中心商务办公区，北片区主要为市级行政办公、文化中心。中心区内的东、西两侧主要为高层居住小区。

1.6 确定市中心区总建筑面积约750万m²，其中非居住建筑约550万m²，居住建筑约200万m²；南片区约500万m²，北片区约250万m²。中心区内居住人口7.7万人，提供就业岗位26万个，其中15万人就业于中心商务办公区(整个南片区20万个就业岗位)。

土地利用前景对比分析

1.7 北美城市化区域人口50～100万的城市，中心区用地平均约2.3km²；城市化区域人口100万以上，中心区用地平均约4.5km²。北美几个城市中心区开发规模见表1-1，城市人口300万左右非居住建筑面积约750万m²，总建筑面积约950万m²；城市人口150～200万非居住建筑面积约550万m²。

1.8 深圳市规划2010年城市人口为430万人，其中户籍人口约200万人。仅从2010年人口构成，对比北美城市人口200～300万的中心区规模来看，中长期的开发规模可控制在800～1 000万m²。但从深圳各区具有较强的次级中心来看，中心区开发规模宜按800万m²控制。研究市中心区的开发规模本身是一个重大课题。该研究主要是把不同土地利用性质的开发规模作为供应，确定多大开发规模能满足城市及区域的经济活动需求或某些特定功能的需求。

中心区交通区位背景

1.9 市中心区位于带状的深圳特区的中心位置，因而中心区东西向穿越交通的压力很大。根据交通模拟，远期东、西向高峰时间穿越与进(出)中心区的交通量相当。在规划上需尽可能提高到达中心区交通的畅通性。

北美几个大城市及上海浦东中心区规模　表1-1

所在城市	城市人口(万人)	中心区统计年度	面积(km²)	中心区非居住建筑面积(万m²)			中心区居住建筑面积(万m²)	中心区总建筑面积(万m²)
				非居住建筑总面积	其中办公	商业(零售)		
纽约	707.2(1980)	1975	14.5	5 462.5	2 694.1	334.4	1 923	7 385.5
洛杉矶	296.7(1980)	1975	5.6	736	381.8	124.5		
蒙特利尔	282.9(1980)	1970	3.4	758	305.6	90.1	192.3	950.3
休斯敦	159.5(1980)	1975	2.4	563.9	340	68.7		
上海浦东		规划	1.7	427.9	333.6	7.8	25	452.9

2.中心区高峰时间出行方式构成分析与交通发展策略

高峰时间出行量

2.1 在预测市中心区的高峰时间出行量时，以分类土地利用的开发规模及其相应的就业量作为交通出行的需求源。

2.2 中心区的每个就业岗位的出行吸引量较大，特别是商贸、行政办公及商业就业岗位的吸引。平均来说，上述岗位每日吸引出行次数约5～6次。

2.3 中心区全天出行高峰通常是晚高峰。晚高峰小时离去(即高峰方向)的出行约占全天出行吸引的12%～15%，在数量上约为就业量的80%。

2.4 深圳市中心区按最新规划规模，据上述出行特征，可推算中心区晚高峰时间离去出行人数约为20万人次／小时(其中南片区约16万人次／小时)。

中心区出行方式构成分析

2.5 中心区出行方式构成主要与出行习惯、经济水平、交通设施供应、交通管理(包括需求管理)及土地利用安排等因素相关。以下讨论高峰时间出行方式构成。

举一些实例

2.6 国外一些城市中心区高峰时间非步行出行方式构成见表2-1。显示人口300万左右的城市，中心区高峰时间非步行出行方式构成约为公交出行占70%、小汽车出行占30%。

2.7 伦敦、香港中心区非步行出行中，私人小汽车交通出行在基于家的工作出行中分别占10%、16%；在基于家的其他出行中分别占35%、32%；全目的出行分别占25%、26%。显示规模较大的中心区基于家的工作出行中，私人小汽车交通出行比例较低，公交出行比例较大。纽约的情况也证明这一点，见表2-1。

2.8 上海浦东陆家嘴中心区交通规划中，私人车辆方式划分主要根据伦敦中心区及香港的数据推算，但增加了公司班车所占的比重，这样小汽车出行的比重大大增加。不同出行目的方式构成，见表2-2。

2.9　据20世纪70年代初、中期调查，芝加哥、多伦多市轨道交通日客运量中进出中心区占了约72%，波士顿、纽约进出中心区占约82%。说明轨道交通的开发建设乃至营运均与中心区的开发有密切的关系。见表2–3。

深圳中心区出行条件分析

2.10　从满足交通需求的角度看，应大力发展公共交通，深圳这样规模的中心区公交应承担高峰方向60%以上出行量。地面公交应承担高峰方向约30%的出行量，即约6万人次；轨道应承担30%以上的出行量。

2.11　地面公共交通：从地面公交运力供应条件上，按《城市道路交通规划设计规范》规定大城市每800～1000人应配一辆公交车(标准车)，则预计至2010年全市大巴总规模约5 000辆，计入中小巴大约6 000辆标准车。高峰时间可为中心区服务的公交车辆折算约占总规模的20%，即单向达600辆。从地面公交营运的道路条件看，因每条道路单向每小时断面公交通过量一般不能超过120辆公交车(自然车，包括大巴与中巴，除非在停靠站点上适当分离，才会有所增加)。依现有道路条件，考虑穿越中心区的客流量后，地面公交为中心区服务的能力至多达到6万人次/小时。

2.12　轨道交通：从国外一些城市看，轨道交通的主要客运量是进出中心区的客运量，反过来，轨道交通是中心区交通集散所必不可少的交通工具。轨道交通应承担高峰方向30%以上的出行量，考虑使用1号线、4号线穿越中心区的客运需求后，8万人次/小时是1号线、4号线可为中心区服务的最大能力。但要达到服务能力的客流量，需轨道网与土地利用的协调，地面公交与轨道的配合。为使规划留有余地，轨道交通高峰时间、高峰方向的承担量宜按6万人次/小时计，即承担30%的高峰出行量。

2.13　因此，按规划的开发规模，公共交通只能承担高峰时间约60%的出行量。小汽车交通出行的作用不应忽视。就小汽车交通方式而言，中心区约只可承担单向1.7万辆小汽车交通(南片区约1.2万辆)，设定合乘车比例较高，车均载客约2.5～3人，则高峰时间可运送约25%的客流，5万人次(南片区约20%，3.2万人次)。这里，车均载客取较高数据，表明小汽车交通的比例也难以再高。

2.14　步行及区内出行占总出行的比重取15%。深圳市中心区的土地利用布置有利于步行等非机动车的出行，即在CBD周围安排了相当数量的高、中密度的居住用地。

深圳中心区出行方式构成

2.15　根据上述分析，具体预测方式构成，见表2–4。

2.16　仅就中心区的出行总体构成及出行量的分析，可以说明中心区的就业岗位达到26万个(南片区20万)已是交通系统所能承担的最大规模。法定图则(送审稿)虽然建筑面积仅约750万m^2，但南片区非居住建筑规模已达500万m^2，就业岗位约20万个，故南片区需控制并适当压缩非居住建筑规模。

交通发展策略、政策

2.17　根据对中心区出行方式构成的分析、交通发展的一般规律以及中心区土地利用特征，确定如下交通发展策略、政策：

国外部分大城市中心区高峰时间非步行出行方式构成　　表2–1

城市	城市人口(万人)	公交出行比重(%)	小汽车出行比重(%)	调查时间
纽约	707.2(1980)	88	12	1982
芝加哥	300.5(1980)	77	23	1983
多伦多	299.9(1980)	75	25	1980或稍后
蒙特利尔	282.9(1980)	67	33	1980或稍后
洛杉矶	296.7(1980)	36	64	1980

来源：交通工程师协会，《交通规划手册》，1992，表2.41、2.66

陆家嘴中心区交通规划采用的出行方式构成　　表2–2

目的	私人车辆(小汽车、出租车、摩托车)	公司班车及其它	公共交通	自行车	步行	合计
HBW	8(10)	10(13)	52(66)	9(11)	21	100
NHB	22(28)	10(13)	38(48)	9(11)	21	100
HBO	30(33)	10(11)	49(54)	1(2)	10	100

HBW—从家到工作点　HBO—从家到其他活动场所　NHB—非基于家的出行　(　)内为非步行方式百分比。

北美部分大城市轨道交通客运量中进出CBD所占比重　　表2–3

城市	年度	日客运量(万人次)	进出CBD占比重(%)①
纽约	1974	374.0	82
芝加哥	1972	53.0	72
波士顿	1973	41.2	84
多伦多	1976	68.5	72

①假定进出客运量相同，根据出CBD客运量×2计算。
来源：美国运输部，“城市交通需求特征”，1978，表5–4。

深圳中心区晚高峰的高峰方向出行方式构成　　表2–4

	整个中心区		南片区	
	比例	人次(万人/小时)	比例	人次(万人/小时)
非公共车辆	25%	5	20%	3.2
公共汽车	30%	6	30%	4.8
轨道交通	30%	6	35%	5.6
内部及步行	15%	3	15%	2.4
合计	100%	20	100%	16

①建立高效的、与小汽车交通有竞争力的、多层次高容量的公共交通系统。

②建立整体性的道路系统。提供并保证道路系统有充分的容量和连续性，注意道路系统的使用通常超过规划期的特点。

③政策及管理上的配合。交通设施的必要供应，并不能保证交通的畅通，必须在政策及管理上交通需求、秩序、营运管理的配合，才能使中心区道路交通具有较好的交通状况。

· 确立公交优先发展、优先使用交通设施的政策；

· 高效组织公交运营、实行鼓励使用公交的政策；

· 实行需求管理政策，目前重点是土地开发强度的控制，今后考虑提高小汽车载客率或区域通行收费的措施；

· 高效率的交通管理。

2.18 根据中心区土地利用、交通区位背景及出行特征，需要在规划中特别考虑解决如下问题：

①东西向交通穿越中心区问题。需加强周边道路的功能，轨道网布置上尽可能在中心区设尽端，以抑制直接穿越交通并提高中心区直达性。

②北片区市政厅的大量行政办公人员使用小汽车进出中心区的问题。需解决好小汽车进出的交通问题。

③约20万人就业于南片区的上下班交通出行问题。需重点发展公共交通。

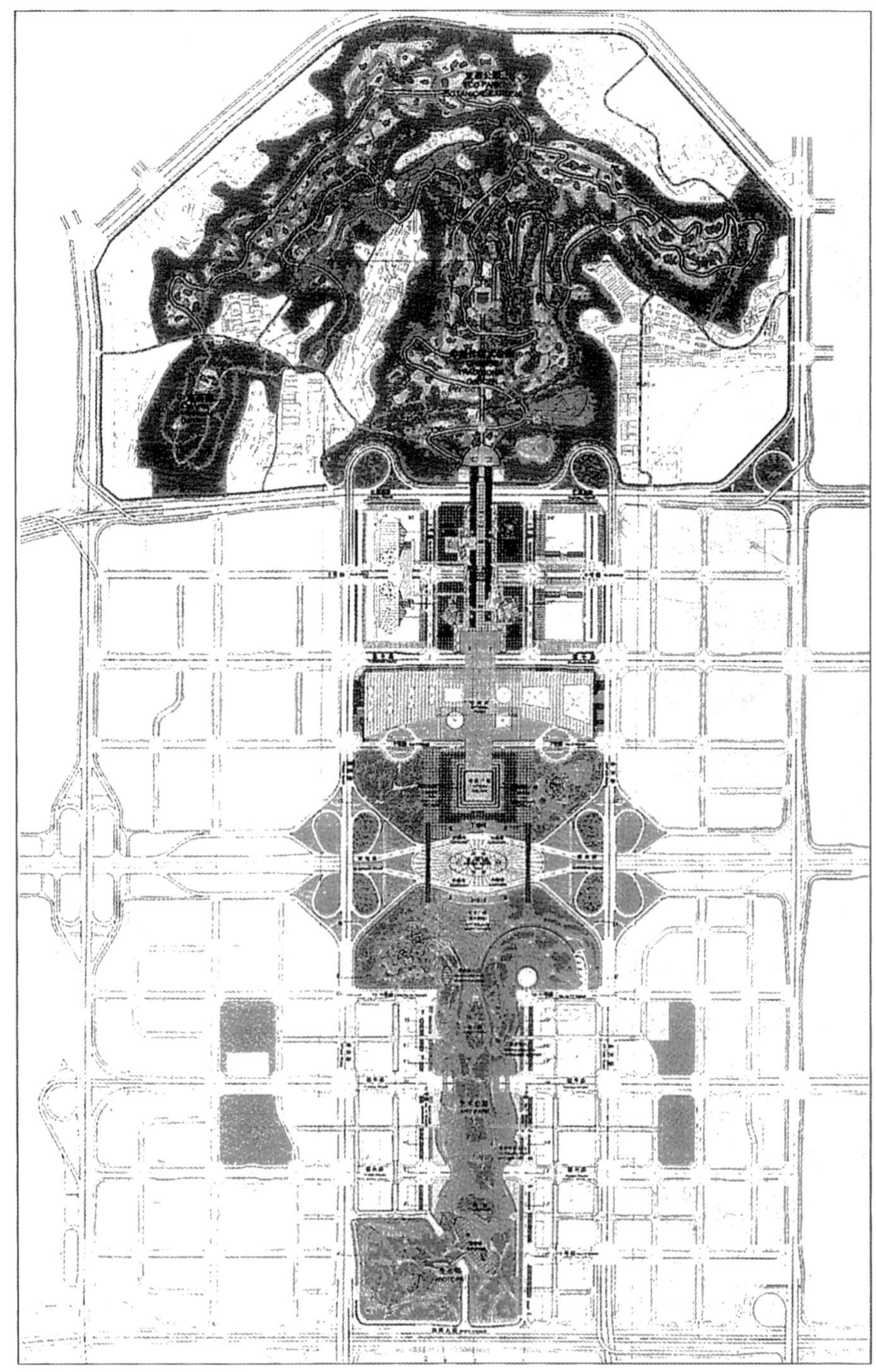

深圳市中心区中轴线规划总图

3.中心区道路网规划

道路系统规划原则

3.1 对外道路系统具有较高容量，外部循环系统必须连接现有及规划的中心内外主要干道。

3.2 内部道路系统具有较高集散能力。

3.3 尽量使内、外交通设施集散能力平衡。

3.4 CBD道路系统需有灵活性，提供多于一种到达目的地的可能。

3.5 支路网要有较高密度，允许绕街坊循环。

3.6 道路与土地开发相互协调。地块不应过大，使循环困难；不应过小，以免给完整开发带来困难。

3.7 避免复杂相位信号，尽量组织单向交通。

已有道路交通规划概况

3.8 1986年“深圳经济特区总体规划”就初步规划了市中心区道路系统规划方案，见22页图1。1988年福田分区规划中心区道路系统采取总体规划的方案。

3.9 1992年完成的深圳市中心区详细规划及市中心区交通规划，在交通规划方面的主要内容、成果包括：

①规划预测CBD高峰时间交通结构为公共交通70%、小汽车交通10%、步行等非机动车交通20%。

②规划道路网采用方格网状道路系统，规划道路分4个等级，路网系统见图2，道路断面见图3。

分等级的具体道路为：

快速路：深南大道、滨河大道，为双向八车道；

主干路：新洲路、红荔路、彩田路、福华路、福中路、金田路、益田路，为双向六车道；

次干路：民田路及6～13号路，为双向四车道；

支路：1号～5号路，双向或单向二车道。

③立交规划上在滨河路上设新洲、益田、金田立交，其中新洲为全互通立交，益田为南北高架，提供西→北（西进中心区）、北→东（出中心区东行）匝道的部分互通立交，金田为南北高架、提供北→东匝道的部分互通立交。

④在深南新洲、益田、金田设立交，新洲立交为全互通立交，益田立交为南北高架，提供南→西行匝道的部分互通立交，金田立交为南北高架、提供东→南行匝道的部分互通立交。

⑤在新洲福华设喇叭型互通立交。

⑥停车场规划除按标准准则设配建停车场，另规划6个大型多层停车库。

⑦CBD核心区规划人车交通竖向分离，形成二层步行系统。另规划了2个公交枢纽站及主要公交站点。

3.10　李名仪/廷丘勒方案对1992年详细规划交通系统作了一定调整，规划方案如下：

①对上述规划的道路网的等级划分及中心区路网与快速路联系提出改善建议，见图4。具体：

北片区6、7号路由原来的主干道改为次干道，5号路由原来的支路改为次干道，3、4号路位置调整但仍为支路，取消8号路；

南片区9号路位置调整后由原来的次干道改为支路（9号路已基本建成，位置可能难以调整），10、11号路东西向连通（方案中称特别道路）；

在中轴线及CBD街坊间增加了服务性道路；

与快速路联系上，建议深南—金田、深南—益田交叉口设全互通式立交，原来仅设一个联系匝道。

②建中央绿带、社区公园地下设地下公共停车库。

③以金田、益田路为主设公交环线，限制普通车辆在金田、益田路的停靠。

④提出设计范围内的行人步行系统。

原有（或已规划）路网特征

3.11　路网密度：中心区详细规划（1992）规划的路网密度9.0km/km²，其中主干路以上5.8km/km²，次干路2.3km/km²，支路0.9km/km²；李名仪方案路网密度9.6km/km²，主干路以上4.4km/km²，次干路4.0km/km²，支路1.2km/km²。

3.12　对外道路：

①外围交通进入中心区均依靠主干道路（即缺乏利用次干道以下道路直接进入中心区），因而中心区外围道路高容量化在所难免。

②北部与中心区的联系相对较弱，需要考虑北部与中心区联系是否进一步加强，并与容量问题一并考虑。现状对外道路系统见图5。

3.13　外围交通向中心区的集散：中心区内部主干道的通过性功能较强，既形成以主干道为主承担向中心区集散交通的格局，又对中心区的局部区域形成“外围”道路。同时外围交通经深南路进出北片区极为不便。

3.14　内部路网：支路密度过小。

3.15　路网需要通过功能、交通模拟分析，在原有基础上加以完善。在以后的分析中，以李名仪方案作为原有路网方案。

城市道路等级划分及一般设计特征

3.16　城市道路等级划分：高速公路、快速路（或干线）、主干路、次干路、支路；支路的出入及集散功能并重，机动车道常采用双向2～3车道。

3.17　不同等级城市道路的一般设计特征中次干路及支路通常较易混淆。次干路的一般设计特征应为：一块板、两块板均可，交叉口通行能力要高，高峰时间禁止停靠，不应提供路上停车，一般不允许车辆直接从建筑物正面进出。支路的一般设计特征应为：普遍为一块板道路，车辆从正面进出，允许路上停车。

3.18　《城市道路交通规划设计规范》说明中提到：支路主要起“达”的作用，其上有较多的公共交通线路行驶，方便居民集散。“规范”规定了各级道路相交的交叉口形式，其中规定支路与主干道的交叉口形式应为信号交叉口，支路与次干道的交叉口形式应为信号或环形交叉口，即要求支路有较强的集散功能。城市支路的下一层次为进出性支路。

路网密度一般要求

3.19　分区道路网密度的分配上，主次干道以上占30%～40%，支路占60%～70%。

3.20　“规范”规定城市中心地区支路网密度应达10～12km/km²，取低限，并按主次干道以上路网密度占40%，支路占60%计，则主次干道以上路网密度应达6.6km/km²，整个中心区路网密度应达16.6km/km²。

3.21　北美城市调查的中心区用地及街坊数平均情况可见表3-1。按照该表平均计算，中心区道路网密度应达17km/km²。整个中心区与核心区的道路平均密度相差不大。典型的如纽约曼哈顿中区的路网结构，核心区街坊大小仅约150m×70m，其他的约300m×70m。以街坊面积计前者约1hm²，后者约2hm²。

3.22　香港中环CBD地区，在约1km宽的地带设4条主干道，1条快速干道，主干道平均间距小于200m，次干道及支路的间距就更小，平均约100m左右。

对外路网规划设计思路

3.23　首先要求中心区对外交通容量较大，结合交通模拟结果，考虑加强东西方向、北部地区与中心区的联系，考虑整个外围路网与快速系统衔接，加强连续道路的系统性，考虑增加周边主干道路为连续通行道路的必要性；其次外部交通向中心区应有良好的集散条件，考虑原有方案以主干道为主向中心区集散格局的完整性问题，同时也考虑通过与支路网规划协调并组织单向交通等改善集散条件。

外围道路改善方案的设计

3.24　对李名仪方案的交通模拟、测试，进一步说明需改善路网系统。根据路网特征分析、规划原则及设计思路，建议

北美典型中心区尺度，1968　　表3-1

城市化区域人口	整个中心区			核心区		
	收集的城市数	面积(km²)	街坊数(个)	面积(km²)	街坊数(个)	街坊平均大小
(人口：万人)	(个)					(m × m)
24～50	8	1.24	99	0.31	20	124 × 124
50～100	5	2.30	115	0.75	36	144 × 144
＞100	3	4.50	224	1.16	62	137 × 137

来源：HRB，“Parking Principles”，Special Report 125，1971，P8。

对外路网改善方案如下(见图6):

①对外道路与外围快速系统衔接方面:

深南路(皇岗路—香蜜西路之间)设置为连续通行路段，与规划的皇岗、香蜜西快速路相接，使深南路该段与快速系统成网(目前深南路仅中心区段为连续通行路段)。

②加强北部与中心区的联系及周边道路提高容量方面:

建议在外围节点上增设红荔路新洲路、红荔路彩田路半互通立交,新洲路(深南路红荔路之间)、红荔路(中心区段)改为连续道路路段，新洲路(深南—滨河)已为连续通行路段,这样新洲路、红荔路(中心区段)也与快速系统成网。

3.25　由于在总体规划上规划深南路为干线道路，减少穿越交通不宜降低深南路功能，而应通过提高平行道路的功能来实现。远期在总体规划上可考虑红荔路(皇岗路—香蜜西路之间)设为快速路。

3.26　外围交通通过主干道向中心区的集散方面，李名仪方案在深南路上增加金田路、益田路立交匝道使之成互通立交，建议保留此设想，否则深南路上交通与北片区的联系较为困难(尤其是东行车流)。北部与中心区联系可通过新增加的红荔—新洲、彩田半互通立交形成右循环交通,但根据公共交通的进出要求，以及方便小汽车交通进出北片区，建议红荔路路段上预留设金田路、益田路建喇叭型立交的用地，此举同时强化了周边连续道路通过主干道向中心区的集散能力。

3.27　外围交通通过深南路←→金田、益田路向中心区北片区集散问题，可供选择的另一方案是在深南—彩田设全互通立交，深南—金田、益田立交保持现状。该方案的缺点是经深南路从西进入北片区(或北部往东行)只有一种到达目的地的可能，特别是深南—新洲已建成南北长条苜蓿叶互通立交，则从西经此立交进入北片区交通与东→北右转交通交织距离太短，故建议仍取李名仪方案。

增加支路的主要原因、支路网规划思路

3.28　城市道路的交通功能包括通行与出入，但一般只允许在支路及出入路才供建筑物正面出入，以免对城市干道的通行功能造成影响。所以，需要设支路既供建筑物正面出入，又避免进出车辆对干道的影响。

3.29　深圳市中心区CBD地区由主次干道围合的地块土地开发量一般都在20万m^2左右，就业岗位约1万个，高峰小时的单向交通量近1 000车次,因而地块内部道路应升级为城市支路或集散道，同进支路与主次干道宜有2～3处相交。这是CBD道路规划时的特殊性，另外从地块出入交通用地应占片区总用地约25%看，相当于现有CBD地块可设两条支路。

3.30　同时因地块土地开发量很大，就开发角度看,也适宜分若干块分别开发，需提供支路供不同建筑进出。

3.31　支路网的规划思路:

①CBD支路网需达到一定的密度，且CBD地块划分后的主要街坊可形成循环交通。

②支路网有较高的集散能力。

·按现有集散结构，在重要干道围合的地区内规划的支路应避免错位路口，尽量组织单向。

·改进现有集散结构，组织穿越内部主干道的单向交通,进一步提高集散能力。

③支路的设置与土地利用相结合。对居住用地，注意开发的完整性。

中心区南片区支路网方案设计

3.32　为使支路网成系统、高密度而又为下阶段的设计提供一定的弹性，支路分为定位支路与本阶段不定位支路。整个南片区的支路网方案见图7(或图8)。具体分述如下。

3.33　CBD金田、益田路两侧地块增加南北向支路，方案基本上与李名仪方案一致，但部分仍需改善:

①11-3地块李名仪方案为东、西方向支路，如无地块建筑布置上的困难，建议改为南北向支路，并与北面地块的支路相通,使之与快速路辅道相交,以提高CBD支路的集散功能(彩田立交新洲立交之间的快速路辅道是中心区南片区前端服务路，允许支路与之相交)。

②9号路继续南伸接快速路辅道。

③20号地块将来改造时应提供南北向支路，并与13号地块支路相通，13号地块与原设计方案进一步协调，提供南北向支路。

④16号地块在福华路以北，该地块支路可不与13号地块支路相通，但应提供南北向行人通道。

3.34　CBD金田、益田路两侧地块增加东西向不定位支路，提供地块进出及组织单向交通的便利。

3.35　南片区西北侧基本都是商务用地，应设置密度较高、连通性较好的支路网。具体设U形支路，及南北、东西各一条支路，另9号路穿越本地区。

3.36　南片区西南侧主要为居住用地，根据10号地块的土地利用的布置，要求设U形定位支路，不具体布置不定位支路。

3.37　南片区东侧同样根据土地利用的布置，设南北向支路为主。

3.38　中央绿带地下一层中央设南北向停车库集散支路。

3.39　规划的定位支路一般断面是道路两侧人行道各3m，机动车道10.5m，总宽16.5m,人行道上可不设绿化隔离带。对一些起围合街坊作用的定位支路，人行道可采用6m(设2m绿化隔离带)，以便与现有路网协调。不定位支路断面机动车道一般采用7.5m，总宽13.5m,某些地段可能需采用定位支路断面形式，具体最好下一步作交通影响分析予以确定。

3.40　规划南片区支路网密度为4.2km/km^2，总路网密度12.6km/km^2。CBD支路网密度8.2km/km^2，总路网密度16.6km/km^2，基本达到规划要求。

南片区单向交通组织与路网整体改进方案

3.41　组织单向交通,既可提高运行速度、减少路口延误,又可提高内部路网的对外集散能力。

3.42　按深圳中心区南片区已形成的路网格局，首先考虑在几条通过性较强的干道(深南、福华、滨河、金田、益田路)所围合的范围内组织单向交通。单向交通组织方案为:

①在金田、益田路两侧的商务区组织单向交通。具体是9号路北行、益田与中轴绿带之间的支路南行，结合益田路及地块东西向支路，使益田路两侧的主要CBD街坊形成右循环而且在福华—滨河路之间形成南北贯通的单向路，从而提高集散能力;类似地组织金田路两侧的单向交通。

②在西北侧23-1、23-2地块组织单向交通，由U形支路及南北向支路(福华—深南)组织单向交通系统,大部分地块可形成右循环运行。具体见图7。

3.43　对上述路网格局稍微改变的另一单向交通组织方案为:民田路及12号路亦组织为单向交通，分别南行与北行;益田与中轴绿带之间南北向支路、金田与12

号路之间支路穿越福华路，此时对外集散方面应有进一步改善，但民田路及12号路的公共交通仍然双行。具体见图8。

3.44　由上述的二个单向交通组织方案及外围道路改善方案形成路网改进方案1、方案2。

4.停车供需分析及分布规划

停车场规划总体原则

4.1　停车场规划的总体原则：既要尽可能满足必要的生产、活动需要，又要控制产生交通总量，避免造成道路过载。

停车场发展方式

4.2　停车场的发展方式建议以配建为主，这是由于配建车场一般都对外开放，已含有公共的意义。集中式公共停车场作为配建外的补充，在开发中可分期建设，未建设前应保留用地。集中式公用停车场库车位控制为非居住配建的15%～20%。

4.3　《城市道路交通规划设计规范》要求中心区公共停车场比例达到总泊位的50%～70%。这里，公共停车场应按"配建停车场对公众开放经营"的概念理解，按"集中式公共停车场"的概念理解不妥。除了一些与公用设施同时建设的公共停车场，公共停车场应"事后"根据实际需要而建，对配建停车场起补充、调节的作用，规划时作出预留。从外界的经验看，按非居住配建总量的15%～20%预留是可以的。香港目前的政府集中式公共停车场仅有4 000多个泊位。据美国对城市中心区停车场的调查，市政公共停车位约为配建的15%～20%。

非住宅类停车泊位配建总量

4.4　从交通分析的角度看，中心区停车场需求受到高峰时间进（出）中心区的小汽车交通量的控制。根据停车特征调查，每天高峰时间进（出）商务类建筑物的车辆数与停车泊位最高需求存在一定的关系，一般约为1：2。停车泊位供应按此确定，就需求的角度看较为合适。

4.5　中心区非住宅类配建停车泊位与高峰小时单向进（出）中心区小汽车交通量之比约为1：1时，停车泊位相当紧张或者使用相当昂贵，如香港中环。当中心区规模较小，非住宅类停车泊位与高峰小时单向（高峰方向）小汽车交通量之比可采用2：1。北京市金融街的停车供应规划就大致是这个关系（建筑面积约2 000万m^2，早高峰进入交通量6 700辆／小时，设机动车停车位13 600个）。

4.6　从停车特征调查及深圳中心区规模，建议深圳市中心区非住宅类停车泊位总量与高峰小时单向（高峰方向）小汽车交通量之比为（1.5～2）：1的中间或低值，即（1.5～1.8）：1。预计中心区高峰小时单向（高峰方向）小汽车交通量约1.6～1.7万辆，规划中心区非住宅类停车泊位配建总量约控制在2.6～3.0万个泊位左右。

公共停车场规划

4.7　对公共停车场的发展方式主要考虑服务及交通因素，一方面停车场距所服务建筑（群）的步行距离越短越好，另一方面避免交通过分集中并减小直接进入中心区的交通量。服务及交通因素互有抵触之处，需要在规划中加以平衡。考虑交通因素的极端发展方式是：在中心区外或边缘布置大型停车场，换乘公交进入中心区。事实上，在中心区布置与周边道路直接联系的停车场，同样可减小直接进入中心区的交通量。

4.8　李名仪方案建议在中心区中轴线绿地布置主要公共地下停车库。就服务而言，中轴线长条带形的平面布置提供了大面积的服务区，配合社区公园地下停车库，基本能为CBD大部分地区提供就近服务。就交通因素而言，南片区中轴线地下停车库近4 000个泊位，但分布在四个街区，且周边道路与地下停车库也有部分联系，并非过分集中。因此，建议公共停车场按李名仪方案实施。其中，中轴线地下公共停车位约4 550个（南片区3 200个，北片区扣除市政厅配建后约1 350个），购物公园扣除配建后约2 000个（东侧公园900个），共约6 550个泊位，为非居住配建的22.8%。

配建停车场准则、指标与分布规划

4.9　配建停车场应采取分散式的分布，就近满足停车要求。支路和进出道路断面设计要提供路边停车的可能。

不同性质建筑物的停车配建准则

4.10　根据新加坡、香港的发展经验，住宅区应尽可能充分满足当前及未来的交通需要。住宅建设应拥有足够的停车位以应付居民当前及预测的未来小汽车拥有量。其原因是居住区的停车规模对交通影响较小（进出居住区车辆的高峰方向与商务区一般是相反的），所以对居住区的配建来说，也就较容易符合交通方面的要求。另一方面，居住区的配建车位的提高，在管理上也比较容易实施，必要时可提高停车费用或采取拥有车辆者先拥有车位等政策。

4.11　商业设施车位配建标准的总意图是应使未来的商业开发提供足够的就地停车位，以满足其经营要求。

4.12　适当限制公共设施的车位数，仅满足其经营要求即可。鼓励公共设施的顾客使用公共交通工具或公共停车场。其原因是公共设施多由政府兴建，应尽可能同时合建公共停车场，或充分利用周边已有的公共停车场。

配建指标

4.13　配建指标的确定，原则一，按"规划标准准则"要求的标准配建；原则二，根据动静态平衡进行配建；原则三，参照新加坡、香港的指标。总的说，按"规划标准准则"要求的低限配建标准可基本符合上述原则。具体指标见表4–1。

4.14　从交通合理分布，可允许地铁站附近地块建筑配建指标略低，要求其他地块取略高的指标，但管理上会有一些困难。

分布规划

4.15　按上述指标（其中商务办公按低限取0.5）计算的中心区各地块配建停车位总数见表4–2。

中心区停车场建设与使用政策

不同性质建筑停车配建指标及国外参考指标　　表4–1

序号	类别	单位	市标	新加坡	市中心区
1	高中档旅馆	车位／100m^2建筑面积	0.5～0.7	0.5	0.5
2	市机关	车位／100m^2建筑面积	2.5～3.0		3.0
3	商业大楼、商业区	车位／100m^2建筑面积	0.26～0.58	0.29～0.67	0.5
4	主要外贸、金融、合资企业办公楼	车位／100m^2建筑面积	0.9～1.2		0.5～0.7
5	普通办公楼	车位／100m^2建筑面积	0.4～0.6	0.25～0.5	
6	住宅	车位／100m^2建筑面积	0.5～0.6	1／户	0.7

4.16　停车场的建设按发展方式所建议，配建车位由业主自行建设，集中式公共停车场作为预留，今后视发展情况分期建设。购物公园或中央绿带如需先行开发，除配建所需的车位外，公共停车场宜在设计上按规划作出预留。

4.17　停车场建设中可要求业主尽可能明确地提供长时间、短时间访问或事务性停车泊位，此举可提高停车效率及较有弹性地控制高峰时间进入中心区的车辆。商务区短时间及业务停车据调查约占停车总量的30%～50%，但其停车泊位的周转率高，一般可取配建泊位总数的20%左右供短时间及业务停车。

4.18　中心区内居住区可不提供路边及地面停车泊位，按路外停车场、库形式配建。商务区根据用地布置可提供少量路边及地面停车位。

4.19　商务建筑周边的居住区配建，尽可能将居住区配建建设为可供商务活动利用的公共型停车场。

4.20　中心区的停车收费应高于一般地区，路边及地面停车泊位收费要高于路外停车场、库。

中心区规划配建停车位统计表　表4-2

类别片区	住宅类(个)	非住宅类(个)	配建合计(个)
南片区	7 216	19 894	27 110
北片区	7 018	8 863	15 881
总计	14 234	28 757	42 991

5.地面公共交通规划

地面公交规划原则

5.1　要使公交能便捷到达CBD主要目的点。

5.2　优先规划地面公共交通设施，大型场站尽可能接近CBD重心。

5.3　尽最大可能，使穿越的公交与到达CBD的公交设施能方便地接驳。

5.4　较大的中心区可设区内穿梭巴士。

5.5　公共汽车需求量将达约6万人次，需规划进出中心区公交线路达20～25条左右。

5.6　具体线路及站点，重点规划中心区接驳线路及换乘站点，作为建立发达的交通接驳系统的组成部分。

规划方案

5.7　场站(见图9)

——南片区东、西两侧购物公园设两个枢纽站，地铁红荔站附近设一小型枢纽站。每个枢纽站占用场地面积6 000～8 000m²。小型枢纽站占用场地面积4 000～5 000m²。

——在东、西两侧社区公园设置首末站。南北片区的居住区规划普通首末站共4处，每个首末站占用场地面积约1 500m²。

——建议南片区的公交枢纽站与购物公园同时设计，以确保与中心区城市设计相协调。北片区的小型枢纽站及其它首末站，可与建筑物合并建设。

5.8　线路、停靠站、换乘站(见图9)

——为中心区服务线路分为三个层次，包括内部公交、进出中心区公交、穿越中心区公交。内部公交环线为李名仪方案所建议。

——中心区内部以南北向的金田、益田路，东西向的福中、福华路为公交走廊。结合公交走廊、道路条件及站场规划提出中心区公交运行线路及停靠站规划。按此，公交线路网密度约8km/km²。

——红荔路、深南路、滨河路为中长线公交走廊，尤其是深南路。

这些公交走廊上规划了外部公交走廊与进出中心区公交线路的换乘站。

——主要在金田路、益田路规划内部公交与进出中心区公交的换乘站。

6.步行交通系统规划

步行系统规划原则

6.1　地铁站、主要公交站点、停车设施应提供人行设施，减小交通冲突并提高安全性。

6.2　连续步行道应连接主要活动节点。

6.3　应保持连续的行人循环方案和连续的竖向高度。

6.4　建立舒适的行人环境，并与景观要求相配合。

6.5　与其他交通方式紧密接驳，形成系统的交通体系。

6.6　与土地开发利用相结合，为各建筑和设施充分发挥其功能和特点而提供适宜的服务。

6.7　步行系统宜分(北片)行政功能集中区、(南片)中轴东、西两侧商务功能核心区来加以分析。

二层步行系统规划及CBD步行系统综合规划

6.8　综合地铁线路及站点的分布和地铁服务范围内各地块高峰时间出行量的分布，可框算出南区各地铁站分担的出行数量(按出中心区的方向)：益田路站约2.8万人/小时，金田路站约2.2万人/小时，彩田路站约0.6万人/小时。南片核心区共约5万人/小时。南区公共汽车交通承担30%的出行比例，共4.8万人/小时，设在南区主要为核心区服务的两个枢纽站，始发线路为12条，占中心区始发线路数量的50%，约承担3万人/小时的出行。

6.9　因此，在南区CBD两个核心区晚高峰的高峰方向，由公共交通集中承担(地铁及公交枢纽发送量)的出行量达到约8万人次。

6.10　根据行人流量及步行系统规划原则，有必要设二层步行系统。

二层步行系统方案：基本按李名仪方案

东、西区分别在金田路、益田路两侧布置了2条南北向有顶篷并结合商业开发的二层步行通廊，疏导高峰时间高峰方向的行人流量。设4条东西向通廊，使二层步行空间向两侧延伸，在南区CBD东西两部形成了南北通畅、向东西两侧辐射的建筑内外相结合“二层步行平台”。

6.12　加强(南片区)中轴绿带的地面步行功能，10、11号路(南北段)半幅路可设为人行专用道，提高地面步行系统的整体性及步行环境质量。

6.13　二层步行系统与地面、地下步行系统的竖向接驳规划为三种形式：

①二层通廊与地面人行道之间的上下口，布设在步行通廊跨越主干道的两侧，采用行人踏步设施。

②三层步行交通体系之间的立体接驳，主要是二层通廊与地铁出入口的衔接，宜采用连续的自动扶梯设施，其形式可灵活多样。

③应鼓励开发商在建筑内部提供连续的接驳设施，在建筑内部形成竖向的人流循环。

6.14　本规划中南片区地铁站出入口

的布设（见图12）是地铁交通最基本的要求，应鼓励周围建筑开发商建设由建筑内部直接与地铁站联通的步行通道，将出入口设在建筑内部，地铁站应作出必要的预留。

6.15　南片区中央绿带4个地块地下公共停车库停车位总数3 200辆，因此在地下停车库与周围建筑的地下室之间设置的步行通道，目的是为方便使用者直接由地下通道进出停车库。

地下步行系统规划

6.16　深南路作为城市快速路，客观上将中心区分隔为南北两片，中轴上的市民广场（北片）—水晶岛—中央绿化带的露天剧场（南片）的南北地面步行交通也被隔断。结合城市规划提出的在水晶岛周围建设地下商业区的构想，根据步行交通及地下商业开发的需要布设地下步行设施。在水晶岛南北形成完整的地下步行系统。

6.17　地下步行系统北起市民广场、南至地铁一号线北侧，南北向通道主要担负行人通过水晶岛和为地下商业街汇集人流的作用；地下步行系统北部在市民广场设出入口并与地铁站相连，中间设出入口与水晶岛紧密结合，南部在露天剧场前设出入口，在福华路北侧设东西向通道与地铁站接驳。通道两侧均作商业用途。

行政功能集中区步行系统规划

6.18　北区晚高峰的高峰方向行人出行量约为4万人/小时，占中心区总出行量的20%，主要分布在以市政厅为中心的行政功能集中区。

6.19　规划方案：以市政厅为重点，加强地铁出入口及地下通道的布设，在市政厅下设置一条通至地铁水晶岛站的地下通道。地下步行系统通过市民广场与市政厅联接。

6.20　北区三个为市政厅配建的地下停车库，车位总数2 000～2 500个（自身用地范围内配建1 500个，中轴绿带配建500～1 000个车位）。其情况类似上述南区的公共停车库。结合地铁水晶岛站的地下通道，布设了由市政厅直接通至停车库的通道。

6.21　主干道与主干道的交叉口均考虑为立体的行人过街设施，设置天桥或地下通道。

7.深圳市中心区交通规划专家评审会　专家评审意见

1997年8月25日～26日，深圳市规划国土局、中心区开发建设办公室邀请国内交通专家评审"深圳市中心区交通规划"，与会专家经过认真、细致的讨论和评议，作出如下评审意见：

1.该规划指导思想、规划原则正确，规划思路清晰，论述有据，工作过程规范、手段先进，规划方案、内容的深度和广度均达到交通详细规划层次的要求。

2.该规划研究采用了国际公认的专业方式进行，成果达到国内同类规划的领先水平，可供同类规划工作借鉴。

3.专家们对下一步实施本规划提出如下建议：

1）道路系统：

根据交通分析，外围道路可能难以疏解中心区的交通流量，建议在城市总体交通规划中考虑加强红荔路的功能，以减少东西向交通穿越深南路。

中心区内的道路，建议在现有方案的基础上，模拟分析如下方案的可能性：

加强深南——彩田立交功能，减轻金田、益田立交的集散压力，以简化金田、益田立交方案。

结合建筑对交通影响的分析，可适当增加中心区支路密度及其贯通性。

适当考虑安排允许自行车通行的道路；为适应智能交通系统的运用适当调整交叉口间距。

2）停车系统：

近期可按建议的配建指标及发展模式实施。建议再提出有关停车场建设与使用政策。

3）公交系统：

建议提出公交服务水平的量化指标，加强公交枢纽站与地铁站的结合，提高公交的可达性。地铁对中心区的交通集散至关重要，建议下一步与有关部门协调，开展轨道总体网络和地铁站点与土地利用协调的专题研究。

4）行人系统：

必须十分重视中心区内人的活动。

·处理好人流与车流的关系。

·在尽量减少对地面步行系统的不利影响下，对地下和二层的步行系统进行整体设计。

·建议下步通过对地面行人活动空间的综合设计，提高行人交通环境质量。

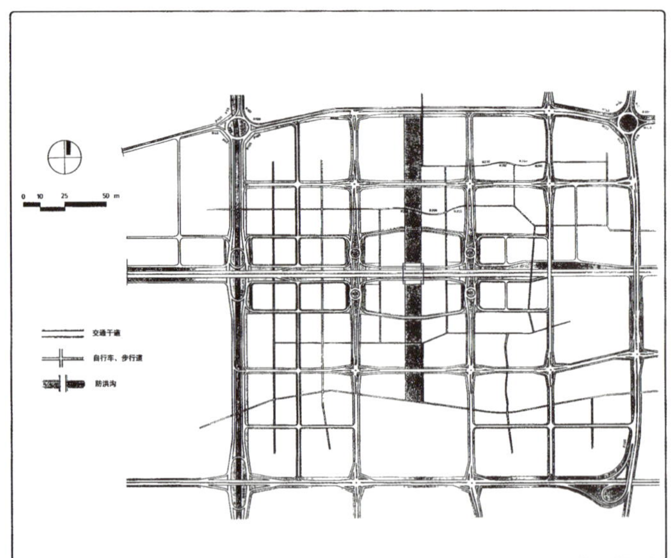

图1　深圳市特区总体规划(1986)的中心区主干道网图

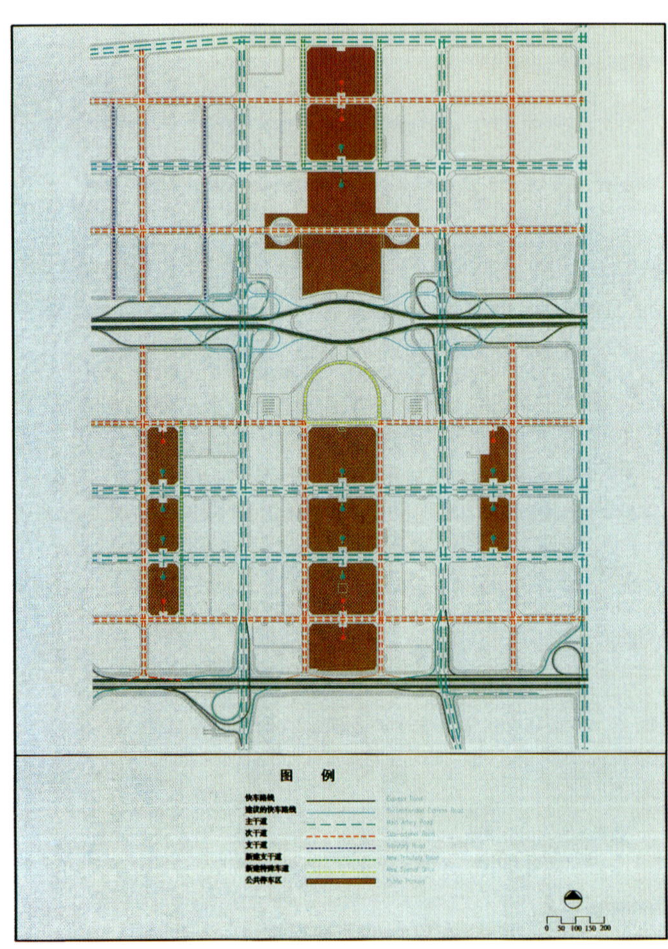

图4　李明仪／廷丘勒方案规划的道路及公共停车系统图(1996)

图2　中心区详细规划(1992)确定并已基本建成的道路系统图

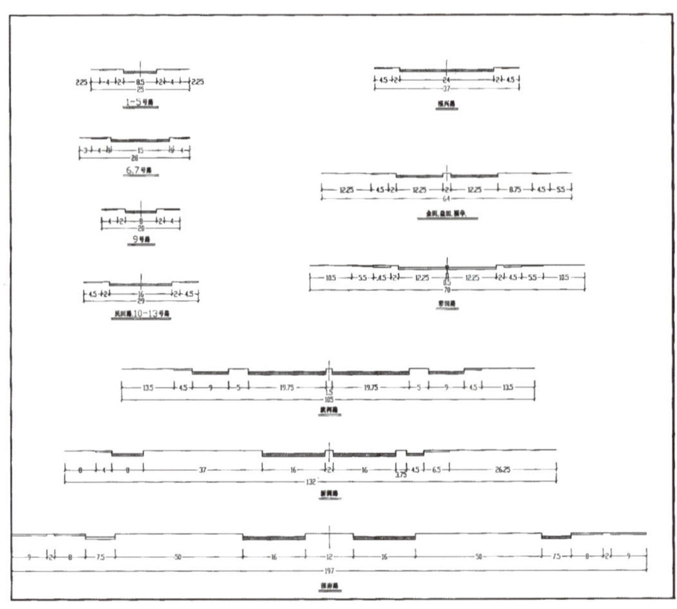

图3　现有道路断面图

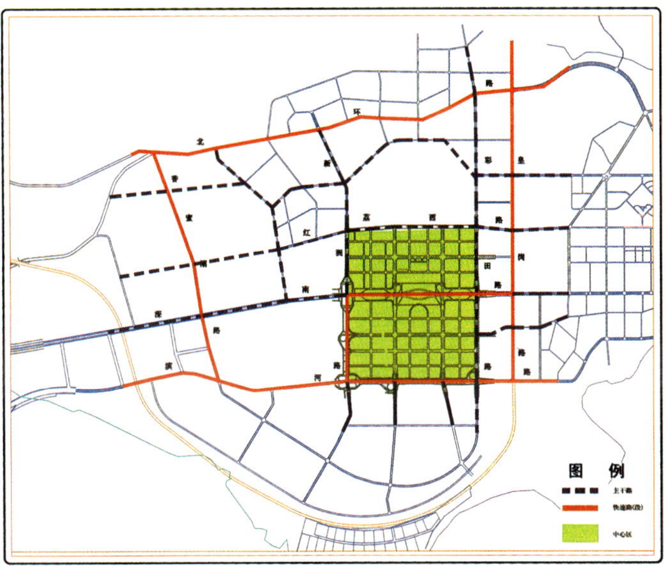

图 5　中心区外围现状及已规划主干路网图

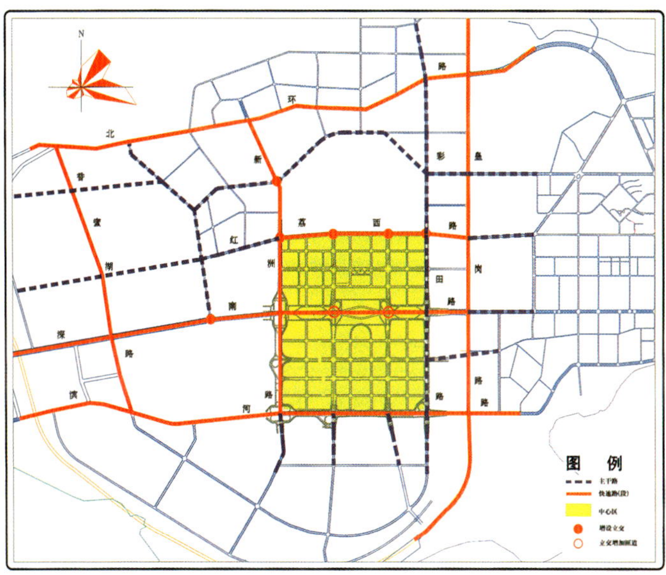

图 6　中心区外围路网建议改善方案图

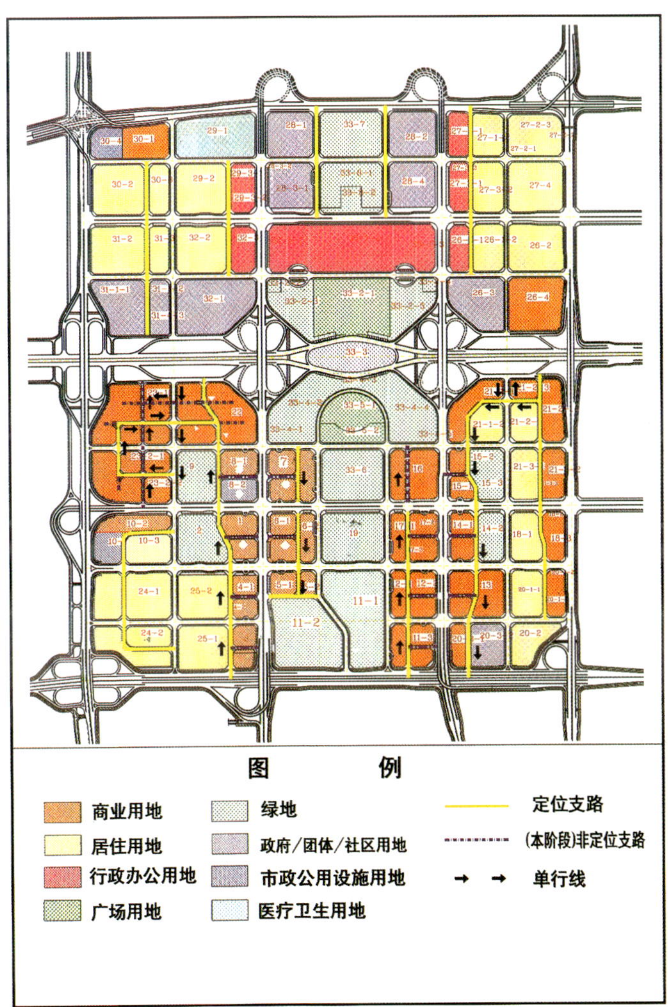

图 7　中心区支路网及单向交通组织图(推荐方案 1)

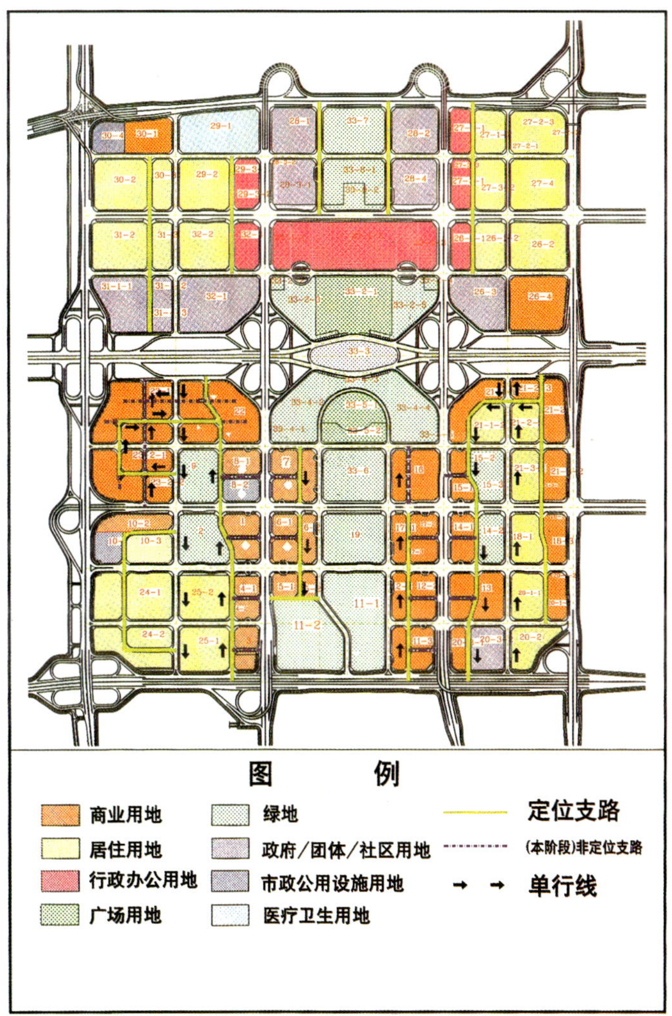

图 8　中心区支路网及单向交通组织图(方案 2)

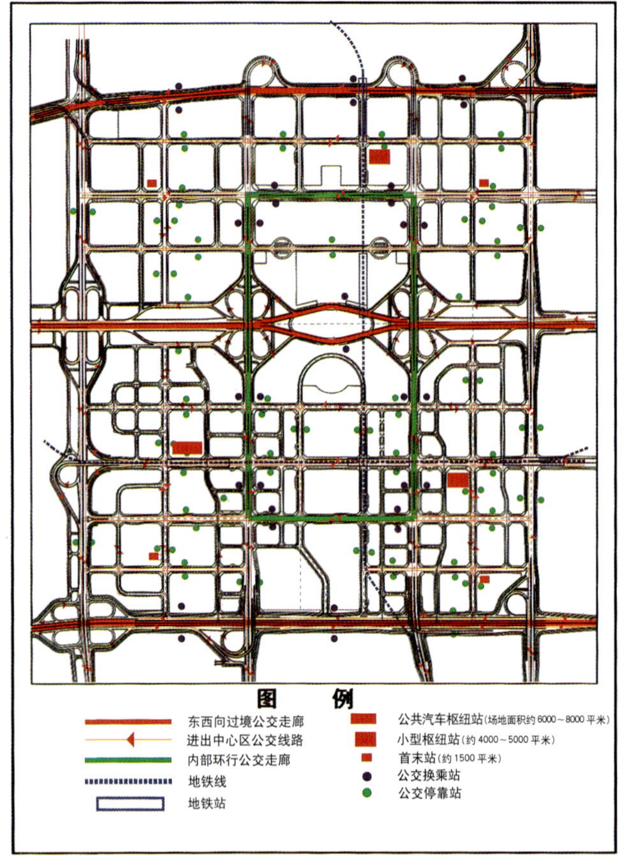

图 9　中心区公交站场及线路网规划图

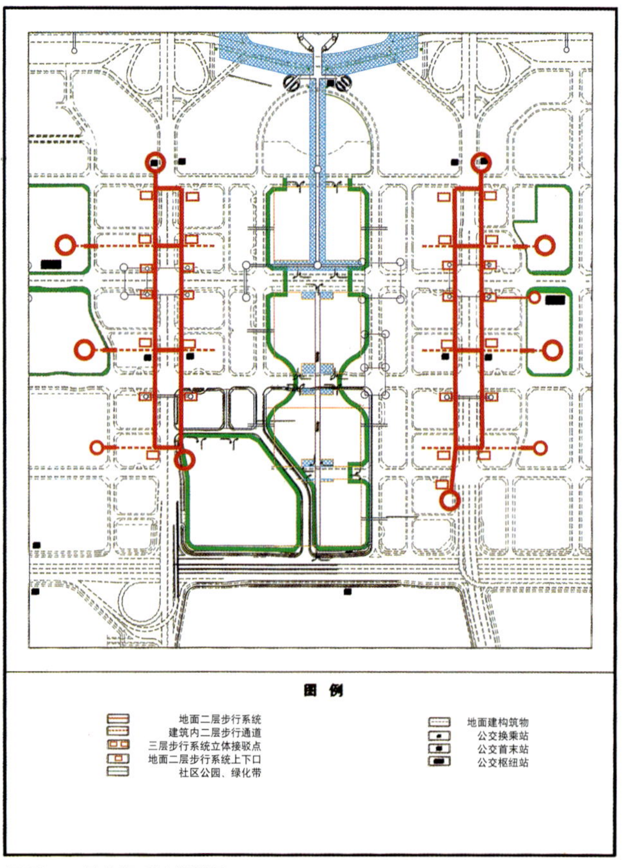

图 10　二层步行系统规划图

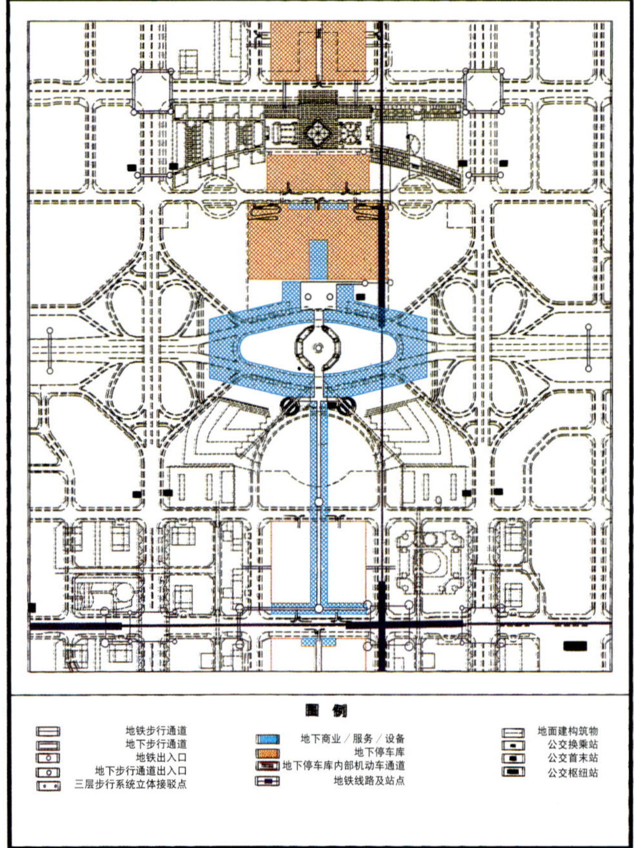

图 11　地下步行系统规划图

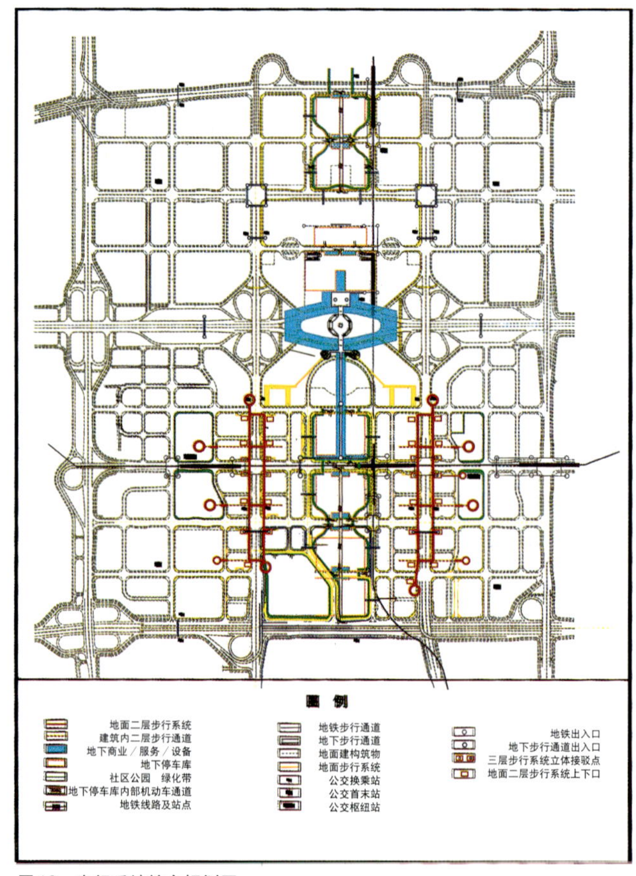

图 12　步行系统综合规划图

（二）中心区地铁线路位置及站点规划的比较研究

1.规划准则、思路

1.1 提供必要的容量，满足高峰时间进出中心区的客运需求。

1.2 使地铁能便捷到达CBD主要目的地。

1.3 协调土地利用与轨道交通线路及站点布设。

1.4 中心区站点400m范围，尤其200m范围以商务开发为主、密度要大，站点尽可能位于CBD区重心。

1.5 提供接驳设施或地面公交，使远离轨道站点的土地发展具有交通的便利性和可达性。

1.6 1号线线路、站点布设应与南片区土地利用布局协调，地铁站点布设在CBD区（东、西区）的重心，提高站点辐射范围。

1.7 4号线兼顾服务CBD、市政厅，及与1号线换乘的要求。

2.规划建议

原有线路

2.1 中心区范围原有规划的地铁线路、站点是地铁1号线沿深南路并分设新洲、岗厦、福田三个站，4号线沿中心区南北中轴线并分设滨河、红荔、福田三个站，两条线路在福田站（注：即后来的水晶岛位置）设垂直换乘。除4号线福田站以北线路，其余线段均在地铁优先工程之内。由于土地利用规划作一定的调整等原因，相应的地铁线路需调整。如仍按地铁线路、站点原方案，1号线覆盖CBD的面积太小（站点400m范围内），4号线高峰时间将成为1号线进出CBD地区的换乘接驳线。

调整方案

2.2 1号线线路及站点调整的方案是线路由深南路南移至福华路，该方案能充分服务于中心区南部商贸、金融CBD区。线路作此调整在技术上是可行的，西侧线路自深南路经五洲宾馆南侧至中心区，东侧线路沿福华路接深南路。因福华路（中心区内）南侧设有高压电缆沟，1号线线路偏福华路北侧。调整后1号线比较理想的站位是靠近益田路、金田路。

2.3 4号线的线路及站点调整，曾考虑过多个方案。1997年3月，市中心区开发专家咨询会议上，专家提出地铁线路的进一步修订方案，后确定1号线维持下移福华路方案不变，4号线沿中央绿带东侧或西侧布置的修订建议方案，经从地铁运行技术等要求的进一步论证，选取4号线设于东侧的方案。

2.4 线路调整后地铁站位的设置，1号线中心区范围在福华路上设益田路、金田路、彩田路三个站，4号线中心区范围设金田路、水晶岛、红荔路三个站，金田路站为1号线、4号线立体换乘站。

几点建议

2.5 至2010年，深圳市轨道规模约30公里，对特区建成区的覆盖率较低，同时，轨道沿线物业以商业及办公为主，居住很少，因此，轨道的使用非常不方便。建议在轨道沿线站点有效覆盖范围建设高密度微利房，提高轨道的使用率。

2.6 根据本研究，至2010年，轨道至少须为中心区提供6万人次的对外输送量。由于规划轨道线均为通过中心区，因此只能提供最大运力50%～60%。建议4号线改为通向特区西北部的居住区，以提供额外的输送能力。

2.7 建议展开轨道站点与土地利用的协调性规划研究。

2.8 建议调整特区内轨道网的规划，提高轨道覆盖率并尽可能在中心区设尽端站。

3.地铁线路位置及站点规划的比较方案（详图、表）

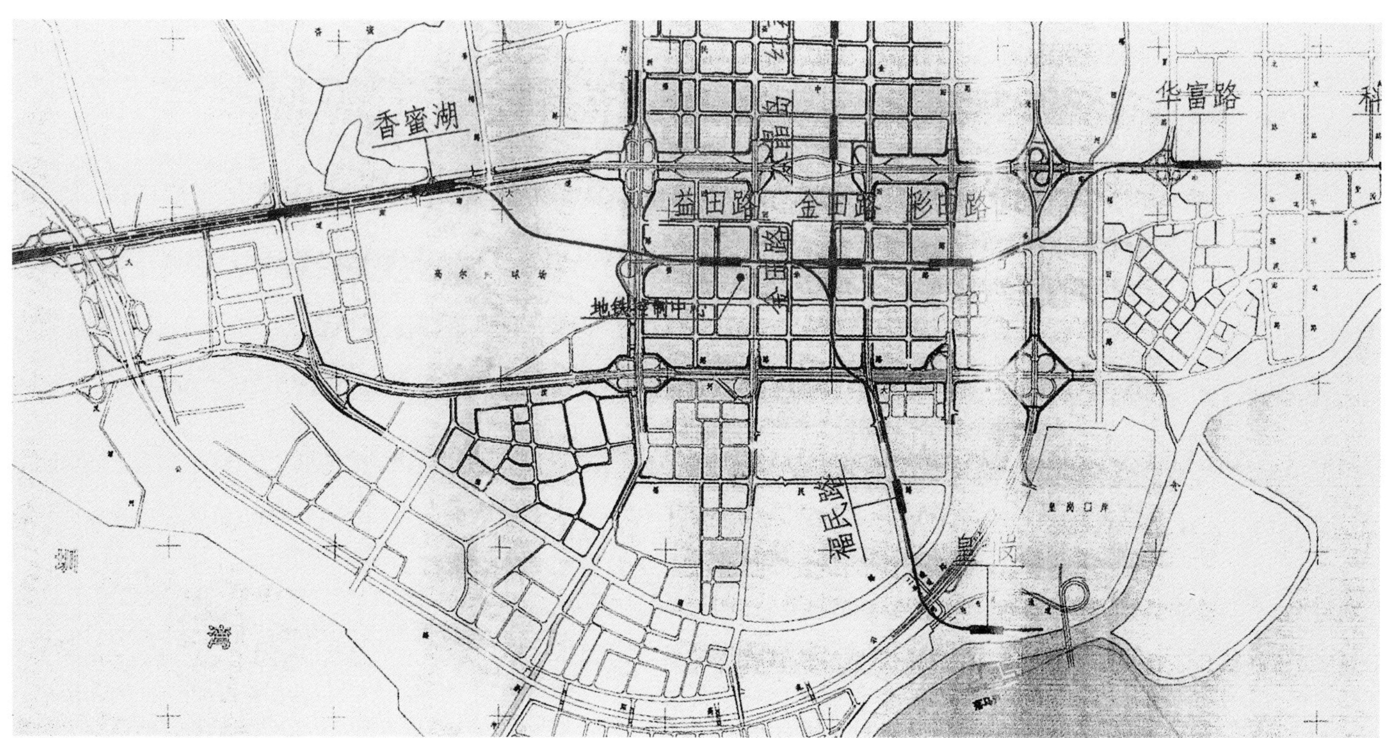

深圳市中心区地铁线路图（最终）

深圳市中心区地铁线路规划方案比较表

方案		正线长度(km)	设站数量(座)(中心区设站数量)	土建工程造价比值	方案优点	方案缺点
1号线	深南大道方案	4.374	5 (2)	1.0	1.中心区南北部旅客乘地铁1号线行走距离基本相等 2.线路沿深南大道布置，不侵入其他地块，不影响地块上建筑物基础布置 3.有利人民广场、水晶岛、露天剧场人流的集散 4.线路顺直，比福华路方案短348m 5.施工对道路及市政管线影响小，施工方法以明挖为主。工程造价较低	1.须与水晶岛同步施工或预留地铁通道 2.地铁4号线线位须布置在中心区中轴线，1号线与4号线乘客换乘才能方便 3.距中心区公共汽车总站较远，与公交换乘不方便
	福华路方案	4.722	5 (2)	1.33	1.充分兼顾中心区南部商贸、金融CBD区就业人口比北部密度大的特点 2.不影响水晶岛的设计、施工	1.穿别墅区，施工需采取加固措施 2.中心区北部旅客乘车不方便
4号线	中轴线方案	5.664	6 (3)	1.0	1.中心区东、西部旅客乘地铁4号线行走距离基本相等 2.中轴线为中心区绿化带、施工方便 3.有利人民广场、水晶岛、露天剧场人流的集散 4.线路分别比益田路方案、金田路方案分别短54m和140m	1.须与水晶岛及市政厅综合大厦同步施工或预留地铁通道 2.中央绿地较宽，两侧旅客进入地铁站行走距离较远
	益田路方案	5.718	5 (2)	1.08	1.方便中心区西部旅客乘车 2.线路比金田路方案短86m 3.皇岗站布置较金田路方案自由 4.线路坡度较金田路方案自由 5.地质条件较好 6.与近期中心区西南部益田路商业街(CBD片区)的开发结合较紧密 7.兼顾福田保税区和石厦南住宅区的居民乘车	1.中心区东部旅客乘车不方便 2.中心区设站较少 3.须拆迁旧石厦村局部房屋 4.规划的保税区配套生活区、皇岗公园须预留地铁通道
	金田路方案	5.804	5 (3)	1.13	1.中心区北部设站较多，轨道交通对中心区覆盖较均匀 2.方便中心区东部、北部旅客乘车 3.地铁1号线与4号线在金田站立交换乘较方便 4.促进中心区南部金田路商业街的开发	1.线路比益田路方案长86m 2.须改移金田南路东侧部分地下管线 3.金田站埋设较深，离地面约20m 4.地质条件较益田路差
	金田路－滨河路－益田路方案	5.562	5 (3)	1.08	1.中心区南部设站较多 2.方便中心区西部、南部旅客乘车 3.线路最短，比益田路方案、金田路方案分别短156m和242m	1.须拆迁滨河路南侧局部房屋 2.中心区的东山地块须预留地铁通道 3.须改移金田南路东侧部分地下管线
	益田路比较方案	6.028	5 (2)	1.20	1.绕避皇岗公园 2.与福强路地面交通换乘方便	线路比益田路方案长310m
	金田路比较方案	5.804	5 (3)	1.13	与红荔西路地面交通换乘方便	中心区福中路以南旅客乘地铁行走距离较远

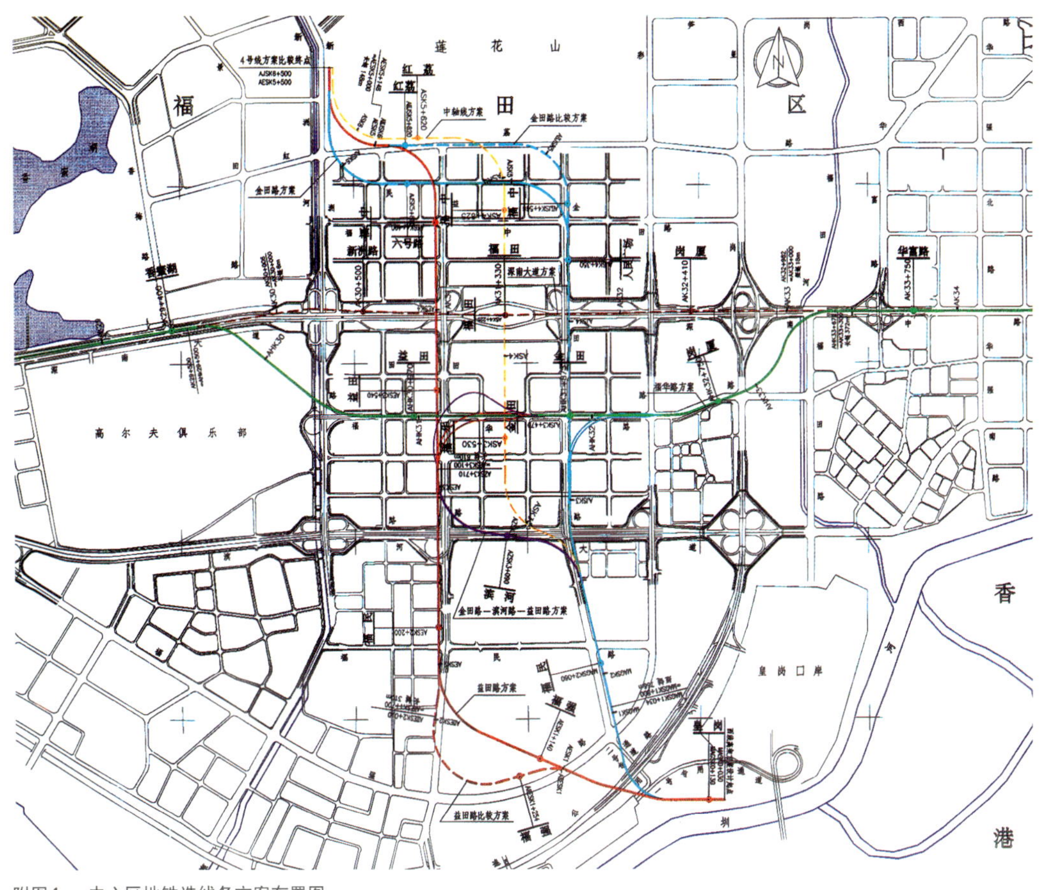

附图1 中心区地铁选线各方案布置图

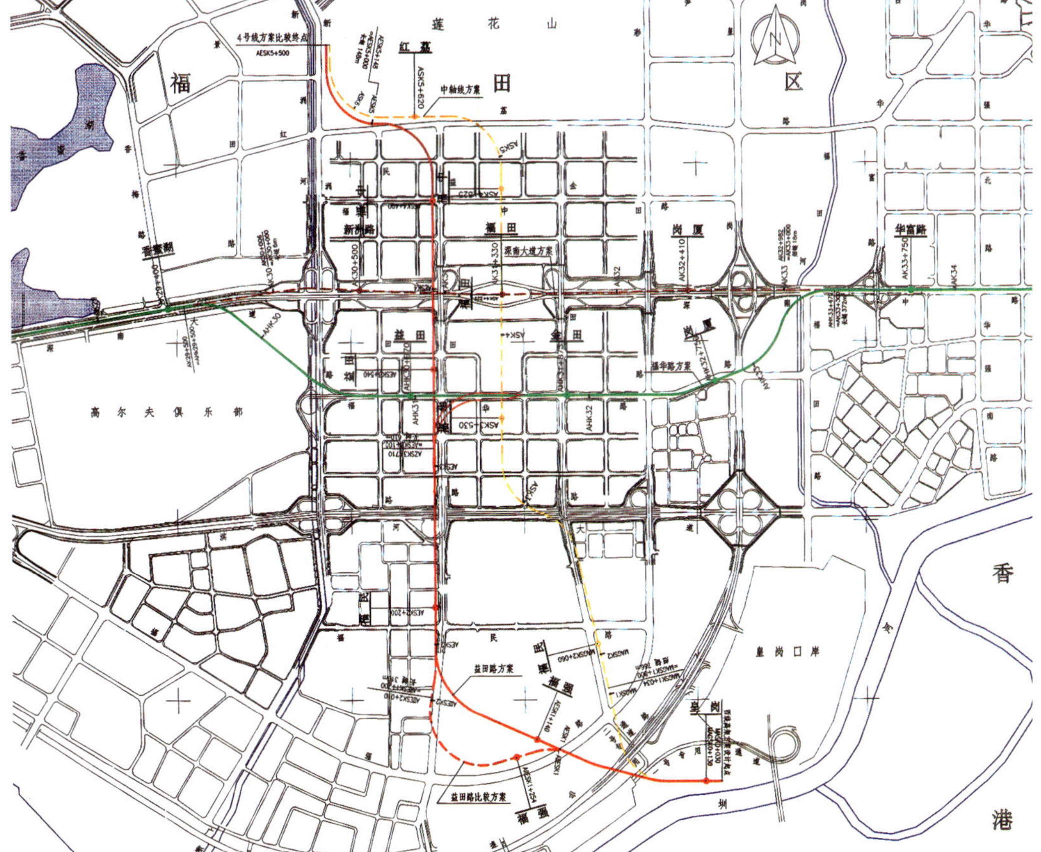

附图2 4号线益田路选线方案

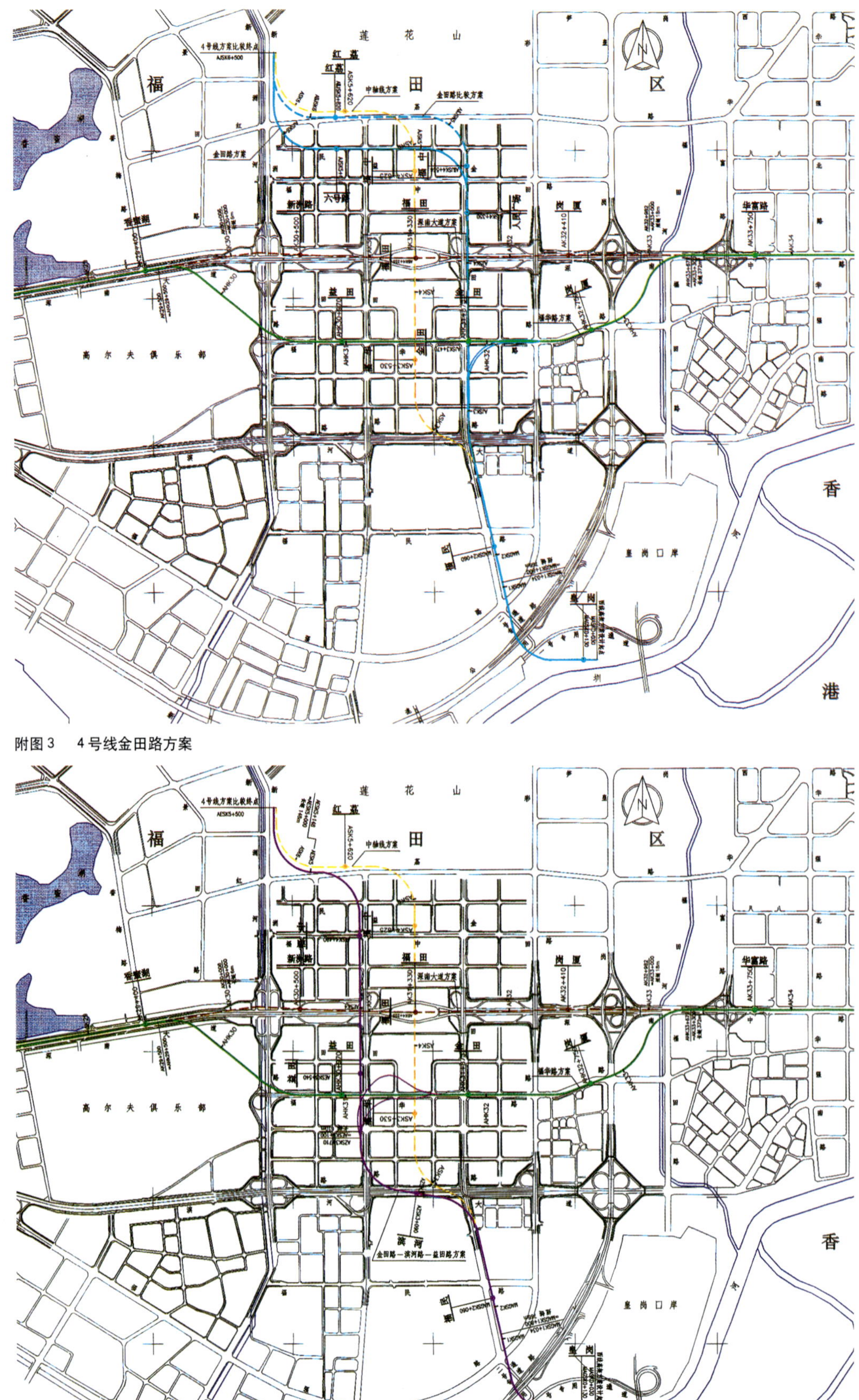

附图 3　4 号线金田路方案

附图 4　4 号线金田路—滨河路—益田路方案

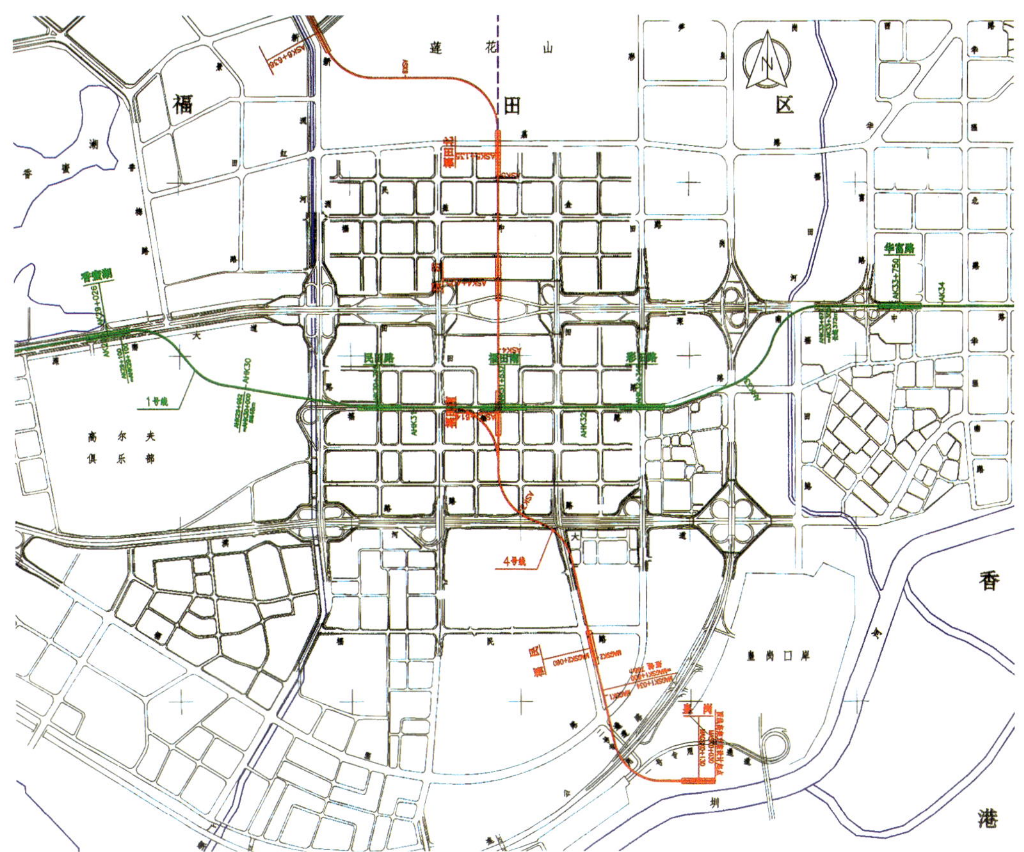

附图5　4号线中轴线方案

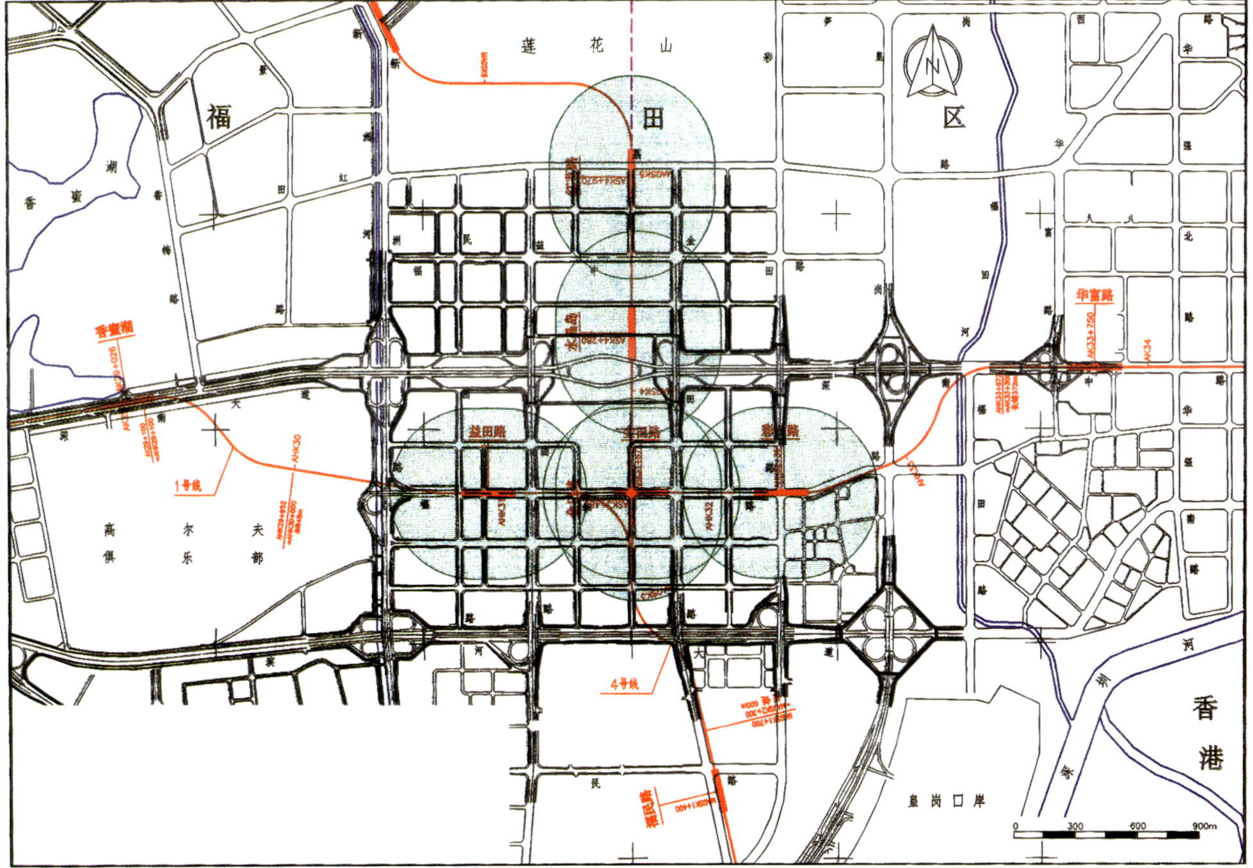

附图6　1、4号线最终选线图

（三）深南大道中心区段交通改造研究

1.问题与背景

1.1　深圳市规划的新市中心区最具有特色的是深南大道分叉处形成的一片开敞空间。从市政厅以北的中央公园到水晶岛以南的中央公园，地上的步行系统始终是连续和不间断的，尤其是市政厅以南的市民广场，向南视野开阔。然而，深南大道上快速的交通流将这种开敞的空间分隔开来，南北连续的步行空间在此处形成一个从地下通过的窄小瓶颈，一大块休息的幽静场地被繁忙的交通流干扰破坏，使得市民广场的空间环境也受到压抑。

1.2　在闹市中心设计一片幽静的完整的广场空间，将原有过往的交通流引向两侧或引入地下是非常必要的，可为居民提供一处名副其实的休息环境。根据这一设想，市规划局中心办提出了深南大道在市民广场路段设置地下通道的设想。广场平面和交通的组织形式相应作出调整。

2.1997年的初步方案

1997年开始，我们一直致力于深南大道中心区段交通道路改造研究与具体方案设计，以期解决中心区南北割裂、车辆进出中心区的不便以及不连续的步行系统。早期由中国城市规划设计研究院深圳分院编制的三个方案（草图）就是此项工作实质进展的标志，详见下图。

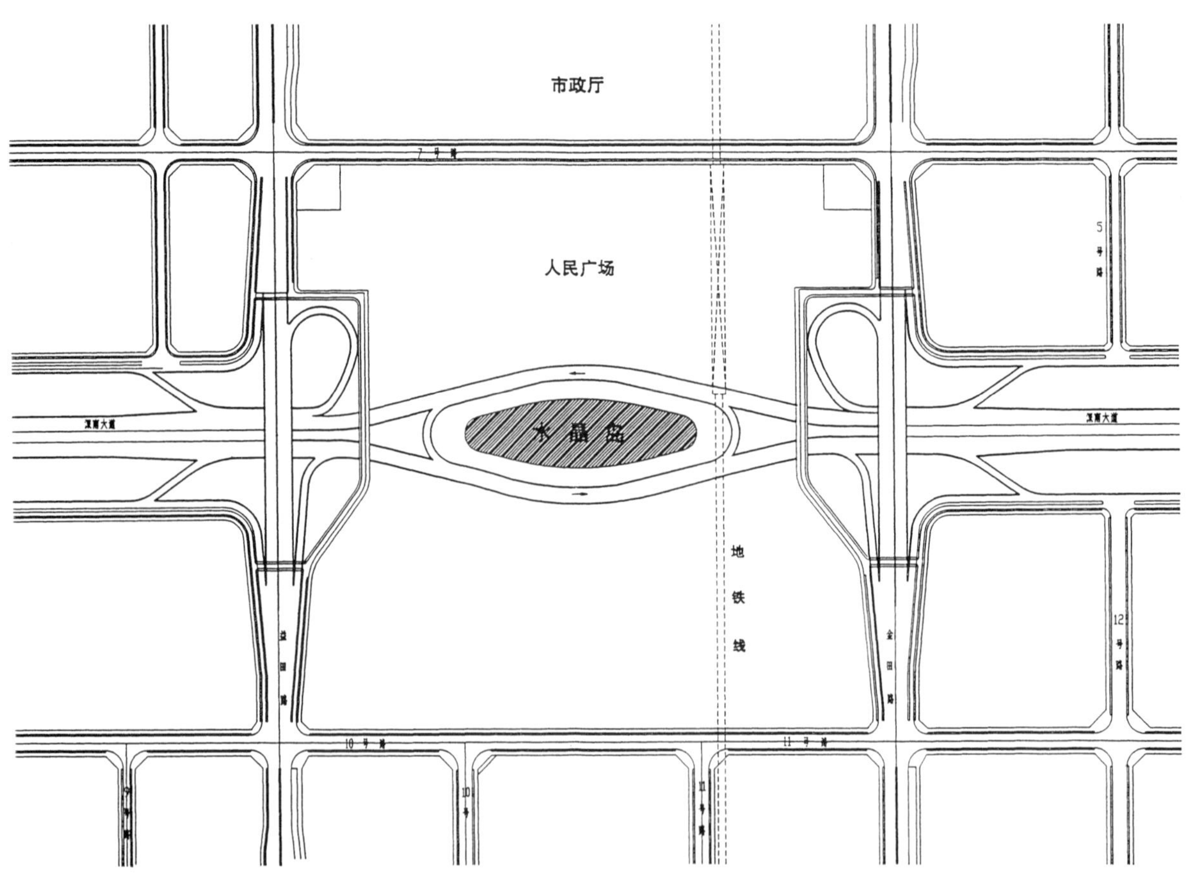

市民广场地区原规划路网平面图

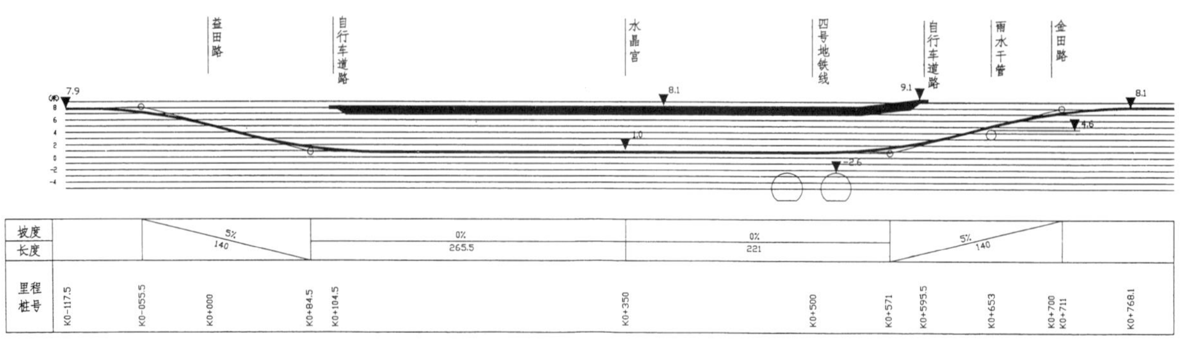

深南大道人民广场路段纵断面图

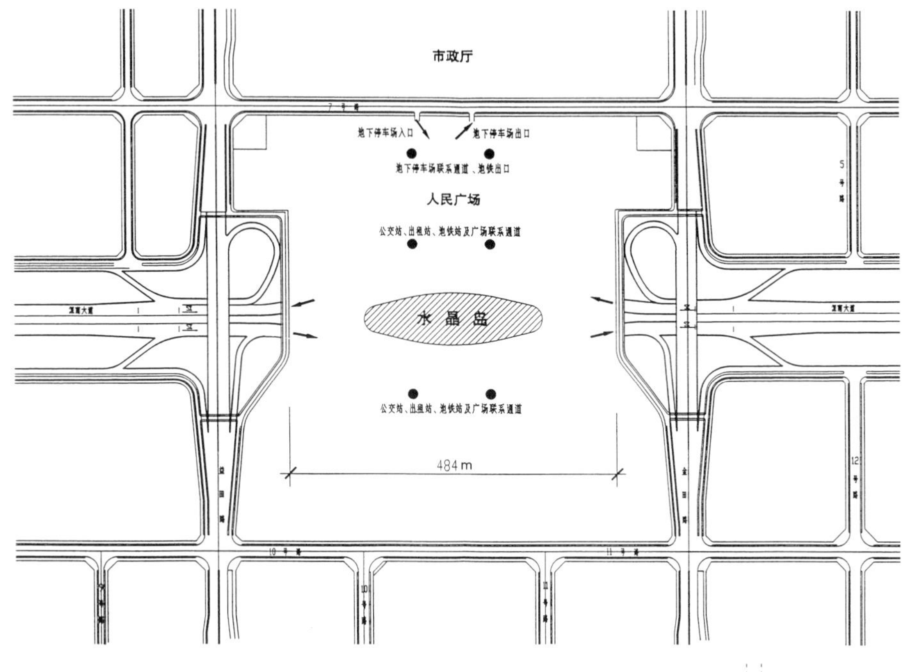

市民广场平面意向示意图(方案一)

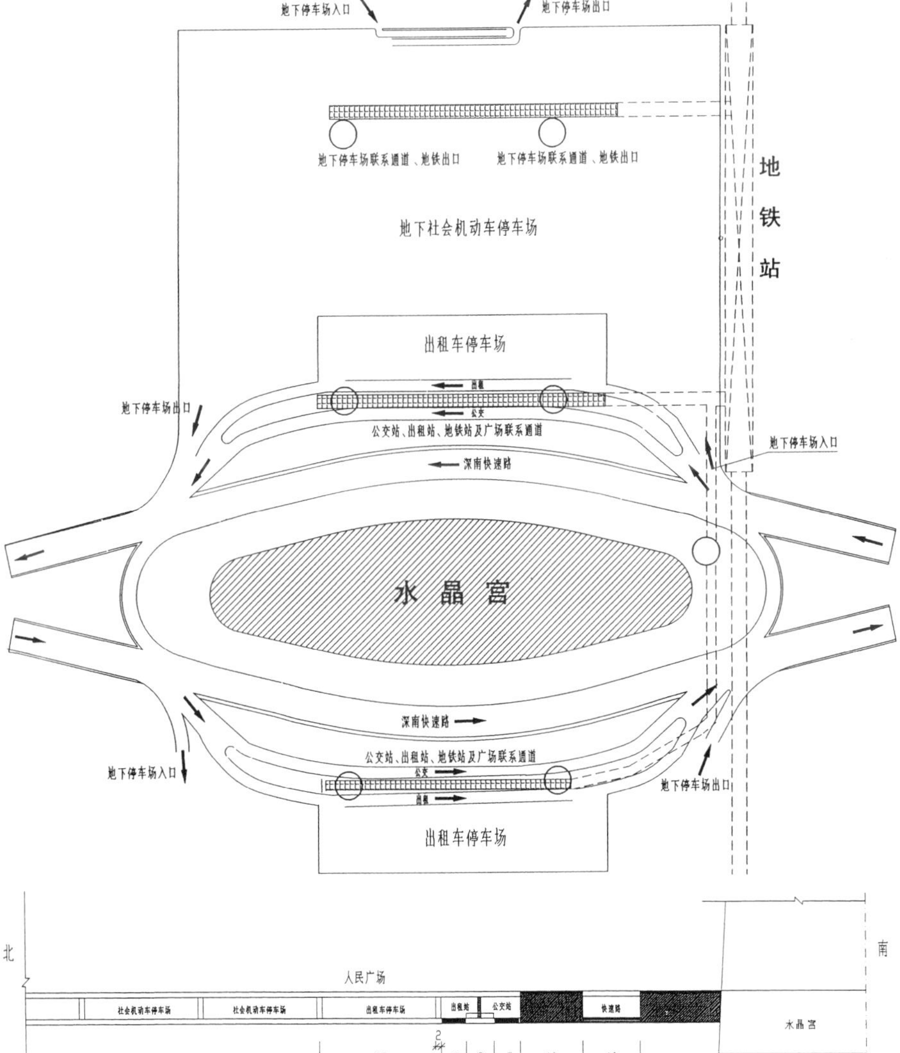

广场与水晶岛地下一层交通组织图(方案一)

广场与水晶岛南北轴线剖面图(方案一)

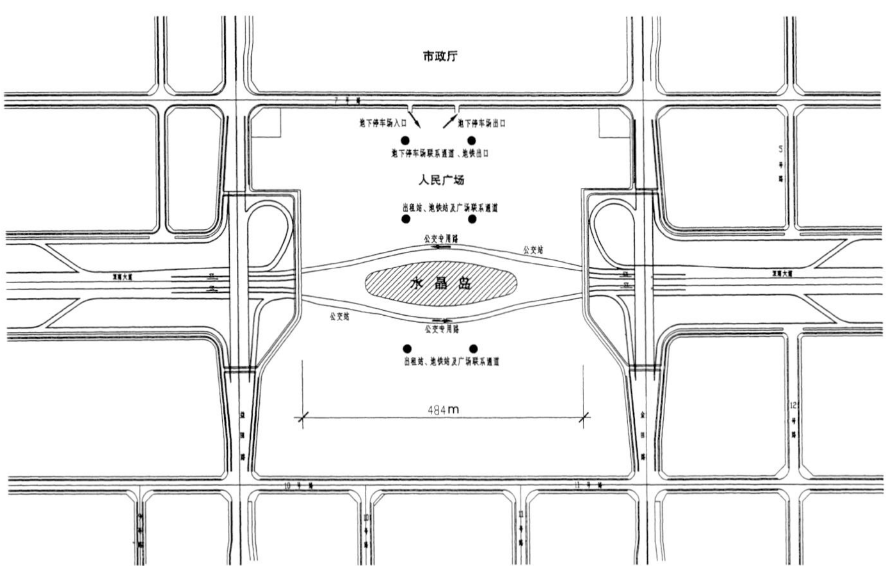

市民广场平面意向示意图(方案二)

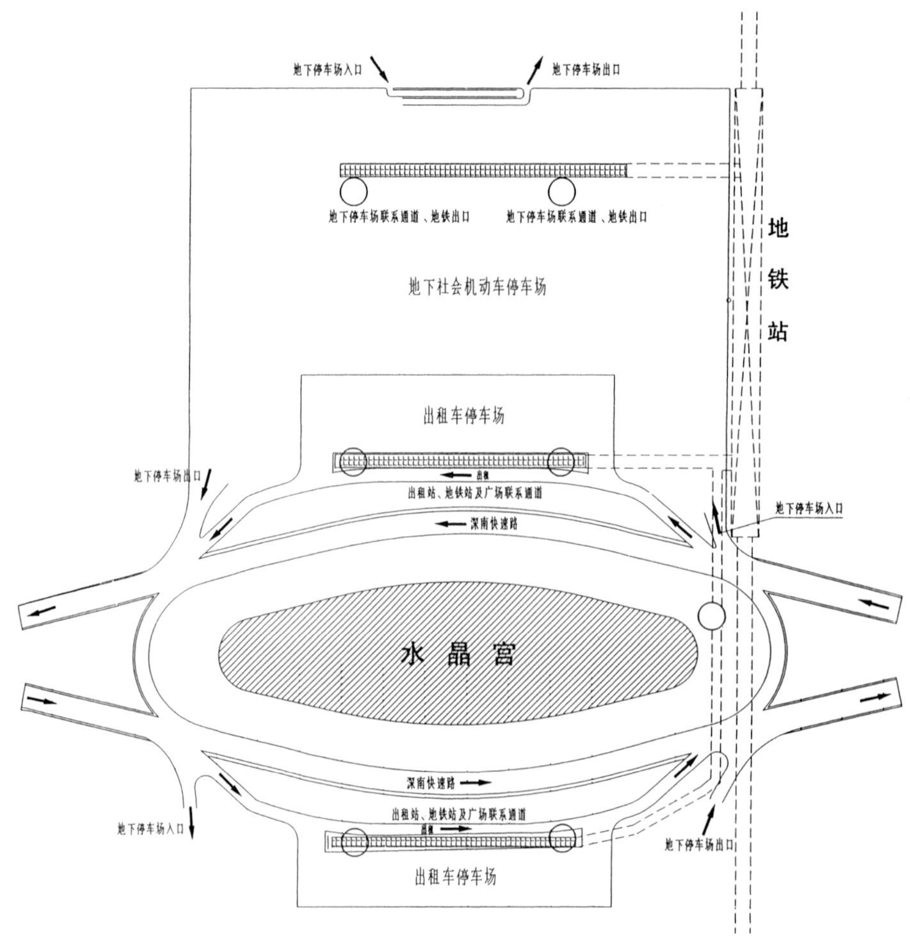

广场与水晶岛地下一层交通组织图(方案二)

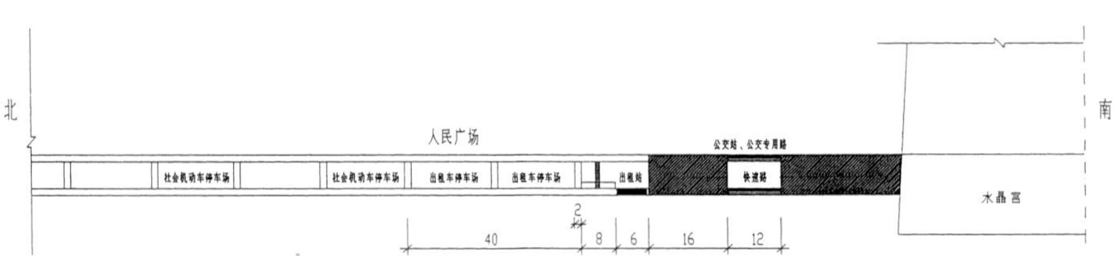

广场与水晶岛南北轴线剖面图(方案二)

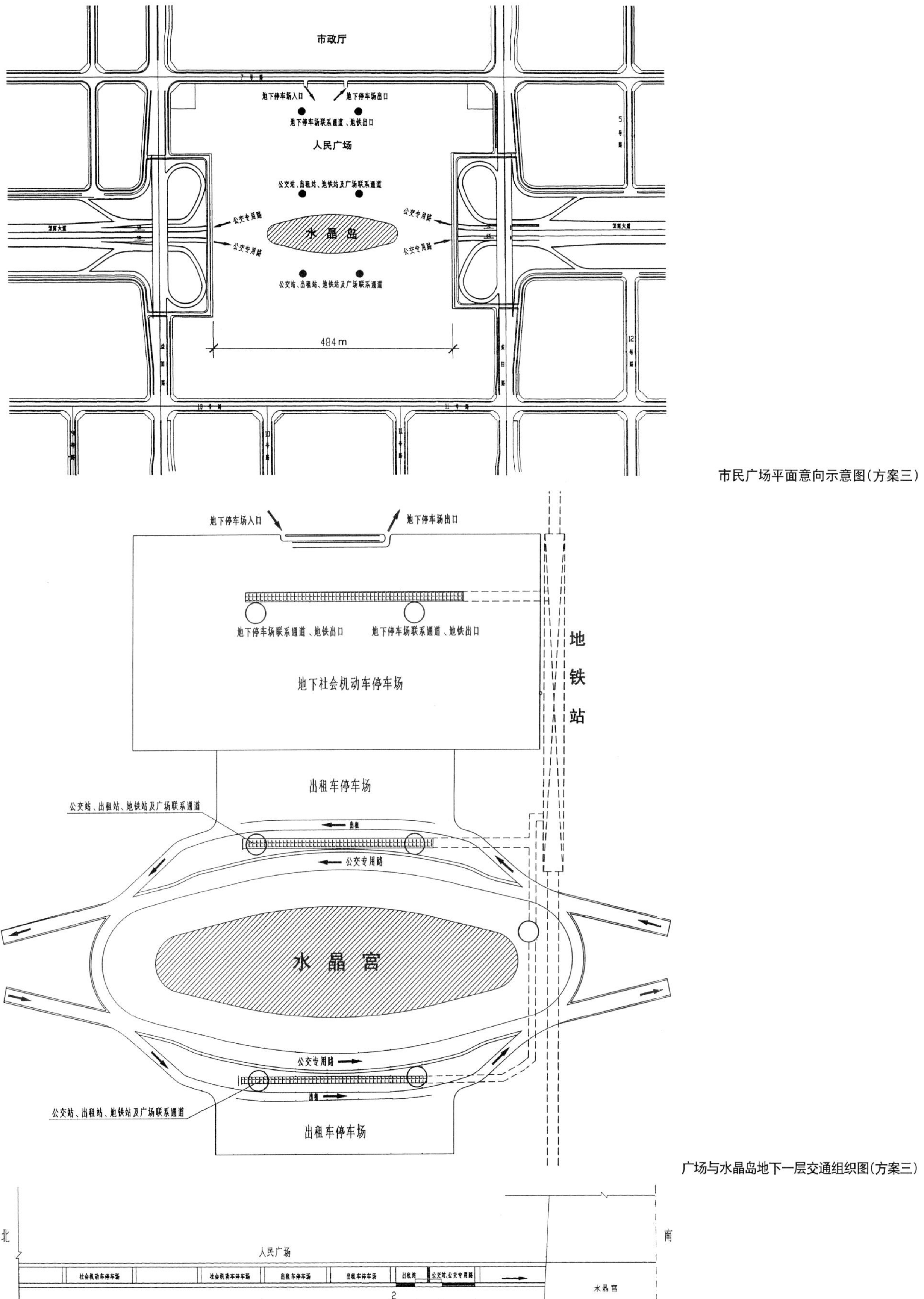

市民广场平面意向示意图(方案三)

广场与水晶岛地下一层交通组织图(方案三)

广场与水晶岛南北轴线剖面图(方案三)

3.1999年的研究进展

1999年9月举行的中心区城市规划设计及地下空间综合规划方案国际咨询优选方案中，德国欧博迈亚设计公司提出深南大道中心区段广场及交通优化方案如下：

北部和南部的地下停车库可以从两个出入口进出，车库出入口地区的道路只用

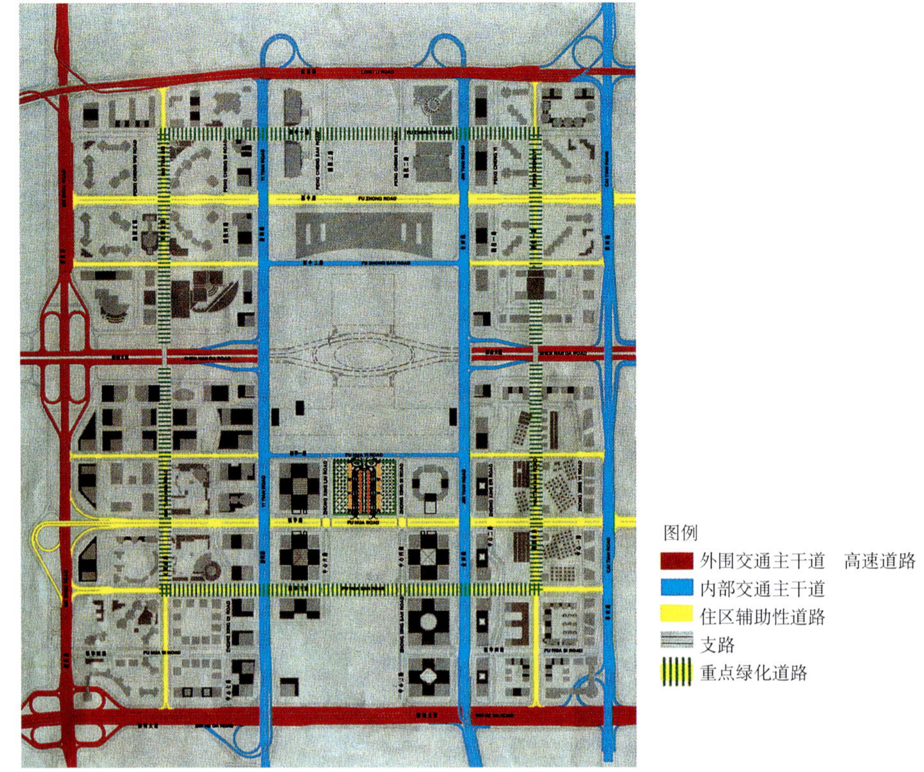

中心区交通详细交通设计总平面图

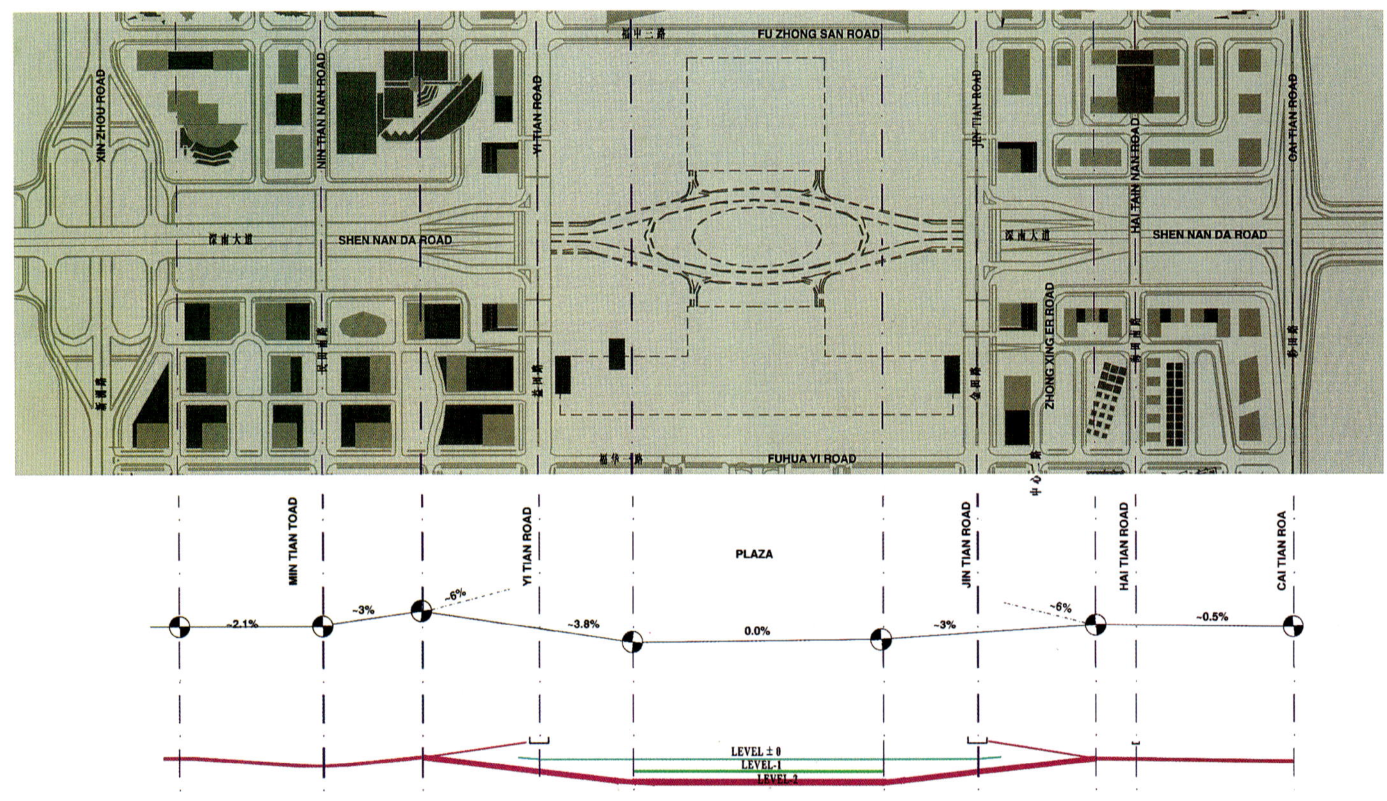

深南大道中心区范围内的东西向路网平面结构

来为车库使用，其结果将是减少车库出入口附近的交通拥堵。

这样设计会带来一种方便，即车辆在使用便道进行并线的时候会感到方便。

由于线路情况将设计一个低车速层面，这样可以在市中心合并线路大约220m，将来机动车使用便道留有充足的条件。

在始终开敞的–2层花园旁边，设计了一个高效能的地下过街通道，通道内墙表面被饰以面砖及照明设施，这样通道的中心会完整豁亮，过往行人及驾车的司机会感到方便舒适。

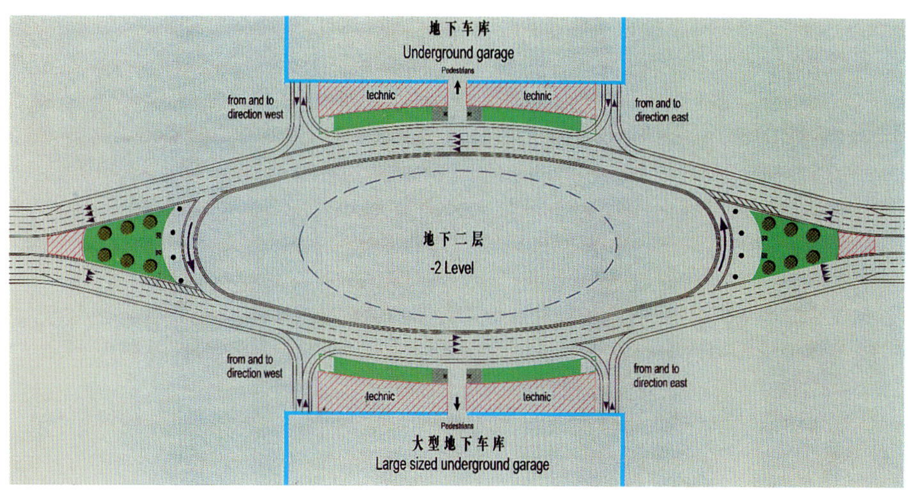

广场地下交通组织图

4.2000 年的研究进展

鉴于欧博迈亚公司所做方案对中心区原城市设计及地下空间综合利用做了一定程度调整，要求该段深南大道规划方案相应调整，与之适应。因此，深圳市中心区开发建设办公室委托深圳市城市交通规划研究中心进行“深南大道（新洲路至彩田路）详细交通设计”工作。

成果简介：深南大道主道下穿，将通过性交通分离，下穿隧道与中心区中轴线地下停车库连通，以便车辆以下穿方式直接出入。民田路、海田路南北连通后与深南大道平交，采取信号联动措施，以提高民田路与海田路的通行能力。益田路口与金田路口在跨线桥下为环形平交路口或普通信号平交路口。在益田路以东和金田路以西采取交通管理措施，仅允许公交车进入水晶岛中央步行广场。其他地面车辆到中心区在益田路口、金田路口时必须分流转向到其他路上。

有关地面交通设计方案图纸详见下列图。

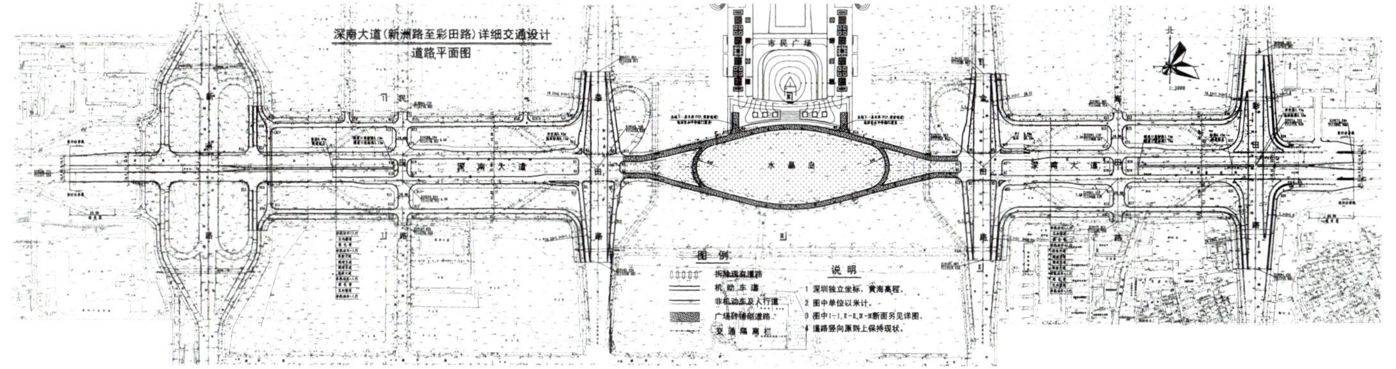

道路平面图

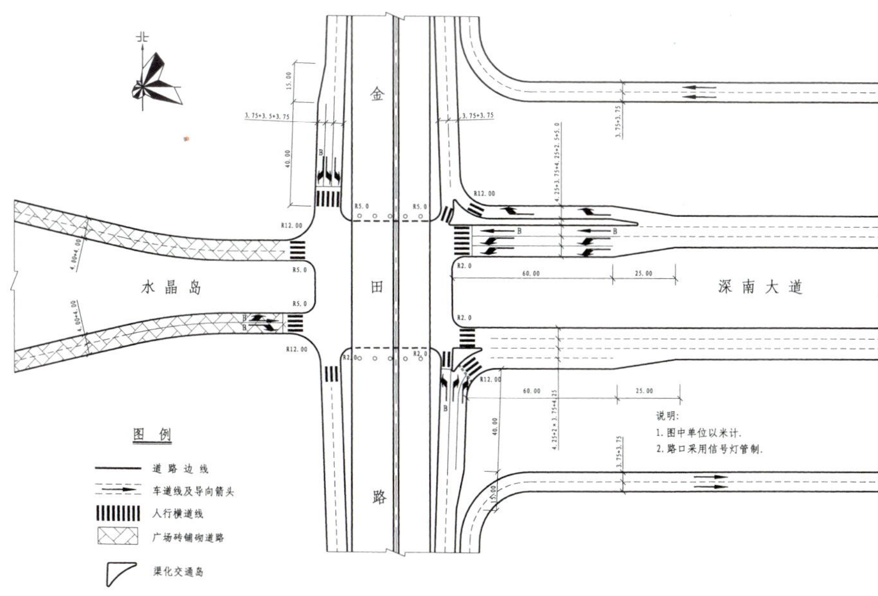

金田路口渠化设计（方案一）

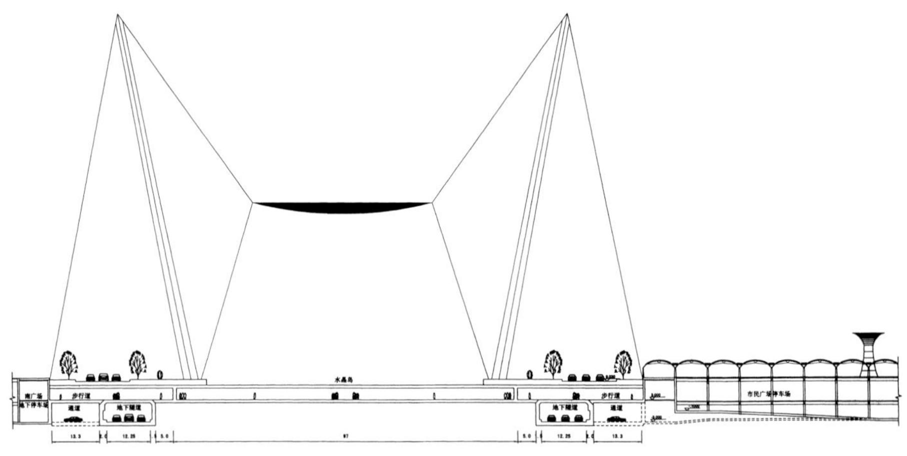

剖面示意图(方案一)

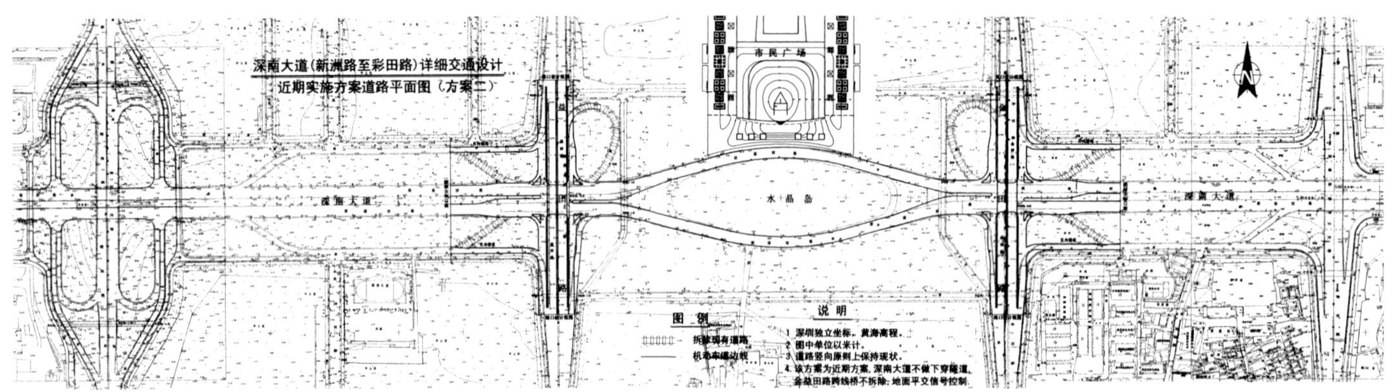

近期实施方案道路平面图

5.2001 年深南大道(新洲路至彩田路)近期改造方案交通设计总平面图

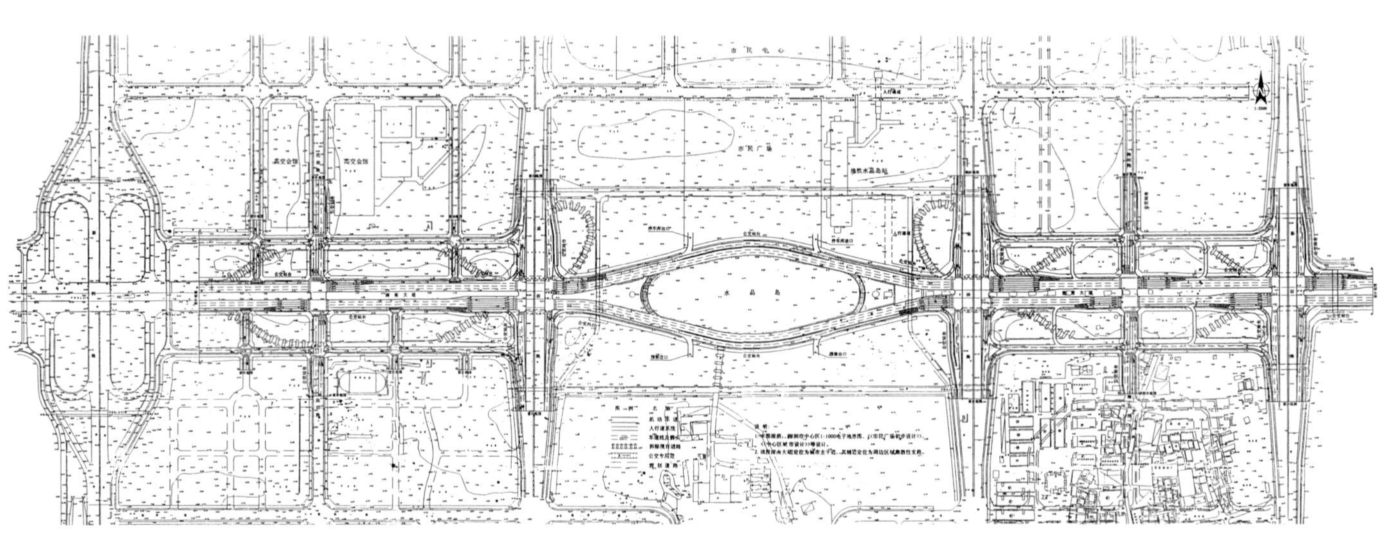

总平面图

(四)会展中心配套交通、市政工程方案研究

为了带动中心商务区建设，增强其凝聚力与活力，深圳市政府决定会展中心重新选址于市中心区南部，即金田路、益田路、福华三路、滨河路的围合区域，总用地面积22万m²。

在2001年深圳会展中心建筑设计方案国际竞标中，德国GMP公司方案被评为优选方案。目前，该公司与东北建筑设计研究院合作进行项目下阶段设计工作。同时市中心办委托市城市交通规划研究中心进行中心区交通综合规划设计，本项目为其中工作之一，目的是配合会展中心的有关设计工作。

1.会展中心在中心区的交通条件和对策

会展中心选址中心区是经过专家论证和市委市政府确认的，目的是带动中心区的开发建设，充分利用中心区便利的配套设施，包括大型公共停车库、公交枢纽站、两条地铁线、宽阔和相对密集的城市主次干道。

依据市交通研究中心多次的会展中心交通研究分析报告，会展中心交通策略主要依靠公共交通即地铁和地面公交，约可承担需求总量的70%～80%，其余30%～20%为社会车辆、出租车承担。

2.会展中心停车位规模及解决方案

按照交通对策，针对会展中心的建设规模，12万m²展厅、1.6万m²会议全部使用，每年约1～2次的最大需求停车量为3 500个，其中会展中心项目用地内要求配建停车位2 000个，其余1 500个停车位由周边地块解决(见图)。中轴线地下配建车位达2 400辆，按照其商业规模需求停车量只要800辆，因此应可多出1 500辆，利用穿梭巴士来回接驳。

3.会展中心人行系统组织

GMP方案以+7.5m入口大厅为人流集散平台，采取各种交通方式到达的参观人员均首先在+7.5m平台汇集，再沿自动扶梯向下进入各展区(±0.00m)。离去或变换展区的观展人员也均回到+7.5m平台，再根据标识选择方向离去或变换展区。

GMP方案进入会展中心的方式是合理的，建议分三个层面进行疏散，即地面、+7.5m公共平台、地下一层，分别利用地面公交和出租车站点、建设的二层步行系统、地下车库和地铁通道等尽快疏散，尽量减少在展馆内来回绕行距离。

另外，人行系统组织应根据不同规模的展览，作出相应的交通组织才能合理。

4.会展中心货运交通组织

GMP设计方案货运交通布展、撤展均在地面层解决，结合建筑方案，外部利用东西金田、益田两个路口进出；内部利用大跨度柱网，货运车辆可东西穿越，组织得较好。货运停车位数量，根据GMP公司分析为60辆，应该是合理的。

5.会展中心公交、出租车交通组织

一般规模展览时，利用地块周边设立的6对公交站上下客，出租车可以在周边出租车站下客(即停即走)，在北入口+7.5m公共平台处设立出租车上客处。

特大型展览时，公交组织不变。在会展中心两侧设出租车专用上客站，下客站仍在周边出租车停靠站(即停即走)。北入口+7.5m公共平台处改为贵宾上下客处。

6.会展中心红线外交通组织及配套项目的立项、设计

早在会展中心选址中心区的前期研究时，即将中心区中心四路、五路下穿并作为城市市政道路和进入会展中心地下车库的出入口，并提出在滨河大道设左传隧道解决滨河大道各方向进出。该方案已得到专家和设计公司的肯定。目前方案已完善，待落实立项、详细设计。

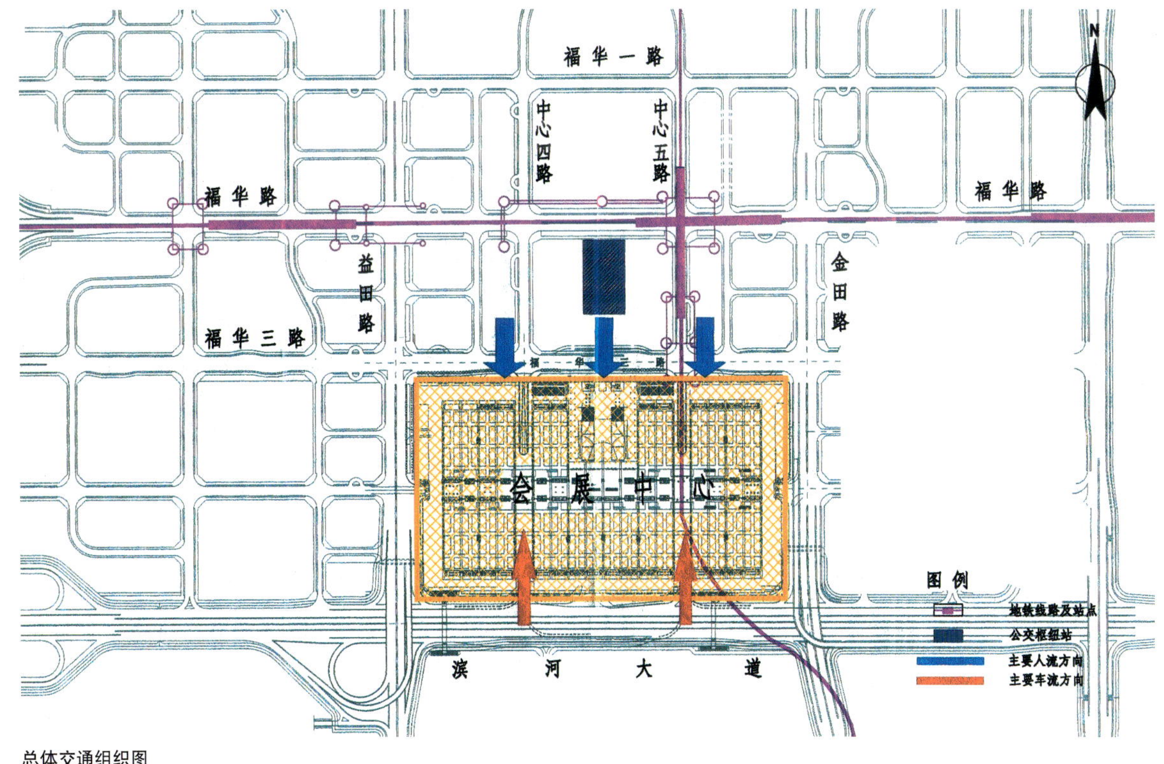

总体交通组织图

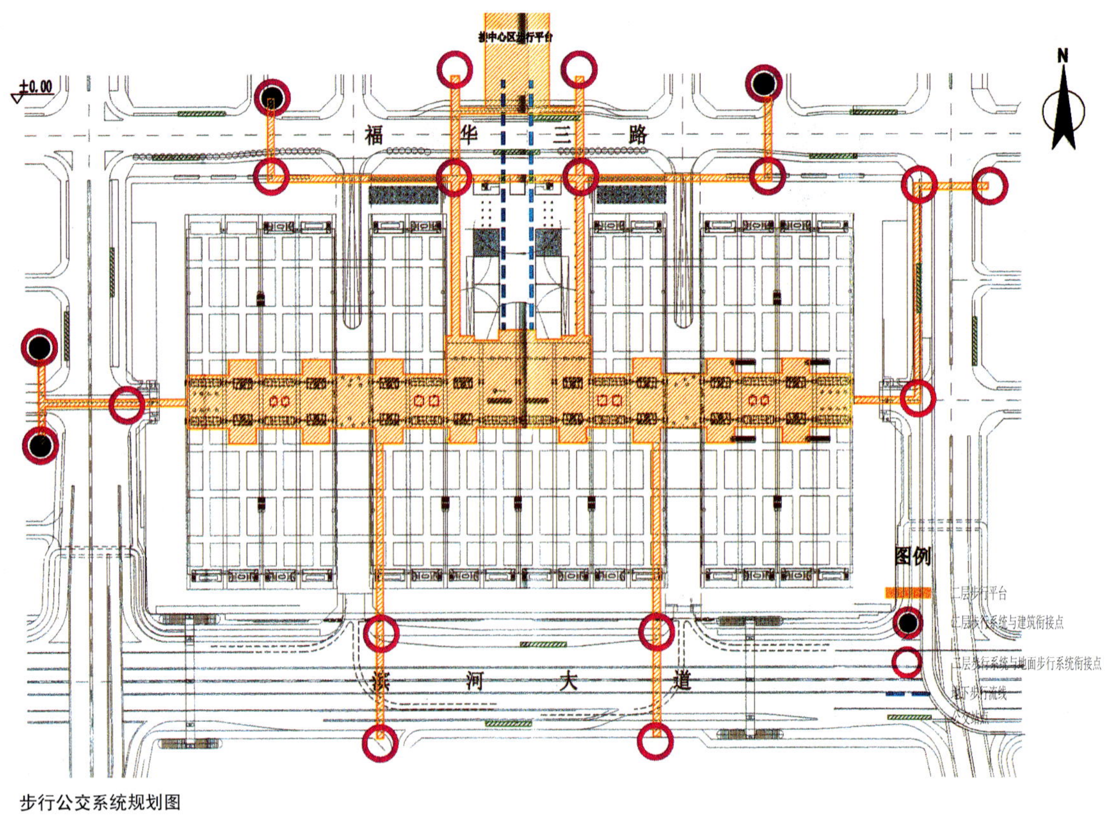

步行公交系统规划图

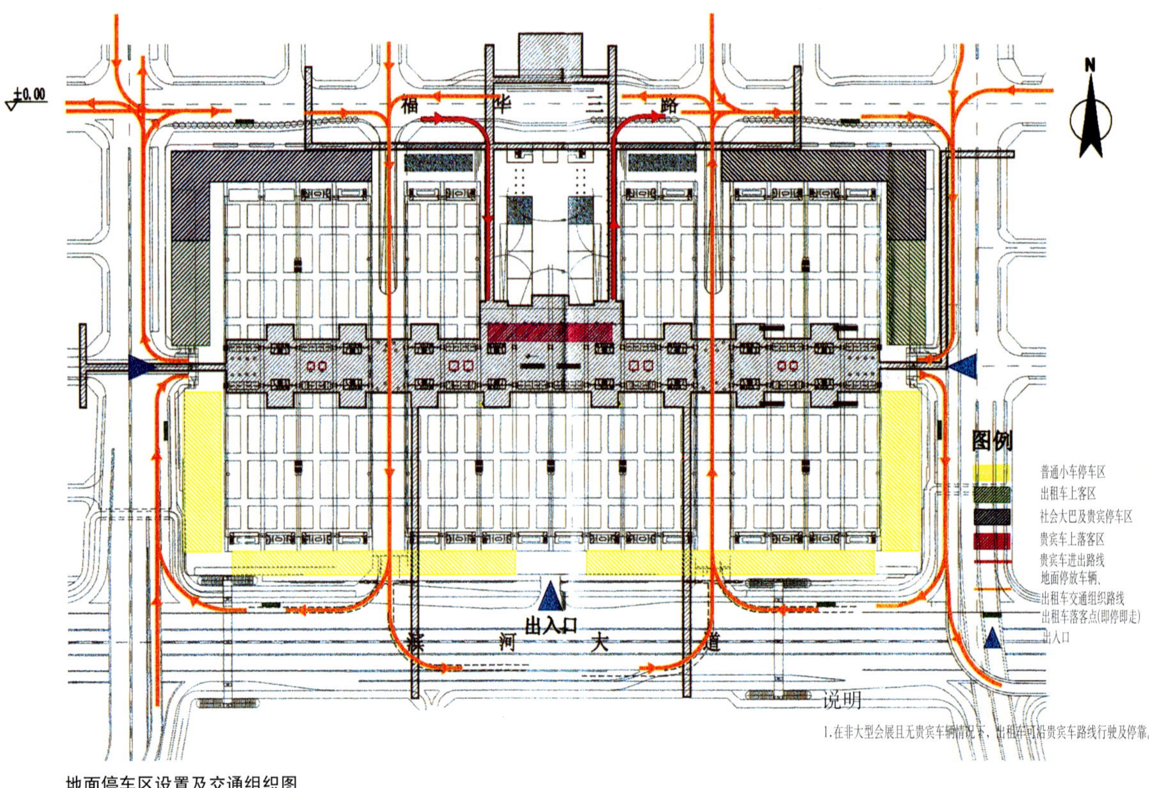

地面停车区设置及交通组织图

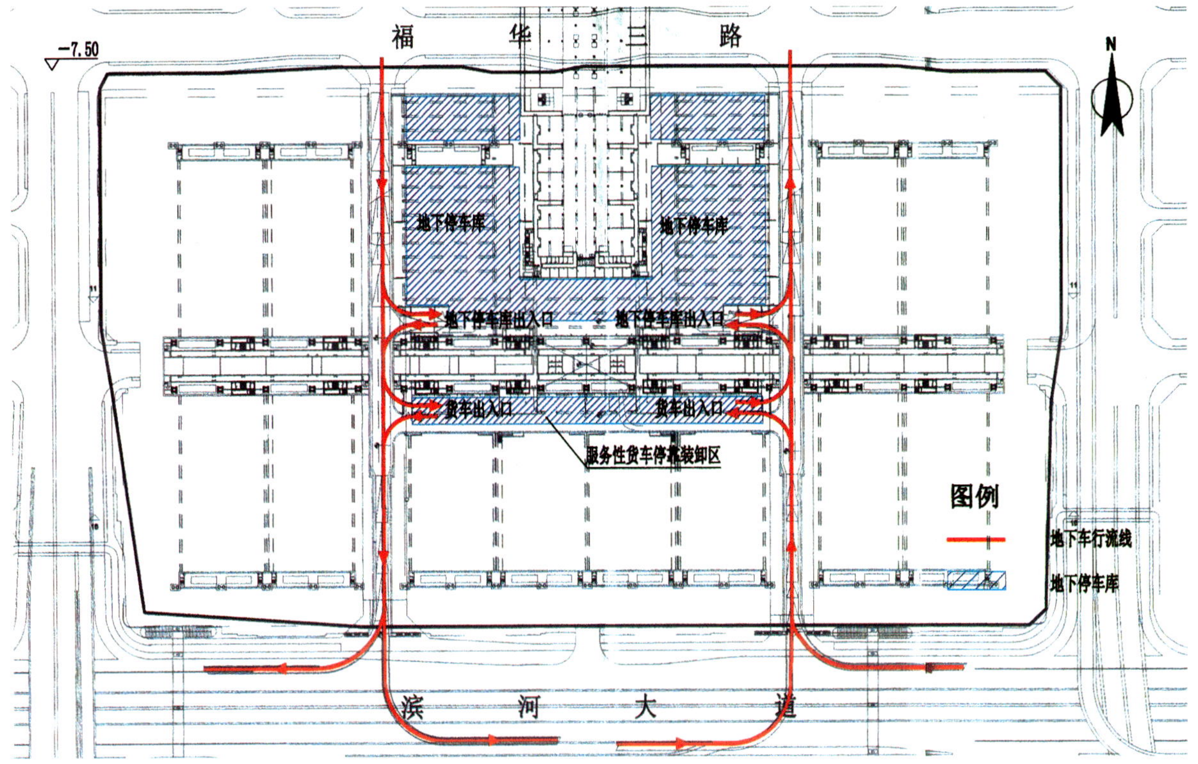

地下停车场配置及交通组织图

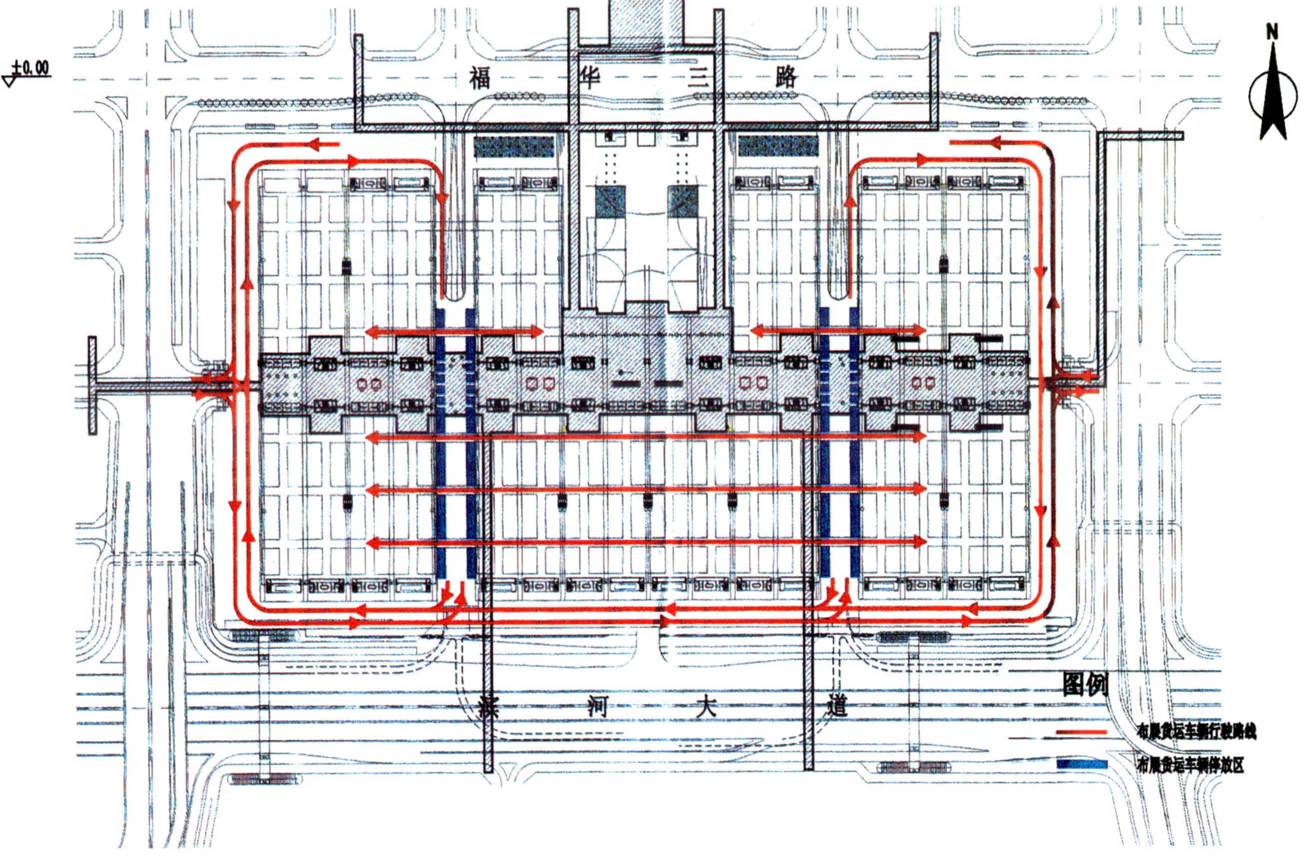

布展货运车辆停放与交通组织图

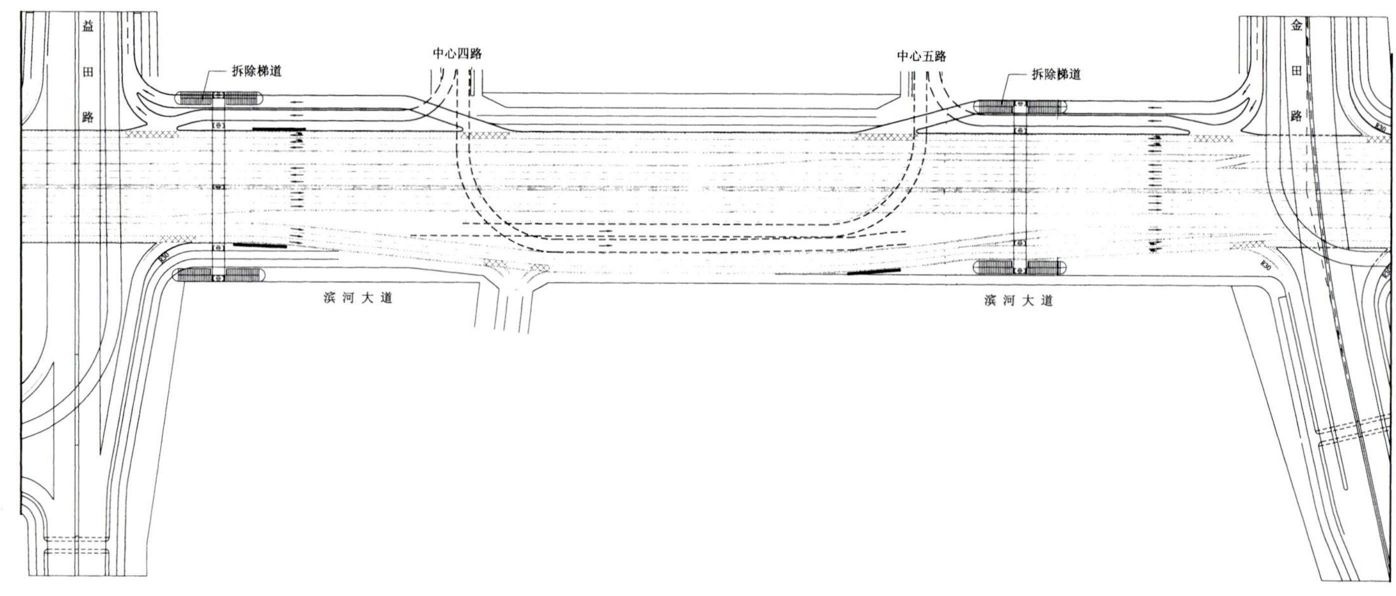

滨河路辅道改造方案图

注：为具体实施会展中心周边配套市政工程，2002年4月举行了该项目设计招标，经专家评审，北京市政工程设计院中标，并提出了滨河路下穿两条隧道和中心四路及中心五路的交通组织的改进方案，并最终按此方案进行施工图设计，具体简介如下：

1.本方案中心4号路立交由滨河路南辅路北侧设一条由西向北的左转定向匝道，下穿滨河路，接入会展中心地下一层中心四路；及一条由滨河路北辅路北侧从东向北的右转定向匝道，此匝道下穿中心5号路立交右转匝道后与中心4号路立交左转匝道合并，再接入中心四路。

2.中心5号路立交由中心五路南侧设一条由北向东的左转定向匝道，下穿滨河路与滨河路南辅路北侧相接；右转匝道由中心五路南端，从北向西，起点与中心5号路立交左转相连，终点接入滨河路北辅路北侧。

3.此方案中心四路行车方向为由南向北，中心五路行车方向为由北向南单向行驶，即中心4号路立交交通为合流，而中心5号路立交为分流。匝道转弯半径为40～70m，匝道最小纵坡3‰，最大纵坡7%，宽度7m。

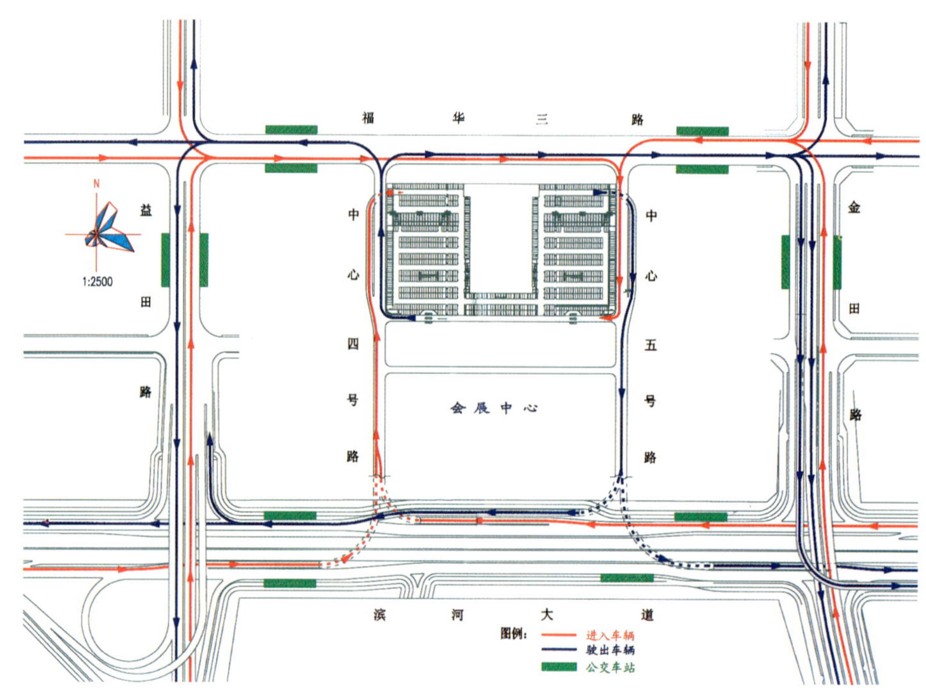

深圳会展中心交通组织平面图

优点：保留现状天桥，维护现状人行系统，两右转交织段在两立交之间，对现状立交匝道影响较小。南侧对管线影响较小。

缺点：福华三路进出口相互有一定干扰。

(五)福华路现有道路工程改造设计研究

深圳市中心区福华地下商业街位于福华路(中心区段)道路以下和地铁金田站及益田站之间的地铁隧道以上的地下空间范围。地下街总长度663.5m，地下竖向使用空间范围为：−2.5m～6.5m(绝对高程)。由于商业街采用明挖施工，破坏了原有的市政道路设施。在恢复该路的市政功能时，结合周边地块均为大型商业、办公用地，认为原断面有不合理的地方，新的断面仍保持双向六车道，其中二个车道为公交专用道的设计，即：道路红线宽和断面形式同原断面，断面采用对称布置，其组成为：人行道＋自行车道宽5.5m+绿化带宽12.0m(局部8.5m)+机动车道宽11.0m(局部14.5m)，中央分隔带宽7.0m。该断面布置主要考虑了以下因素：

1.将人行道移至两边和两侧商业用地的底层连廊形成一个统一的人行空间，道路两侧的城市绿化带集中设置，可布置为市民休闲场所，设置一些小品、雕塑、长椅、地下街出入口等设施。

2.车行道设计为两个小车道加一公交专用车道，车道数和原断面相同。单车道宽3.5m(原设计为3.75m)，路缘带宽0.25m(原为0.5m)。部分路口中央分隔带拓宽2.5m，进口道考虑小车道宽3.25m。

3.由于地下商业街的通风和采光天窗布置在中央分隔带处，其净宽要求4.5m，故中央分隔带宽7.0m，除了天窗占用宽度外，可种植大乔木绿化，使原来64m宽的“开敞”道路的空间缩窄，以便形成宜人的道路景观环境，此种思路将在以后的道路改造中继续适用。

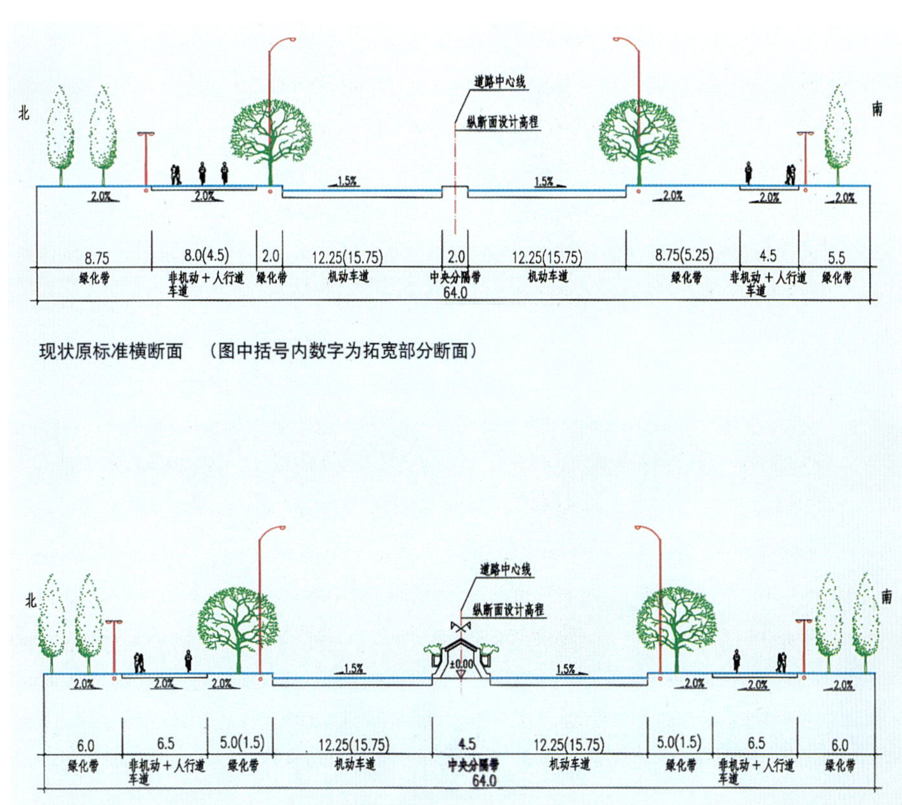

现状原标准横断面 (图中括号内数字为拓宽部分断面)

中间成果设计标准横断面 (图中括号内数字为拓宽部分断面)

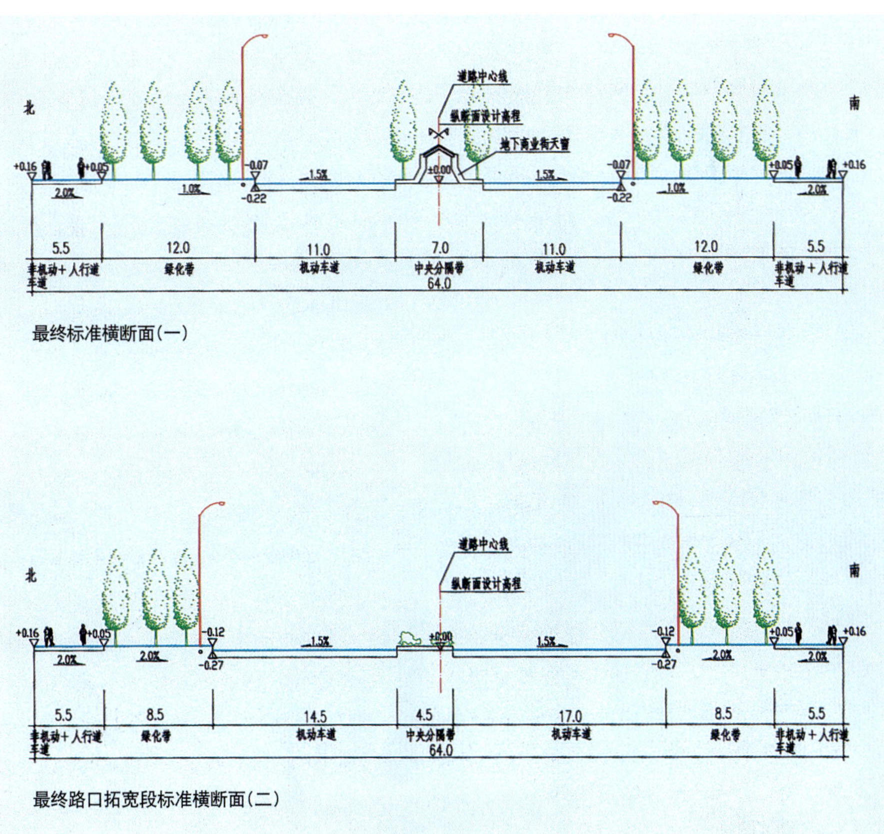

最终标准横断面(一)

最终路口拓宽段标准横断面(二)

北
非机动车道+人行道
绿化带
机动车道
中央分隔带
民田路
福华路
购物公园
中心二路
邮电枢纽大厦
地下商业街建筑边界线
设计范围
公交车站
福华路道路用地红线
地铁站建筑边界线

平面图(一)

北
非机动车道+人行道
绿化带
机动车道
中央分隔带
设计范围
福华路
益田路
中心三路
中心四路
地下商业街建筑边界线
地下商业街用地线
福华路道路用地红线
地铁站建筑边界线

平面图(二)

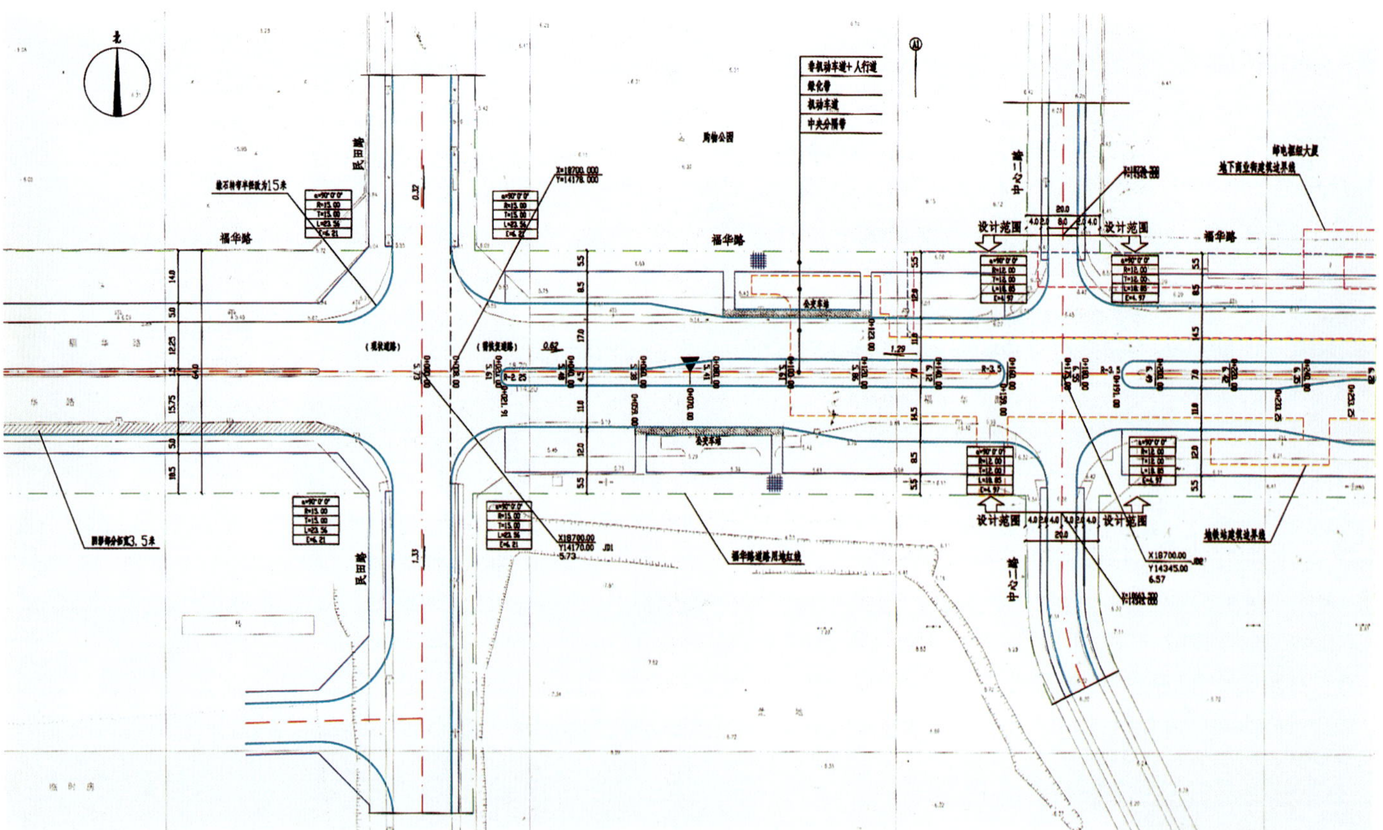

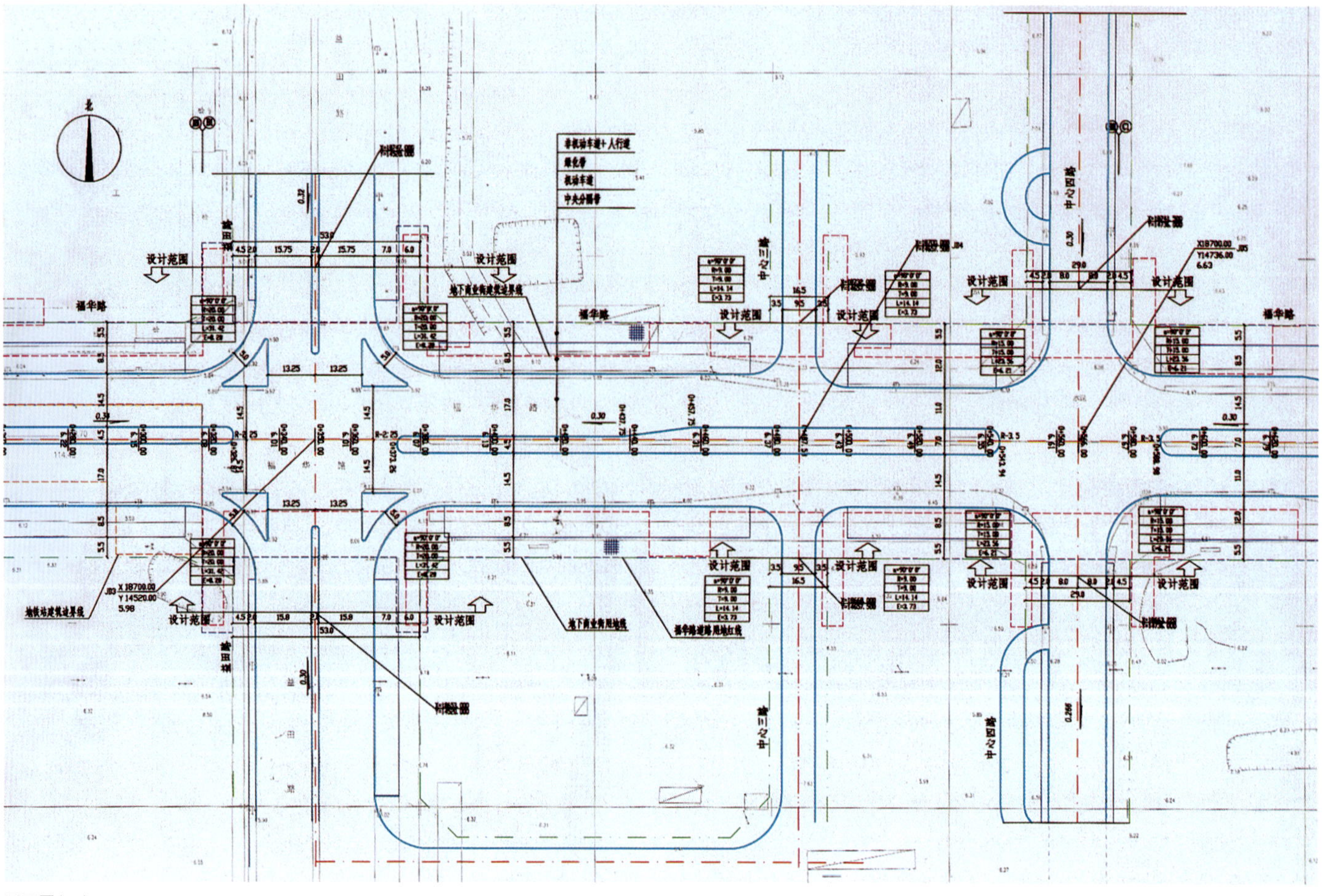

北
非机动车道+人行道
绿化带
机动车道
中央分隔带
地下商业街建筑边界线
福华路
公交车站
福华路道路用地红线
地铁站建筑边界线
中心五路
设计范围
X18700.00
Y15004.00
6.55
JD6
29.0
4.5
2.0
8.0
R=15.00
T=15.00
L=23.56
E=6.21
R-2.25
设计终点
0.358
0.337

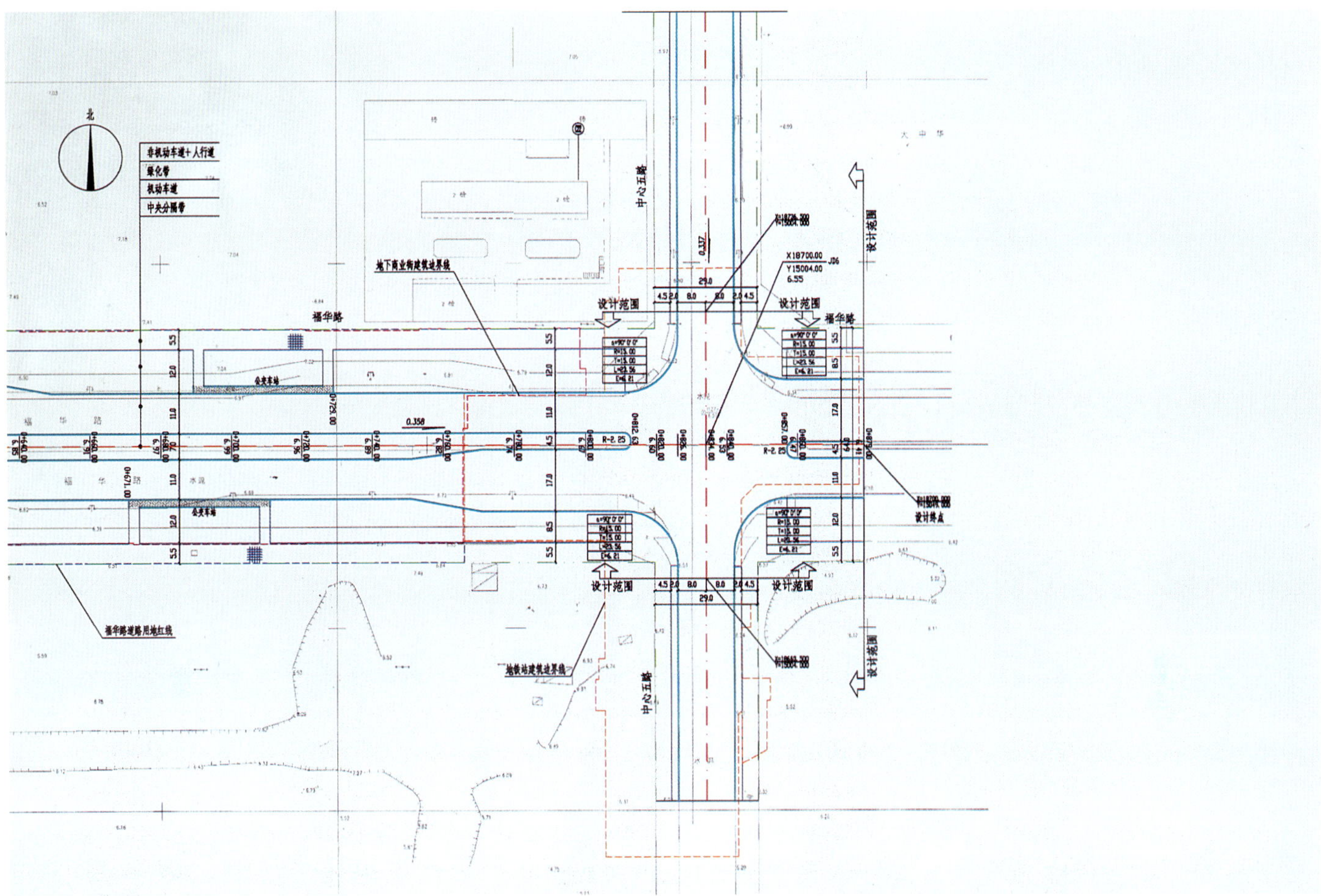

平面图(三)

(六)2002年最新研究成果

经过1997年至2002年的不断深化研究，2002年对往年的交通规划研究进行了汇总，特别是与前几次道路横断面有变化的方面整理如下：

1.道路横断面

依据道路的等级与功能，主干道一般为双向六车道，次干道一般为双向四车道，支路一般为双向(单向)二(三)车道。

本次详细规划设计重点对车道宽度进行了适当调整。《城市道路设计规范》中规定，设计行车速度大于等于40km/h，车道宽度取3.75m，小于40km/h，车道宽度取3.5m。经理论研究与实际调研，认为上述指标偏大，不适合深圳市的实际情况，因此进行了调整，适当减小了车道宽度与路缘带宽度。主干道车道宽度一般取3.5m，次干道与支路一般取3.25m至3.5m。路缘带一般均取0.25m(快速路除外)。富余的宽度可用于增加绿化或人行道，有利于道路景观与人行空间的改善。

具体调整如下：

1)红荔路由双向十车道调整为双向八车道，加设7m宽中央分隔带。

2)海田路(北段)机动车道减少1m宽度。

3)中心四路、中心五路、福华一路、福华三路、民田路均加设2m宽中央分隔带。

2.缘石转弯半径

《城市道路设计规范》依据交叉口设计行车速度确定缘石转弯半径，经理论研究与实际调研认为上述取值偏大，不利于提高交叉口运作效率与行人过街。本次详细规划设计根据深圳市的实际情况提出缘石转弯半径调整值如下(括号内为《城市道路设计规范》取值)：(见表1)

3.进出口车道

进口车道宽度取3.0～3.5m，出口车道宽度取3.5m；停车等候线长度取40～60m，过渡段长度取20～30m。

4.人行道铺设

本次设计取消传统的人行道结构设计中的水泥稳定层，并采用透水型联锁型路面砖，使雨水可以直接渗入土基，以利于雨水循环，补充地下水改善步行环境和人行道树生长环境。并且再次开挖路面铺设管线时可重复使用。

在小区(或单位)出入口处，使人行道保持竖向上的连续，有利于步行空间的改善。

5.支路

支路不仅在交通功能方向起集散作用，同时在土地使用上起划分及联系各地块的作用。类似干道网的"骨架"作用，支路网具有"微循环"功能。

本次规划设计重点为支路网密度确定与单行线组织。

1)密度

依据既满足交通功能，又注重地块开发完整性的原则确定：

商业性公共设计用地0.5～1.5hm²

政府／团体／社区用地2.0～3.5hm²

居住用地2.5～4.0hm²

2)单行线交通组织

优点：a.交通组织简洁顺畅

b.大幅提高路网的通行能力

缺点：绕行距离有所增加

设置的思路：a.高强度开发区域(南片区商务办公区)

b.配对设置以减少绕行

c.保证一定的连续性

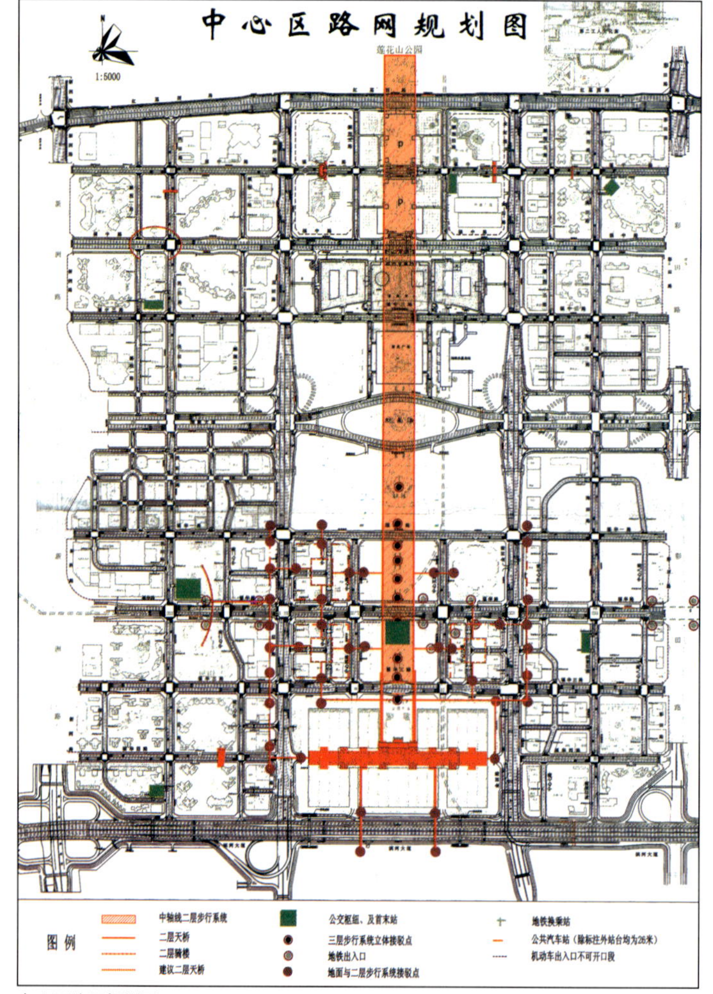

中心区路网规划图

缘石转弯半径(m)

表1

交叉道路	主干道	次干道	集散道	支路及街坊路	地块道路开口
主干道	20(35)	20(25)	15或12	9	–
次干道	20(25)	15(20)	15或12	9	–
集散道	15或12	15或12	9或12	6～9	6或3
支路及街坊路	9	9	6～9	6～9	6或3

注：主干道与主干道及次干道平面交叉均按渠化处理，以提高交叉口通行能力。

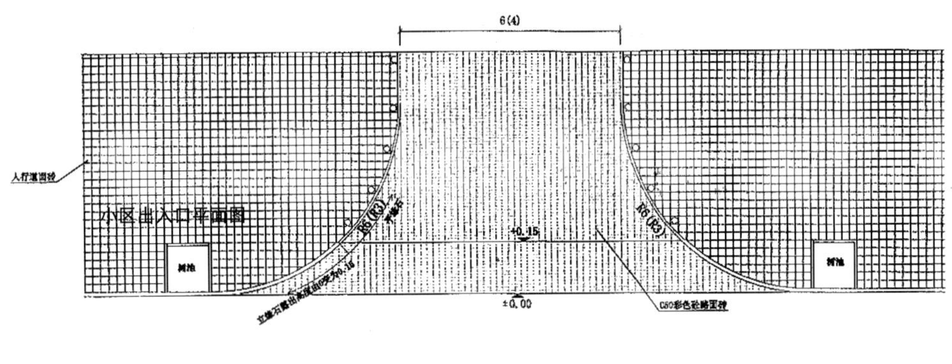

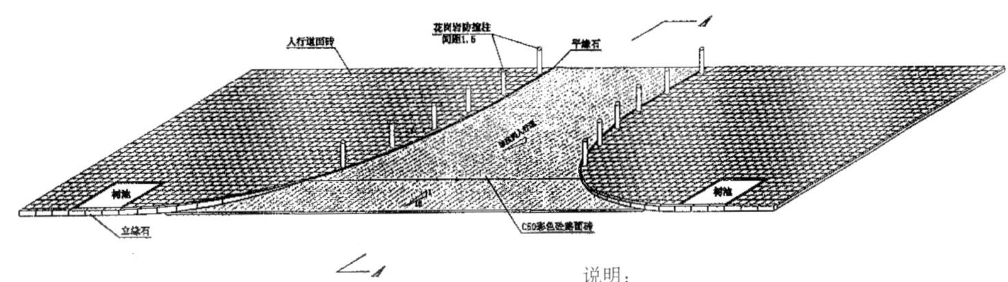

说明：

1.本图尺寸单位均以米计。

2.R6适用于开设于次干路的小区出入口，R3适用于开设于支路的小区出入口。

3.小区出入口宽度6m适用于双车道出入口，4m适用于单车道出入口。

4.该入口应与小区(单位)，内部道路顺接，其衔接处结构可参考A—A剖面图。

5.道路交通设施设计时，应在适当位置设置机动车让行人标志。

小区出入口大样图

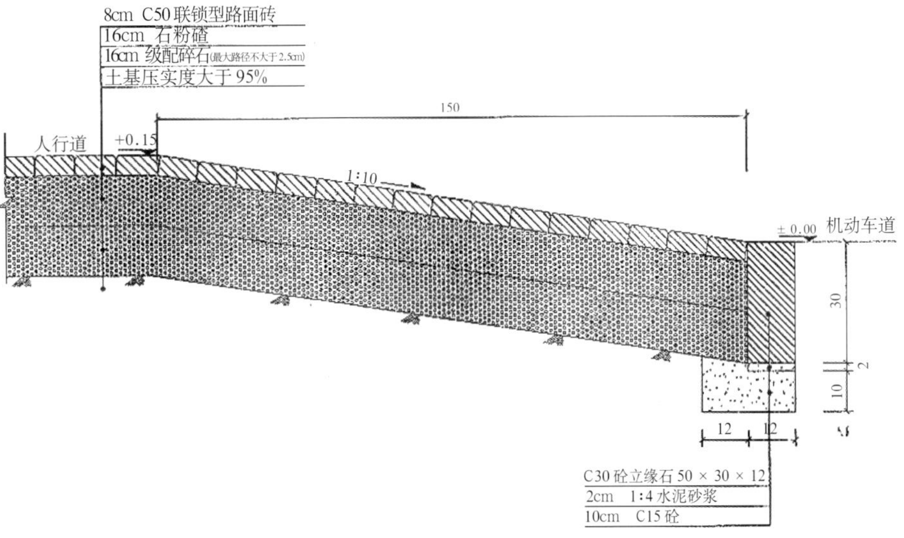

说明：

1.本图尺寸单位均以厘米计。

2.本结构具有透水性好、维修方便的特点。

3.石粉碴找平层摊铺时上表面标高应高出控制点标高10～12mm。

4.15～20m²面积的路面砖铺好后，用平板振动器(平板尺寸0.6m × 0.6m为宜，离心力1 360～2 200kg)拍打2～3次，第一次拍打后在路面砖上撒一层细砂(粒径<2.5mm)，以便以后拍打时嵌入面砖的缝隙。

5.其它施工要求应符合有关技术标准与规程。

A—A剖面图

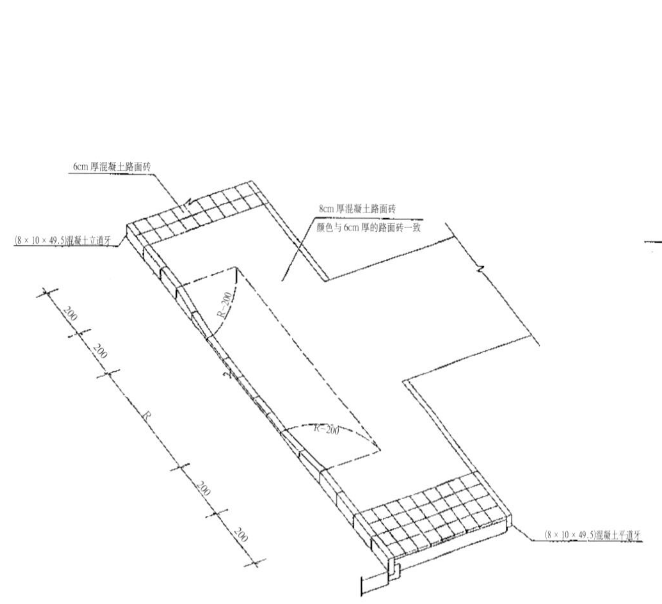

单位路口坡道立体图

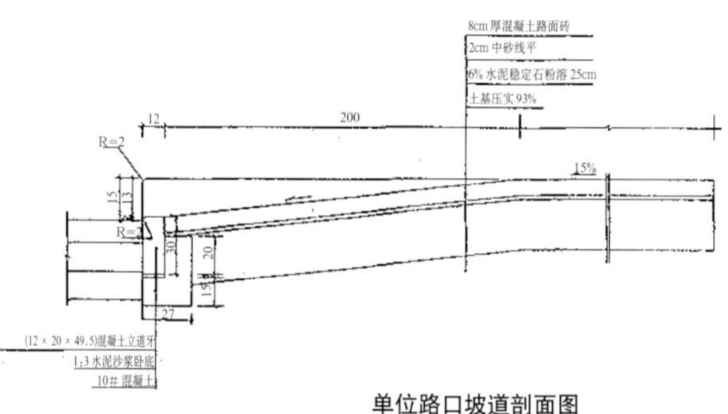

单位路口坡道剖面图

说明：

1. 图中单位除注明外均以厘米计
2. 两节道牙(平道牙 立道牙)间缝宽 0.5cm 用 1：3 水泥砂浆挤浆安装并勾缝
3. 正面坡中缘石外露高度 2cm
4. 本图适用于一般及小型单位路口，B 值的宽度根据单位路口需要
5. 当单位路口位于道路曲线段，尺寸以曲线长度为准
6. 由于各地块的建筑平面图未能及时提供，及平面图中未能标示各单位路口的平道路施工时，可根据建筑平面施工图定出路口位置，各路口与人行道相交处的立交图施工

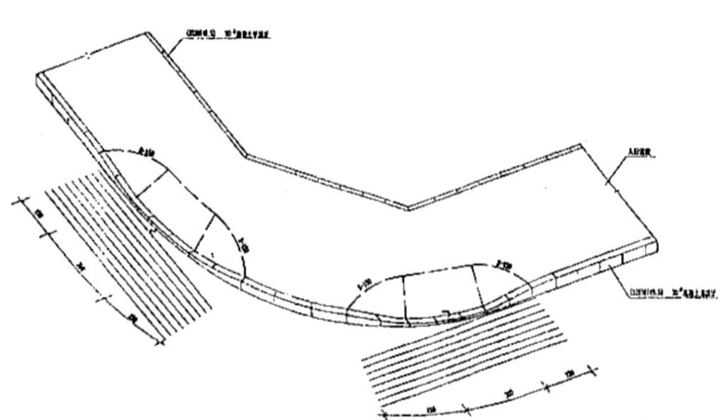

路口人行坡坡道立体图(A 型)

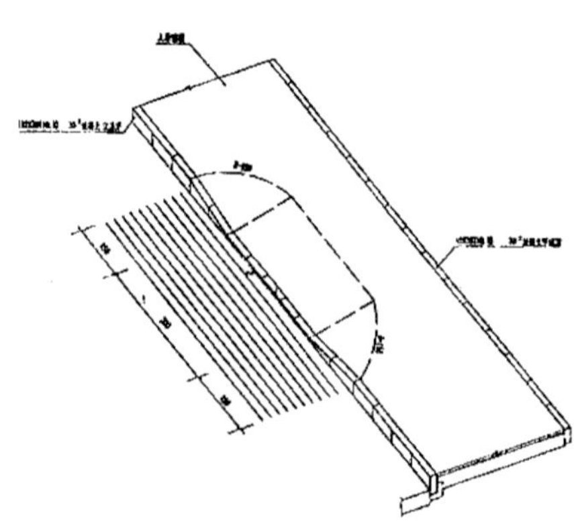

路口人行坡坡道立体图(B 型)

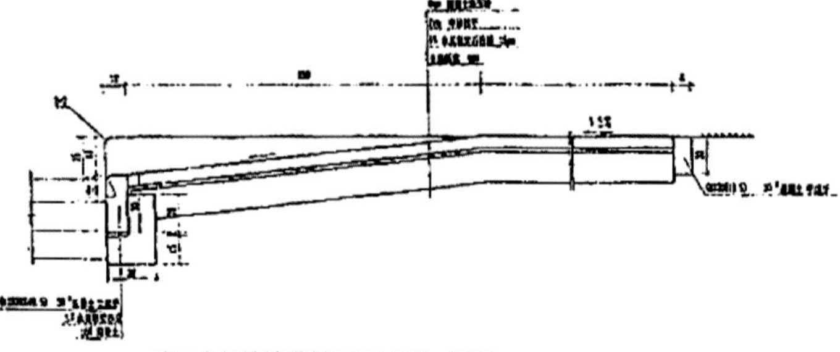

路口人行坡坡道剖面图(A型) (B型)

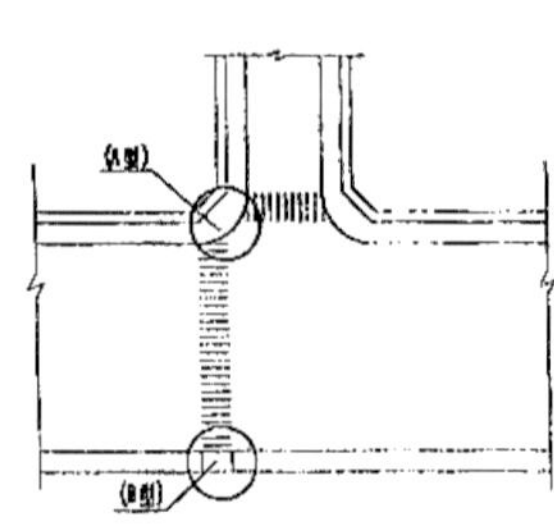

路口人行坡坡道平面位置图

说明：

1. 图中单位除注明外均以厘米计
2. 两节道牙(平道牙 立道牙)间缝宽 0.5cm 用 1：3 水泥砂浆挤浆安装并勾缝

本图适用道路交叉口处人行坡道设置

三、行道树规划设计方案

(一)行道树规划设计方案成果简介

前言

深圳市中心区开发建设办公室结合中心区道路已基本建成、即将进行绿化的实施，于1997年10月邀请了市内外九家园林专业公司对中心区行道树进行规划设计招标，并组织专家进行评标，以确保中心区道路绿化能达到预期效果。

深圳市农科园林装饰工程公司作为中标单位，按深圳市中心区开发建设办公室的要求，结合专家组的意见，对原中标方案进行了相应的修改、补充，并在1998年7月17日经深圳市中心区开发建设办公室组织园林专家开会审定，最后完成本方案。

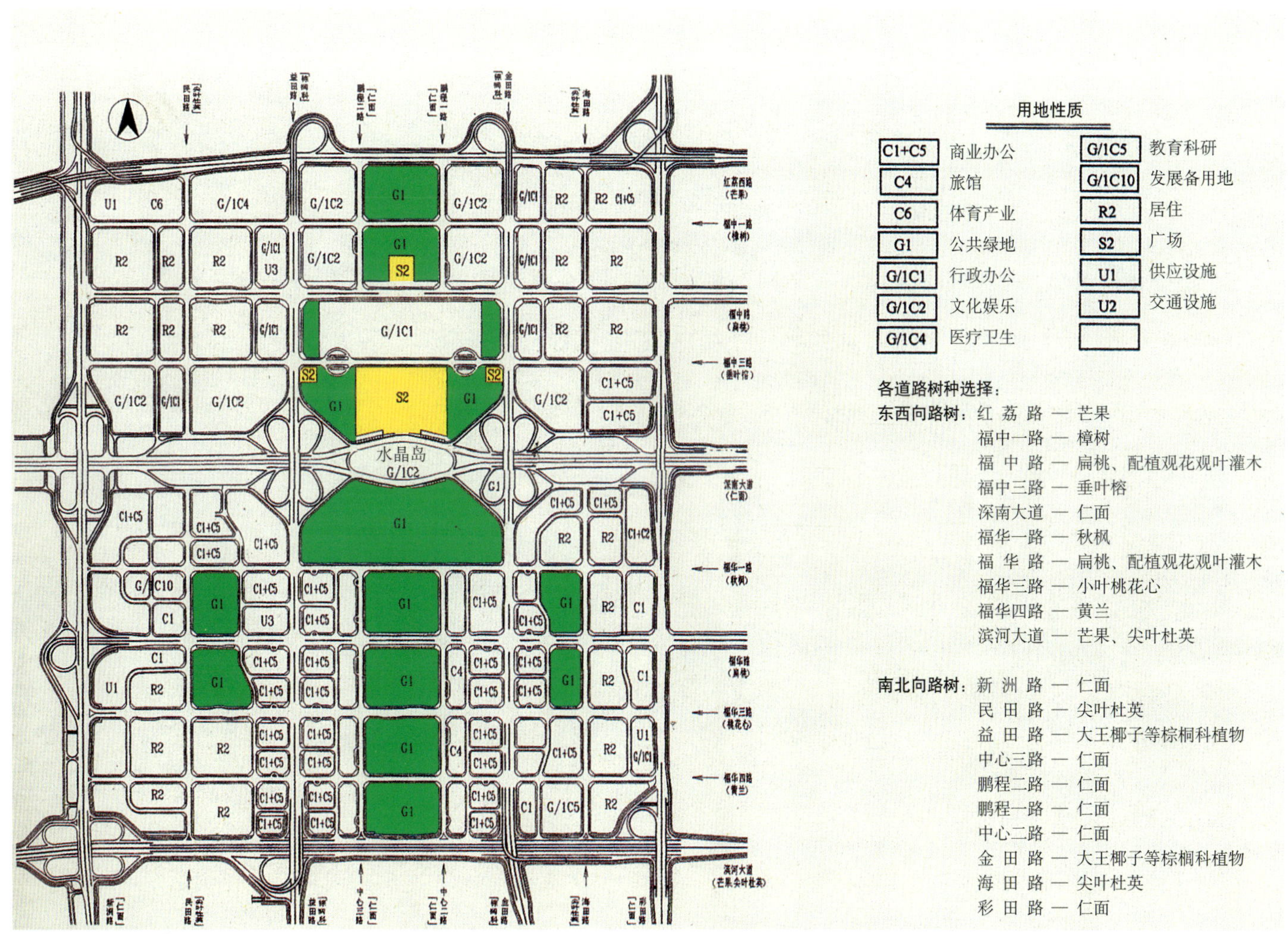

深圳市中心区行道树规划总平面图

规划设计的综合因素

● 规划设计依据：

1.深圳市中心区城市设计简介；

2.深圳市中心区行道树规划设计招标书及有关文件；

3.深圳市中心区道路总平面图、横断面图；

4.深圳市中心区行道树规划设计招标评审专家组的有关意见；

5.《深圳市绿地系统总体规划》的有关内容；

6．城市道路绿化有关规范和技术资料；

7.中心区现场踏查核实情况；

8.国内外城区行道树设计的有关先进经验；

9.1998年7月17日"深圳市中心区行道树规划设计方案审定会会议纪要"。

● 规划设计原则：

根据深圳市中心区行道树规划设计有关设计依据，结合《深圳市绿地系统总体规划》(修订)和深圳市中心区城市设计方案，从宏观上围绕环境生态和城市的可持续发展之主题，兼顾近、中、远期绿化效果，力求反映深圳特区的政治、经济、文化发展水平、丰富景观内涵；微观上强调大体量大效果，以路树为"线"、联系中心区内各"点"、"面"功能绿地，强调中心区轴线、充分考虑路树绿化同环境的一致性和可行性；遵守"适地适树"原则，选择适当花草树木，利用其在生态习性和景观特性方面对中心区道路绿化的有利面，同时考虑满足交通安全等需要，因地制宜进行规划设计，以保证在本方案实施后，能使绿化更好地衬托和体现中心区的城市特色，迎接新世纪！

● 有关气象资料：

深圳市气候受南亚热带季风影响，常年主导风向以偏东风为主，盛行方向为东南风和东北风。夏季风向变化较大，多为东南或西南风；夏、秋季为台风多发季节；冬季多为东北风。年平均风速为2.6m/s；年平均气温为22.4℃。5～9月为雨季，年平均降雨量为1948.1mm；年平均蒸发量为1500～1800mL。年日照时数2281小时，总辐射量达125kcal/cm。

● 保证路树绿化效果措施：

1.提前做好施工设计；

2.调查苗源，备好苗木；

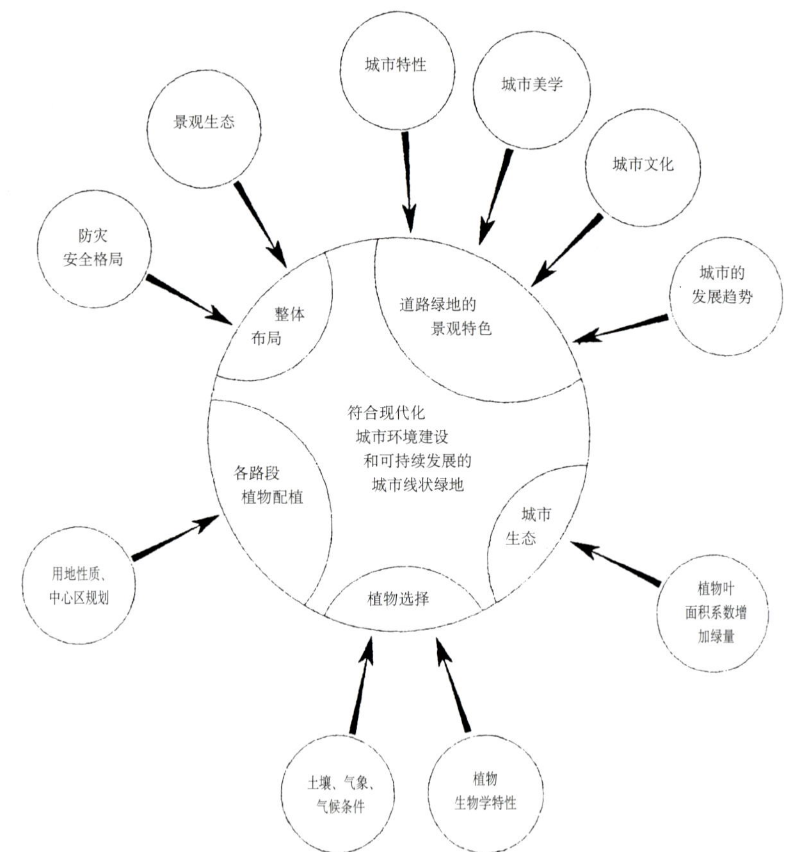

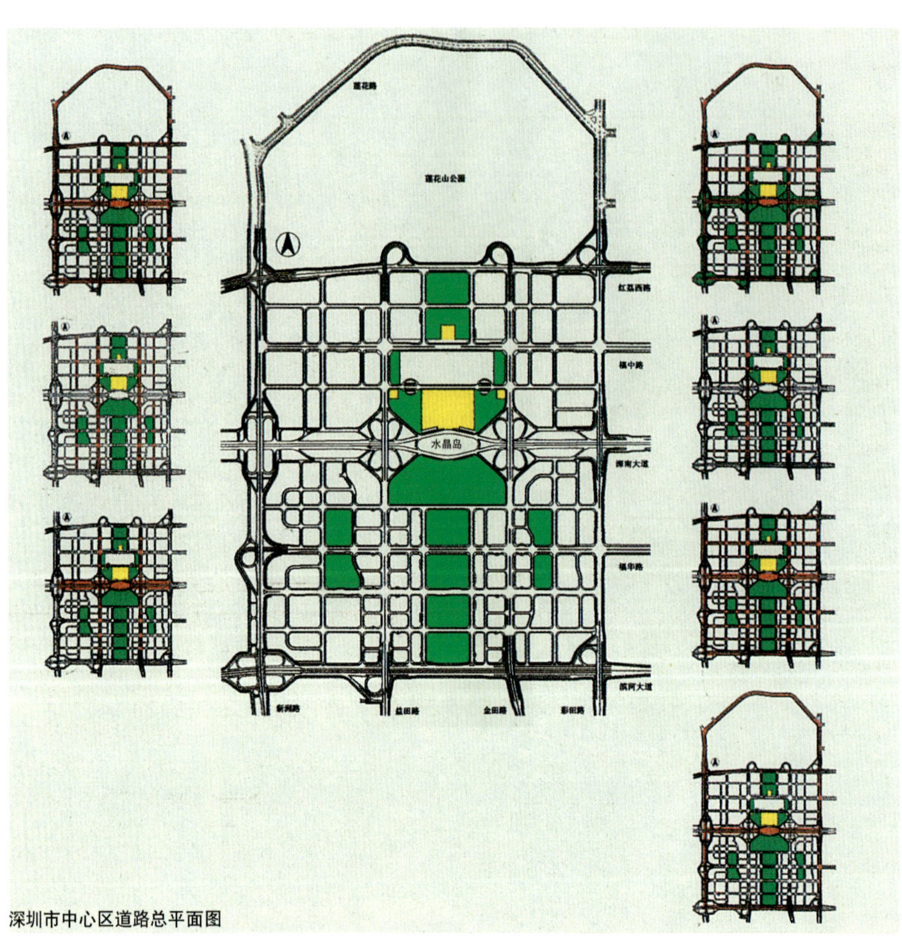

深圳市中心区道路总平面图

3.挖大树穴；

4.换种植客土；

5.下足基肥；

6.以容器苗或假植苗种植；

7.留均匀冠幅和保护好顶端生长优势；

8.扶固主干，避免破坏；

9.按规范养护管理。

● 具体设计见各路平、断面图

● 规划设计中还应考虑的有关问题

1.交叉路口绿化应考虑三角视距，避免影响交通。

2.在人流密度大的地方，如主要商业区入口、公共汽车站、停车路段等，行道树带内的地表可作硬质铺装。

3.注意协调各市政设施与行道树的关系。

4.商业区内商业广告及其他城市景观设计，如有与本方案设计之路树有矛盾时，可采用以下方法处理：一是加大路树株距；二是种植是疏朗树冠的路树或棕榈科风景树，协调周围景观。

5.整个中心区各区域的绿化应考虑相互协调与联系。

6.施工期与花草树木准备，应有利于绿化尽快见效，并从多方面采取措施避免路树生长分化。

行道树规划设计构思说明

构建基调　显示特色

优选适生优良乔木仁面、扁桃为中心区行道树基调树种，特别是将仁面树延伸至彩田路、莲花路，形成绿化骨架，突出中心区大范围的行道树绿化特色。

强调轴线　顺延山势

以高大挺拔的尖叶杜英和大体量的棕榈科树种南北向配植，形成大体量绿化效果，衬托和渲染中心区轴线绿化，强调中心区之轴线，延伸莲花山之气势。

海滨城市　热带气氛

在深南路绿带、广场绿地及金田路、益田路绿地结合水晶岛四周设计，有机配植热带棕榈科风景树，渲染中心区热带海滨城市气氛。

适地适树　满足要求

贯彻“适地适树”的原则，选择：常绿、树形优美，主干明显通直，主根深，抗风、速生、粗生、寿命长、病虫害少，对环境不或少产生污染；可修剪造型或树型稳定、适宜在中心区各道路生长的优良风景树，使中心区的道路绿化美化不管在宏观上还是在微观上都满足有关要求，并达到理想效果。

近远效果　城美永驻

行道树是联系城市绿化“面”与“点”的“线”，力争近期效果快而明显，并能在一定程度上体现城市文化和经济水平；绿化效果经得起时间的考验，培养古树，使中心区道路绿化美景永驻。

力求简洁　见大效果

行道树绿化力求简洁，突出大体量、大效果，在整个中心区绿化中形成整体骨架，将中心区内各分散的专用绿地连成一体，同时衬托各专用绿地的精细布局及其画龙点睛之处。

绿满中心　花香全区

在贯穿南北的金田路、益田路和福华四路种植香花灌木与乔木。花开季节，花香飘逸整个中心区。

多姿多彩　各具特色

在基调树的控制下，依据各路的特点，选择多种优美的行道树进行具体设计配植，使整个中心区的绿化多姿多彩，因地制景，各具魅力。

衔接旧路　形成整体

中心区周围红荔路、滨河大道、新洲路、彩田路及深南大道已分别种植了芒果、仁面等路树，本设计考虑了新旧道路绿化衔接，以使中心区行道树绿化形成统一整体。

行道树种植株距及苗木规格设计

本设计根据中心区路树绿带的实际，结合深圳市十多年来对行道树距的设计经验及本设计所选行道树各品种的生长习性，对中心区行道树的株距和苗木规格进行了认真设计：

行道树株距

根据目前各城市路树种植点确定的调查，为避免出现在设计时忽视路树带上有其它构筑物的弊病，本设计方案首先确定

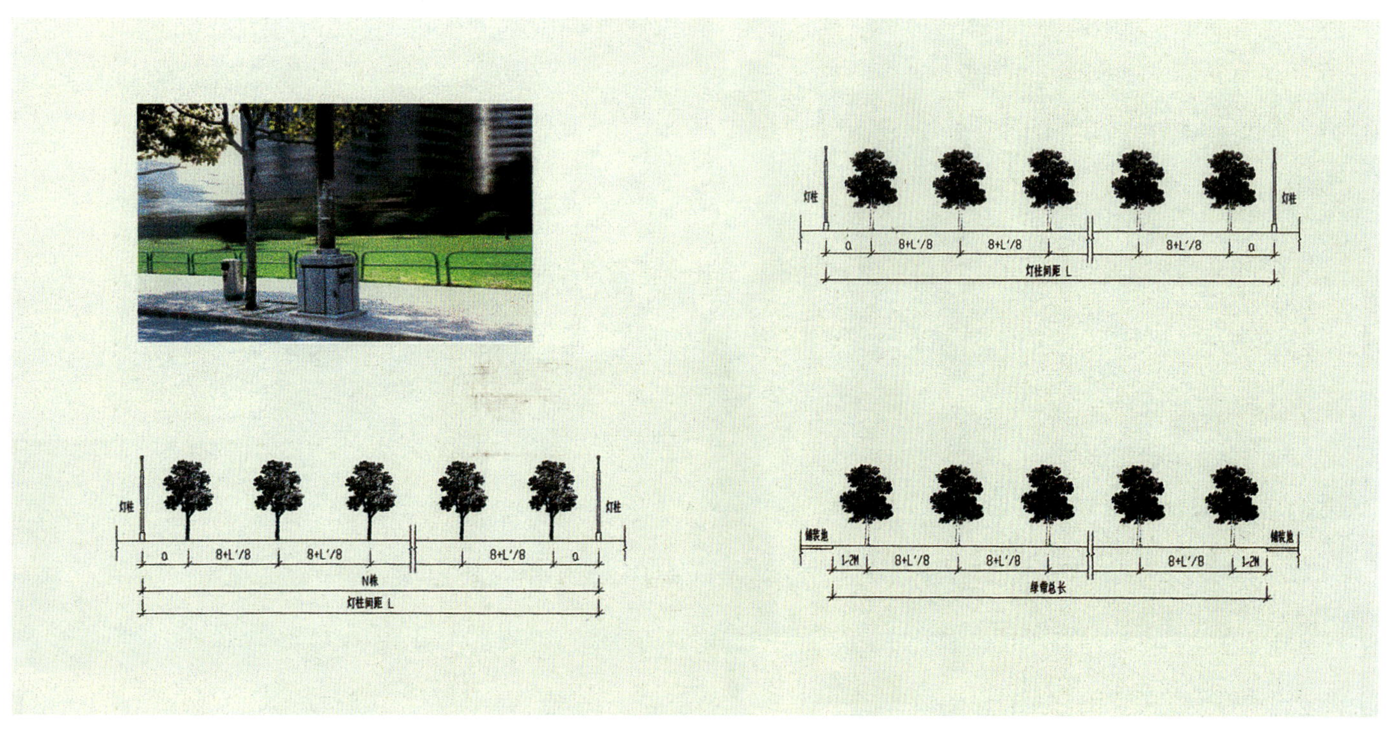

路树基本种植株距为8m进行具体设计。

假定：灯柱间距为L，灯柱间设计株数为N，灯柱间距整除8m得N后的余长为L'，灯柱（或其他构筑物）与相邻树之间距离为a。

1.当行道树植带上有路灯柱等构筑物时：

①当灯柱距为8m的整除数时，则株距＝8m，a＝4m。

②当灯柱距为8m的非整除数时，株距＝8+L'/8，a=株距/2＝(8+L'/8)/2。

从计算看出：以此法确定的株距为8m≤株距＜9m，灯柱（或其它构筑物）与邻树间的间距a为：4m≤a＜4.5m。

本设计以此确定的行道树株距，在整条路上各株距距差不超过1m。若结合路树干基直径和人眼视物原理等因素考虑，这一株距距差范围完全不致影响整条道路行道树种植的整体效果。同时，后期路树的生长也不会损坏灯柱基座和影响路灯照明(4m≤a＜4.5m)。且该a值符合园林设计规范中有关树木种植与其周围构建物最小距离的规定。

2.路树带上两端点首株路树的起点距离应有1～2m；

3.当行道树绿带上无路灯柱等构筑物时的株距确定；

当路树绿带长减去(1～2m)×2的起点距后能被8m整除时，则：株距＝8m。

当路树绿带长减去(1～2m)×2的起点距后不能被8m整除时，株距＝(8+L'/8)m。

树种苗木规格设计

根据本方案所选定路树在深圳地区移植后的恢复生长习性，以及使本工程力争用最小的投资获得满意的绿化效果等因素，对各品种在种植时的苗木规格（包括高度、冠幅、胸径等）进行了设计，具体见"深圳市中心区行道树绿化苗木一览表"，同时要求以容器苗种植，以确保各路树在施工种植后能迅速恢复生长，不致老化。至于有关施工种植时的土球规格、挖穴规格、换穴土、基肥、扶树柱、浇水设施、地上下管线影响等另由施工设计明确。

深圳市中心区行道树绿化苗木一览表

方向	路名	路长(m)	路树品种	规格 高(m)×胸径(cm)×冠幅(m)	株距(m)	数量(株)	分隔带树种	备注
东西方向	红荔路	1 850	芒果		8			已竣工
	福中一路	1 850	樟树	(＞3.0)×(6～8)×(＞2.0)	8	460		
	福中路	1 850	扁桃	(＞3.0)×(6～8)×(＞2.0)	8	460	观叶观花灌木、时花等	
	福中三路	1 850	垂叶榕	(＞3.0)×(5～7)×(＞2.0)	8	460		
	深南大道		仁面		8		大王椰子、荔枝、时花等	已竣工
	福华一路	1 850	秋枫	(＞3.0)×(6～8)×(＞2.0)	8	460		
	福华路	1 850	扁桃	(＞3.0)×(6～8)×(＞2.0)	8	460	观叶观花灌木、时花等	
	福华三路	1 850	小叶桃花心	(＞3.0)×(6～8)×(＞2.0)	8	460		
	福华四路	1 850	黄兰	(＞3.0)×(6～8)×(＞2.0)	8	460		
	滨河大道		芒果、尖叶杜英		8			已竣工
北向	新洲路		仁面		8			已竣工
	民田路	1 910	尖叶杜英	(＞3.0)×(6～8)×(＞2.0)	8	480		
	益田路	2 200	大王椰等棕榈科植物				观叶观花灌木、时花等	自然式配植
	鹏程一路、鹏程二路	410×2	仁面	(＞3.0)×(6～8)×(＞2.0)	8	102		
	中心二路、中心三路	830×2	仁面	(＞3.0)×(6～8)×(＞2.0)	8	208		
	金田路	2 200	大王椰等棕榈科植物				观叶观花灌木、时花等	自然式配植
	海田路	1 910	尖叶杜英	(＞3.0)×(6～8)×(＞2.0)	8	480		
	彩田路		仁面		8		勒杜鹃等	改造原路树

注：1、高是指种植时经修整后的自然高度。种植高度不限，但高差不超过0.5m，避免分化。尽量保留顶端生长优势。
2、胸径是指离地1.3m处的树干平均直径。 4、草地初选马尼拉草铺植。各树品种概况见各图片。
3、冠幅是指种植时经修整后需保留的平均冠幅。 5、如施工设计时，受路侧建筑要求、苗源等限制，可依实调整。

深圳市中心区行道树树种选择

樟树

垂叶榕

尖叶杜英

扁桃

仁面

秋枫

黄兰

大王椰子

芒果

桃花心

(二)行道树方案审定会议纪要

1998年7月17日由中心区办公室主持召开了深圳市中心区行道树规划设计方案审定会，会议邀请专家有：罗蒙、宋石坤、李刚、郭秉豪、罗炳卢、刘仲健、谢良生、李显煜、梁鸿文，其中梁鸿文因事未出席，但提出了书面意见。评委们对于树种的选择作了深入的分析研究，对于行道树选择的标准和规划设计的原则作了进一步探讨。认为市中心区行道树的选择原则应是：

1.冠大浓荫，四季常青，分支点高(特别是一块板的道路)；

2.能适应道路环境下生长，耐强辐射；

3.生长粗放；

4.树干直；

5.抗风、少病虫害、不污染环境。

会议认为行道树树种不在名贵与否，也不在开花与否，应能保证棵棵都长得好。会议还认为扁桃与仁面是较为稳妥的树种，而白兰和乌墨作行道树不相宜，对于外来树种一定要慎重。

对于金田路与益田路的行道树，意见有所分歧，一种观点认为常绿遮荫树种从北到南一致栽植；另一种意见则认为要照顾商业街的特点，商业区不宜栽植冠大浓荫的树种，宜栽植较为通透的棕榈科植物，以烘托商业区环境气氛，不强调南北树种一致。最后经过评议确定，认为北面虽然不是商业区，但都是重要的建筑，观赏价值甚高，在中心区处于非常特殊的位置，因此强调行道树对建筑的衬托，认为把商业区的棕榈科植物延伸至北部，对市中心区的城市景观有利。同时认为应利用道路一侧有8m多的人行道绿带，将棕榈科植物作自然式配置，以大王椰子为骨干，配置若干其他棕榈科植物。但每路段宜有所变化，其地面需配置花灌木及草本花卉，也可在适当之处，配置一些大花乔木。该部分的设计，应结合具体建筑进行，但需要有一个整体的概念设计，树种选择方面可相对自由。对于道路绿化中的花灌木，要适当控制，不宜种得太多，达到通透明快的目的。快车道分隔带不宜栽花草，可种灌木。

会议认为对于路侧绿地的设计，树种的选择可相对自由，可考虑季节变化与外来树种的引进，及香花植物的栽植，也宜栽植各色勒杜鹃，使之多姿多彩。对立交桥绿地应加强绿化，应多种大树：可种植榕树或观花大乔木，如吊瓜树、凤凰、木棉、国庆花等。对于行道树株距，一种意见认为可加大株距，以便显现行道树的个体美；另一种意见则认为近期可以加密，5～6年后再抽疏。但多数认为行道树还是以树木成年期的冠幅来确定其株距，并且根据照明路灯的间距来进行调整。从大的框架考虑，仁面与扁桃作为市中心区行道树的骨干树，南北向街道考虑对称，品种单纯，东西向街道树种可多样化。

会议经过一天认真的讨论和评审，统一了认识，最后确定了中心区各条街道的行道树树种。新洲路已栽植仁面应保留，彩田路乌墨改为仁面，深南大道的人行道已栽植仁面，中心二路、中心三路、鹏程一路、鹏程二路规划为仁面，这样仁面形成了市中心区行道树的骨架。另外，福中路、福华路、滨河大道规划为扁桃不予更改，红荔路已栽植芒果、阴香，不予更改。因芒果与扁桃相似，使东西走向的四条干道，即红荔路、福中路、福华路、滨河大道均为冠大浓荫，树干道直的乔木，形成市中心区行道树东西向的骨架。会议认为确定这两个骨架意义重大，仁面与扁桃经过在本地区的实践鉴定，为优良的行道树种，可确保市中心区行道树的成功。

福华路、福中路均有8m多宽的人行道绿化带，除了栽植一排行道树外，还可配置花灌木及草本花卉。南北走向的民田路、海田路，方案规划为白兰，现改为尖叶杜英。尖叶杜英高矗的树冠，成为莲花山山势的延伸，在莲花山上眺望，可收到较理想的效果。

根据市中心区行道树选择原则，东西走向的福中一路，方案规划为火力楠间种国庆花，现改为樟树。福中三路方案规划为铁力木或垂叶榕，现定为垂叶榕。福华一路方案规划为海南红豆，现改为秋枫。福华三路方案规划为腊肠树，现改为小叶桃花心木。福华四路方案规划为吊瓜树，现改为黄兰。

会议认为，要避免方案经上级批准后由于苗源问题而无法实施，宜尽快由市中心办协同中标单位进行苗木调查，如发现问题须及时调整修改，然后再上报。批准以后及早提前招标，并将苗木就近假植好，以便掌握好苗木规格质量。另外专门要制定出市中心区行道树绿化管理技术要求，对苗木胸径、冠幅、上球直径、树穴大小、换土、施肥、灌溉等提出要求，对支架也要进行特别的设计，并作出预算。

(三)行道树调整方案研讨会会议纪要

(深规土纪［2000］19号)

2000年3月13日，由市规划国土局中心区开发建设办公室组织召开了“深圳市中心区道路行道树调整方案研讨会”。参加会议的有市规划国土局中心区开发建设办公室、市土地投资开发中心、市城管办绿化管理处和有关园林、规划专家。会议以1998年7月17日已通过方案设计招标和专家评审会审核批准的《深圳市中心区行道树规划设计方案》(以下简称原批准方案)为主要参考依据，对未按规划实施的绿化方案(以下简称现行方案)进行了研究讨论，其中包括由市土地投资开发中心高交会开幕期间对福中路、民田路、益田路行道树更改的绿化方案(高交会会址绿化方案经规划批准部分除外)和由城管办另行设计的道路行道树绿化方案。现将会议情况纪要如下：

会议认为，中心区行道树规划应遵守原批准方案执行，不应随意改动。主要原因如下：

1.原批准方案是自1998年7月，经过了设计方案招标并由园林、规划专家和城管办有关领导进行了评议和审定，作为中心区专项规划的《中心区行道树规划设计方案》具有一定的严肃性，各建设施工单位应按照规划方案实施，不应擅自改动。

2.原批准方案，在方案设计上是经过评审专家严格把关审核的，方案中的绿化植被种类、数量、行间距、种类搭配、生长适应情况等等都经过了严格的推敲、论证、筛选后确定的，此方案是最佳的优选方案，不应擅自改动。

3.中心区行道树选择的标准和规划设计原则应以冠大浓荫、四季常青、分支点高；能适应道路环境生长和地下空间开发利用需要，耐强辐射；生长粗放；树干直；抗风、少病虫害、不污染环境等为原则，并且中心区各路段根据城市未来发展不同景观要求应配置相应不同的树种。但现有行道树树种配置不符合此原则，各路段树种苗木配置同中心区城市规划景观要求不适宜，其中有部分树种不适宜在中心区种植生长、例如：

高山榕——易生霉病，根系发达，不易修剪；

小叶榕——主树干垂直程度不满足中心区景观要求，轮廓不清晰，根系非常发达，对市政管线、地下空间、人行道路和周边建筑具有一定影响；

木棉——落叶、飞絮、树冠稀疏；

大叶榕——根系非常发达对市政管线、地下空间、人行道路和周边建筑具有一定影响；

大花紫薇——落叶、不易修剪。

4.现有行道树苗木尚在养护期阶段，根系尚未壮大发展，若现在更换则人力和物力都较节省，因现有行道树苗木多为易存活生长苗木，可移植到别处，将经济损失降到最低。

会议还强调各政府职能部门应加强沟通协作、统一认识，按规划做好中心区行道树环境绿化工作。

四、雕塑规划研究

2001年深圳市规划与国土资源局中心区开发建设办公室委托深圳雕塑院研究编制《深圳市中心区雕塑规划》，经过数次研讨，于2002年4月定稿。

(一)本次雕塑规划的意义

1.体现深圳市领导对城市雕塑的高度重视和以城市雕塑提升城市文化艺术品位的决心。

2.城市公共空间的雕塑规划可以理解成城市设计的外延拓展和重要补充，是从文化和艺术角度对中心区城市空间所进行的评价、整理和深化。

3.它是雕塑与城市规划设计相互结合和拓展的极好机会和尝试。是中心区城市空间系统化和艺术化的第一步，也是从城市空间和整体规划角度给予雕塑创作新的舞台。

(二)中心区城市内涵

1.从边陲小镇到国际大都市

2.深圳市定位——国际化、园林式、花园城市

3.深圳的城市意象

高楼、
立交桥、
海滨、
高科技

4.中心区的定位

中心区的发展目标是：为海内外的商务活动提供最佳的环境空间，为进入中心区内各人员的活动提供良好的物质条件，为居住在中心区内的居民提供舒适、安静、优美的工作、生活环境。

建成后的中心区，是未来深圳唯一的以中心商务和文化行政为主要功能的新城市中心，并形成集贸易、金融、信息、文化、商业及行政于一体的现代化城市中心。届时，将对深圳建成国际性城市起关键作用，将成为华南地区乃至全国对海外联系的核心之一。

(三)中心区雕塑规划

1.中心区雕塑规划的具体目标

1.1结合中心区城市空间特点,加强中心区环境空间的系统秩序和可识别性。

1.2 改善和美化中心区空间环境。

1.3充实和加强中心区艺术氛围,展示中心区文化内涵。

1.4 提出中心区雕塑的整体计划、创作要求和实施方法。

2.中心区雕塑规划发展原则

城市雕塑的基本特性决定了城市雕塑发展必须遵循四条基本原则,即:

· 高艺术水准的原则
· 高环境效益的原则
· 可持续发展的原则
· 公众参与的原则

3.中心区的雕塑主题

3.1 雕塑总体规划确定的深圳市雕塑主题:

3.1.1 深圳经济特区城市雕塑题材的选择应该遵循百花齐放,百家争鸣的基本方针,给城市雕塑的发展提供宽松、广阔和创作空间,鼓励多种艺术形式和题材的城市雕塑的创作,以丰富多彩的高艺术水准的城市雕塑反映深圳多样化的城市风貌。

3.1.2 挖掘地方特色和区域文化,以个性化的题材强化深圳城市雕塑的整体特色和主体风格。

城市雕塑的表现形式、材料、质感、色彩等要素,虽然需和空间环境发生联系,但其更多是雕塑家的艺术创作的结果,对于这些要素的控制和要求应有相当的灵活性与弹性,应遵守艺术创作的规律;题材是城市雕塑的灵魂,它与城市雕塑所处城市,尤其是所处空间环境的自然、人文背景有直接、密切的联系,个性化题材的选择是形成深圳城市雕塑整体特色的重要而有效的手段,进而有利于形成富于特色化的城市景观和公众对城市的认同感。

3.1.3 深圳经济特区经过18年的改革开放建设以及深圳既有的自然,人文资源为深圳城市雕塑创作提供了多方面的题材。我们有必要从中选择最能反映深圳城市意象和公众生活特质的题材,作为城市雕塑发展的重点方向和与市民沟通的题目。

尼基 德圣法尔
让 廷盖利 巴黎蓬皮杜中心广场

日本 横滨市
90国际花卉博览会入口雕塑

野口勇 底特律

古城辉煌 广东

孔丘三人行 易振灏 山东

祥瑞福 韩美林 龙岗龙城广场

铁棒磨成针 项金国等 山东

生灵悲歌 张温帙 佛山市季华公园

[illegible]温室馆前雕塑

安东尼 克拉卡 巴塞罗那

3.2 确定中心区的雕塑主题：

1 传统及地域文化

2 自然生态

3 经济活力

4 都市百态

5 改革拓荒

6 移民、多元文化

7 高科技

商业人巨头

瑞士 苏黎世 瑞士银行前雕塑

深圳人一天

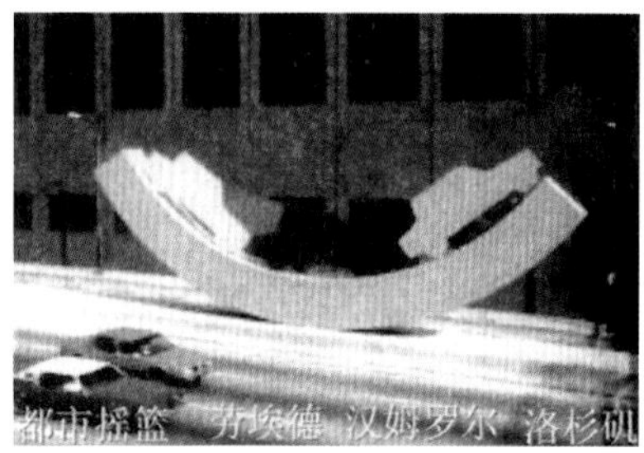

都市摇篮 方埃德 汉姆罗尔 洛杉矶

闯 深圳博物馆前雕塑

孺子牛 潘鹤

雷蒙 莫雷蒂 德方斯

自由女神 纽约

美国 巴尔的摩

科学中心探险馆雕塑

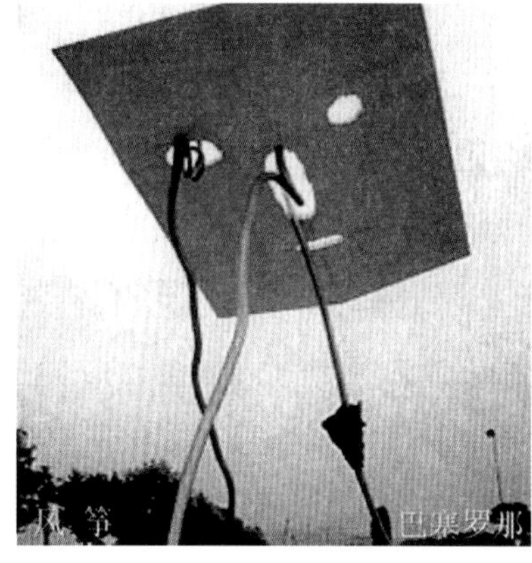

风筝 巴塞罗那

4.中心区空间景观研究

4.1 研究范围和对象

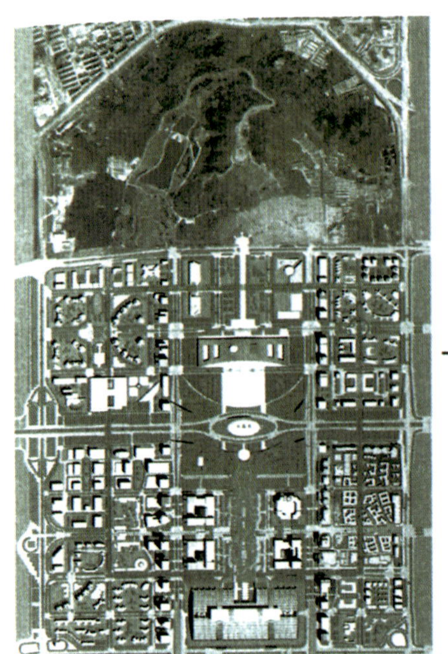

中心区总平面图

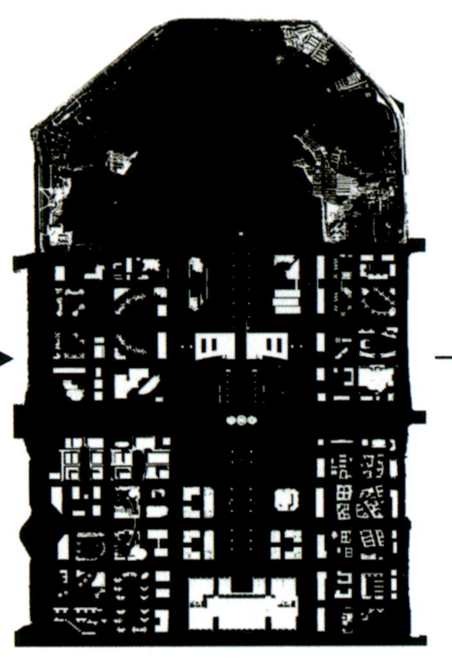

通过图－底关系反映的城市外部公共空间

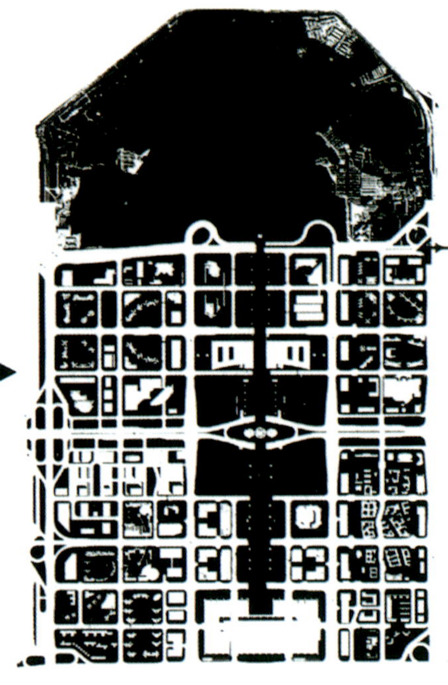

进一步将道路排除，所剩黑色部分就是城市雕塑研究所涉及的中心区外部公共空间

4.2 中心区城市设计空间形态

根据最新的城市设计，中心区将通过建筑高度控制形成“双龙飞舞”的对称有序的空间形态

4.3 雕塑形态的建筑

市民中心实质就是深圳中心区最大最突出的标志性雕塑。其他的文化中心、电视中心、少年宫也都是雕塑感很强的建筑，同样可以理解成雕塑艺术品。

市民中心

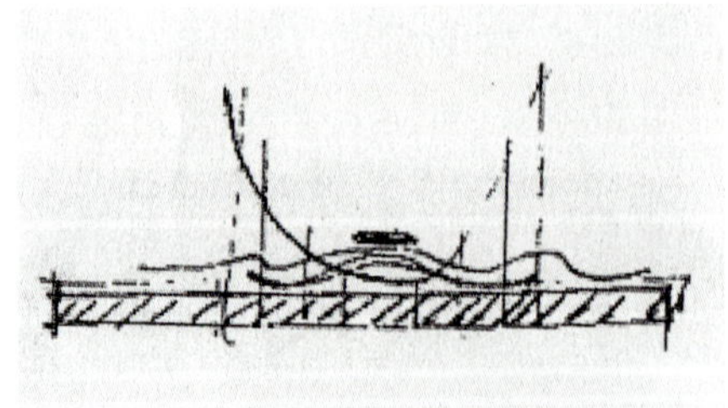

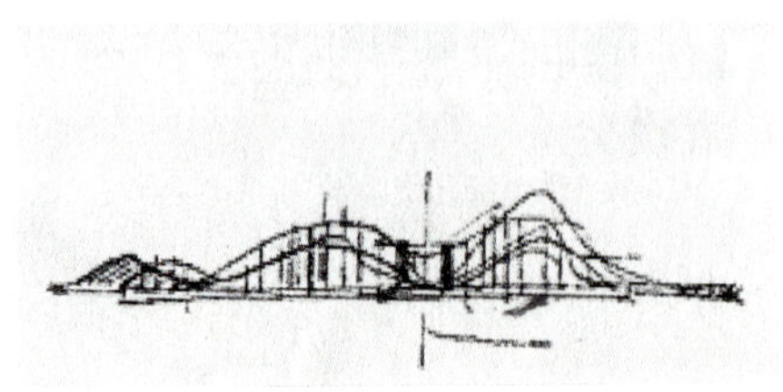

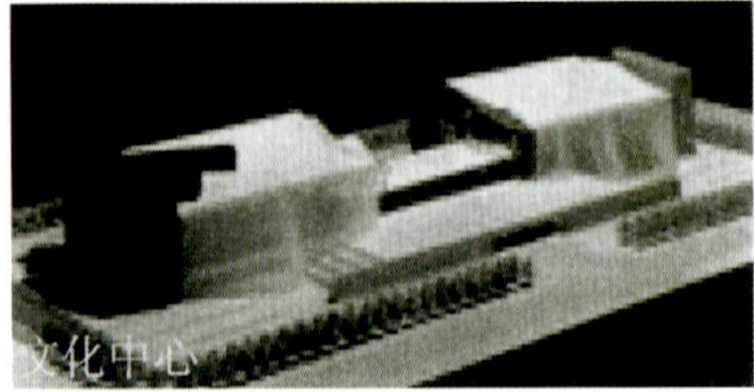

文化中心

少年宫

电视中心

4.4 主要雕塑在中心区的面状分布

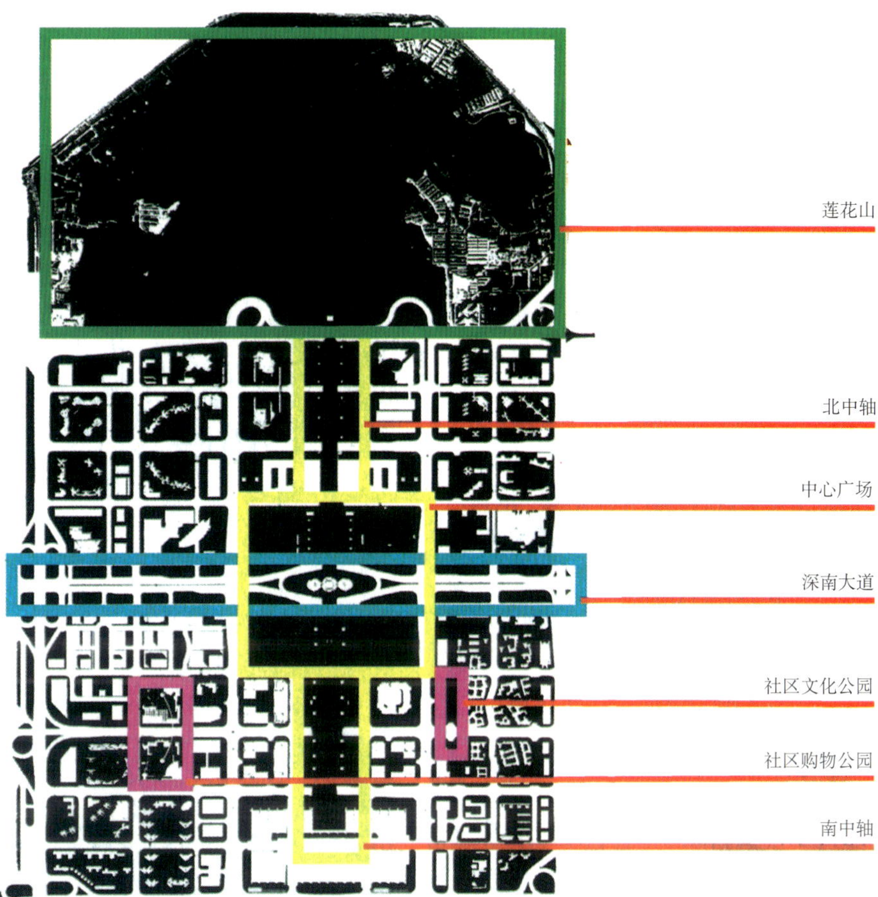

4.5 主要雕塑在中心区的线状分布

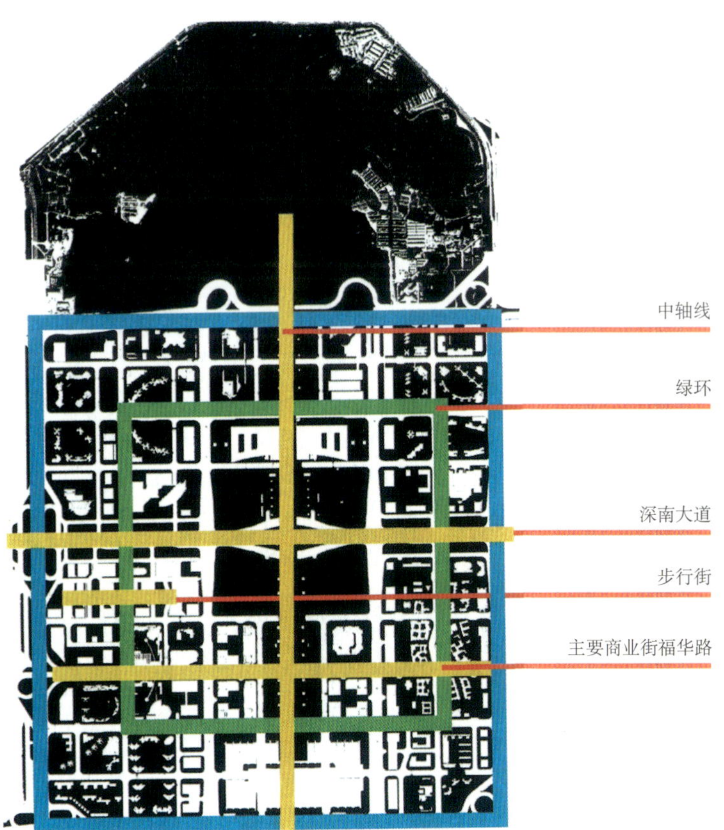

4.6 主要雕塑在中心区的点状分布

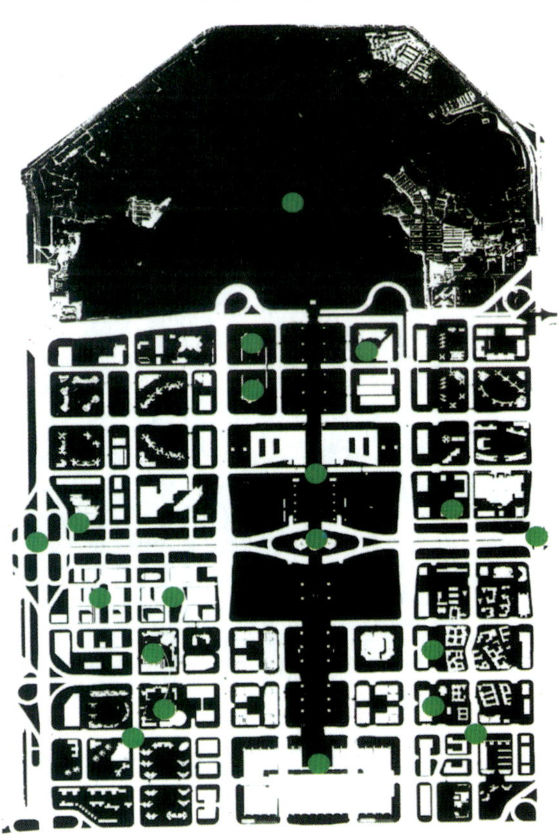

5.中心区雕塑总构思

5.1　主要雕塑与空间轴线相配合形成的雕塑系列关系

时
文
间
化
轴
轴

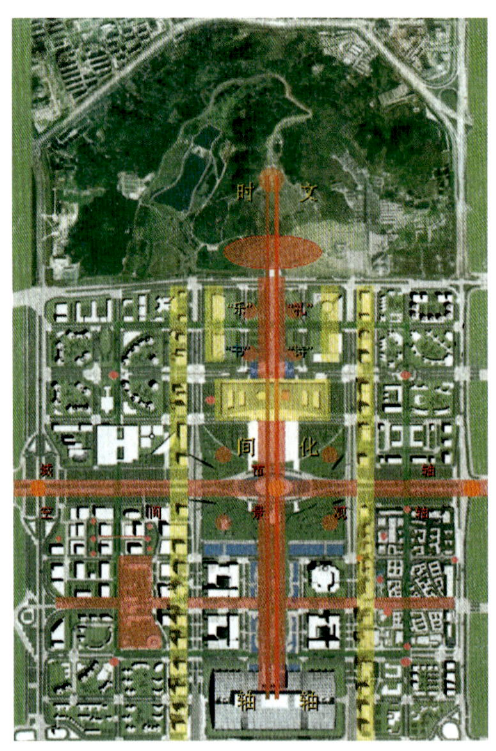

5.2　主要雕塑主题的系统配合示意

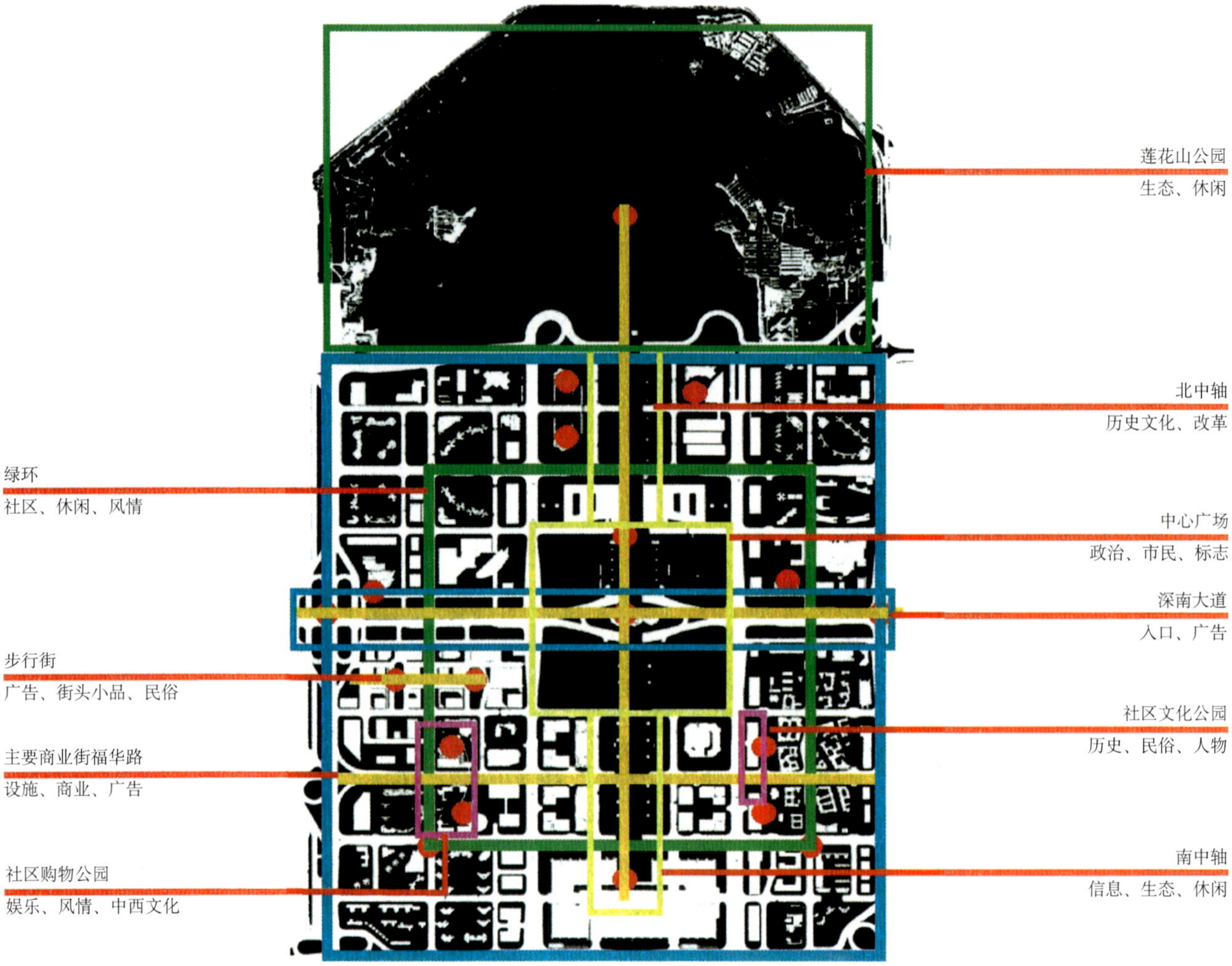

莲花山公园
生态、休闲
北中轴
历史文化、改革
绿环
社区、休闲、风情
中心广场
政治、市民、标志
深南大道
入口、广告
步行街
广告、街头小品、民俗
社区文化公园
历史、民俗、人物
主要商业街福华路
设施、商业、广告
社区购物公园
娱乐、风情、中西文化
南中轴
信息、生态、休闲

6.莲花山雕塑规划

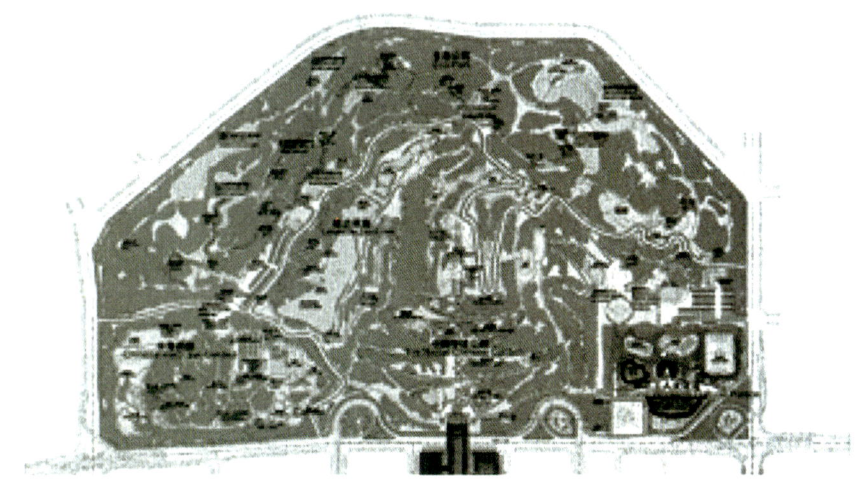

6.1 莲花山规划及现状

面积近2km²的莲花山于1997年开辟为市民公园，由于地处中心区，交通便利而成为市民最喜爱的城市公园之一。1997年日本建筑师黑川纪章曾结合中轴线对公园进行概念设计。

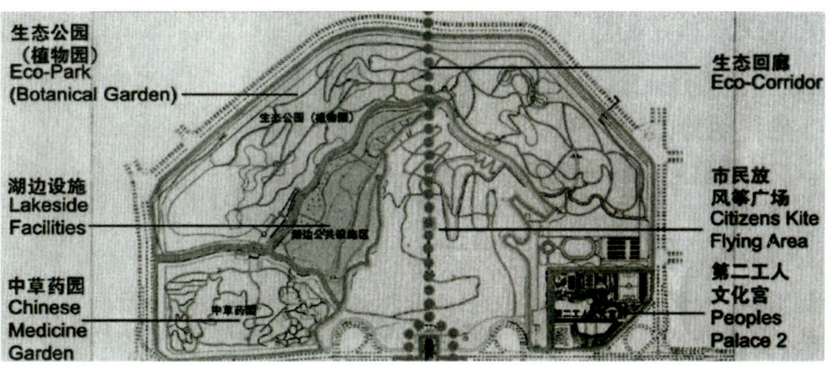

黑川纪章的莲花山雕塑规划

6.2 莲花山雕塑分布

观景平台
类型：纪念雕塑
主题：邓小平

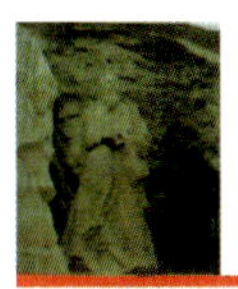

中草药园
类型：雕塑公园
主题：生态、休闲

生态公园
类型：雕塑景点
主题：生态、休闲

第二工人文化宫
类型：雕塑景点
主题：生态、休闲

市民风筝广场
类型：雕塑公园
主题：生态、休闲

6.3 莲花山雕塑公园选址可能之一

1.背景资源：有大量的休闲娱乐活动；地势平整。

2.主题意向：休闲文化、改革开放等。

3.面积：约10hm²

4.数量：10～20个

5.实施建议：公开征集，逐年分期进行。

6.4 莲花山雕塑公园选址可能之二

1.背景资源：原安置区拆迁用地；地势比较平整。

2.主题意向：休闲文化、生态等。

3.面积：约5hm²

4.数量：10～20个

5.实施建议：公开征集，逐年分期进行。

莲花山雕塑构思示意图

7.北中轴雕塑规划

7.1 已有规划

1.日本建筑师黑川纪章1997年进行了中轴线公共空间系统规划设计，其中北中轴规划了风、火、水、土四个主题小公园。

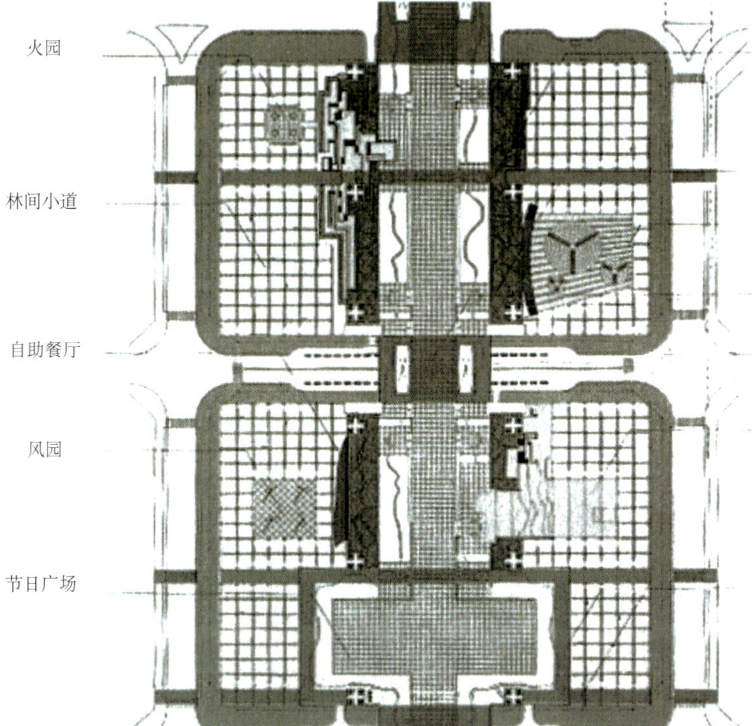

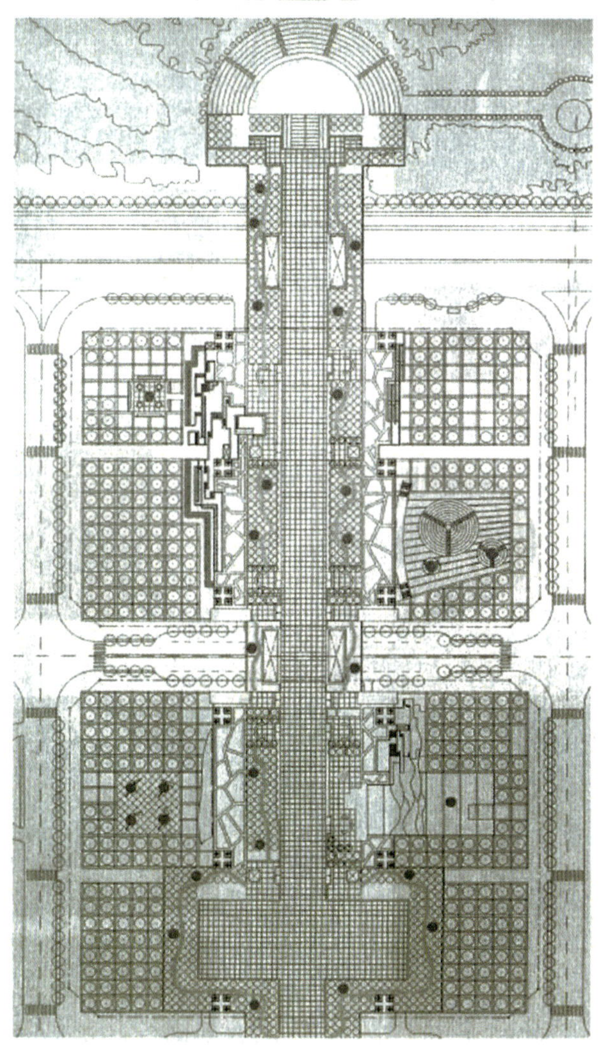

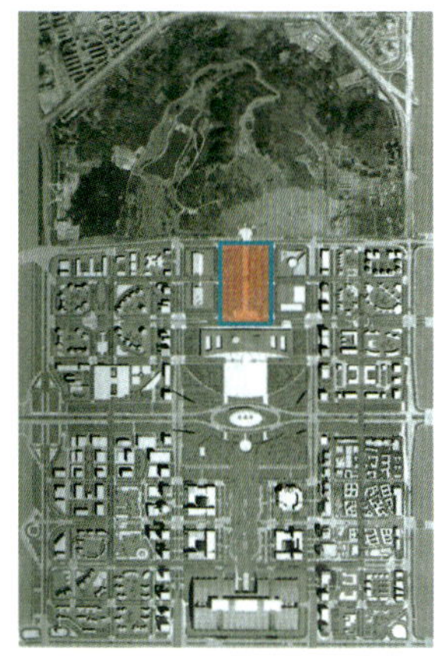

■ 地图

■ 火园

■ 水园

■ 风园

2. 深圳华森建筑与工程设计公司承担北中轴规划的具体设计，于2001的提出以学、雅、睿、稚四个主题代替黑川纪章的风、火、水、土四个主题。

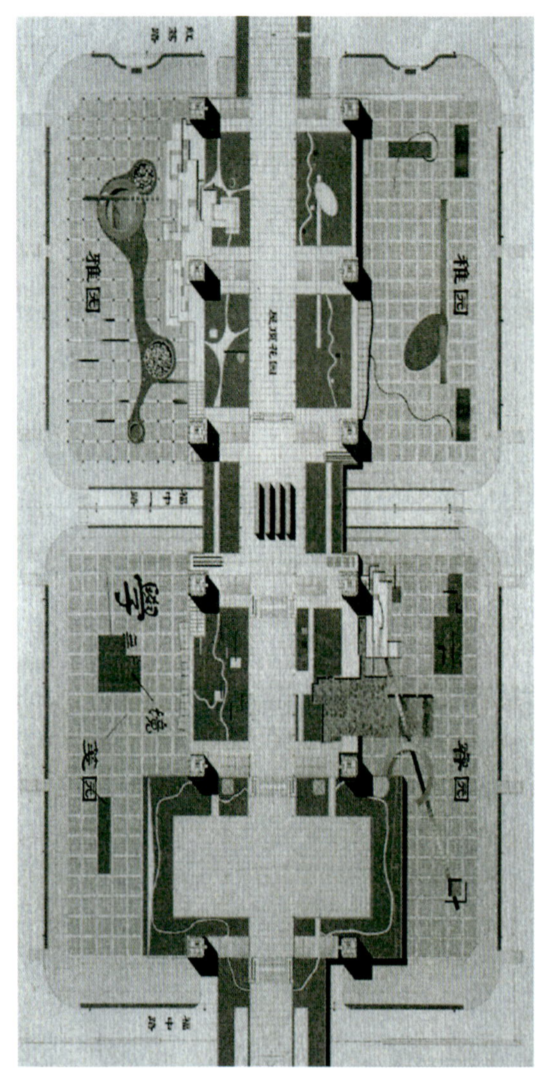

7.2 雕塑主题的考虑

在慎重研究和反复讨论的基础上，建议以体现中国传统文化的“诗”、“书”、“礼”、“乐”作为四个小公园的主题，并能分别与所面对的四个文化建筑相得益彰，如图书馆面对“书”园，音乐厅面对“乐”园，少年宫面对“礼”园，突出了深圳现代化文化设施与中国传统文化的关联。

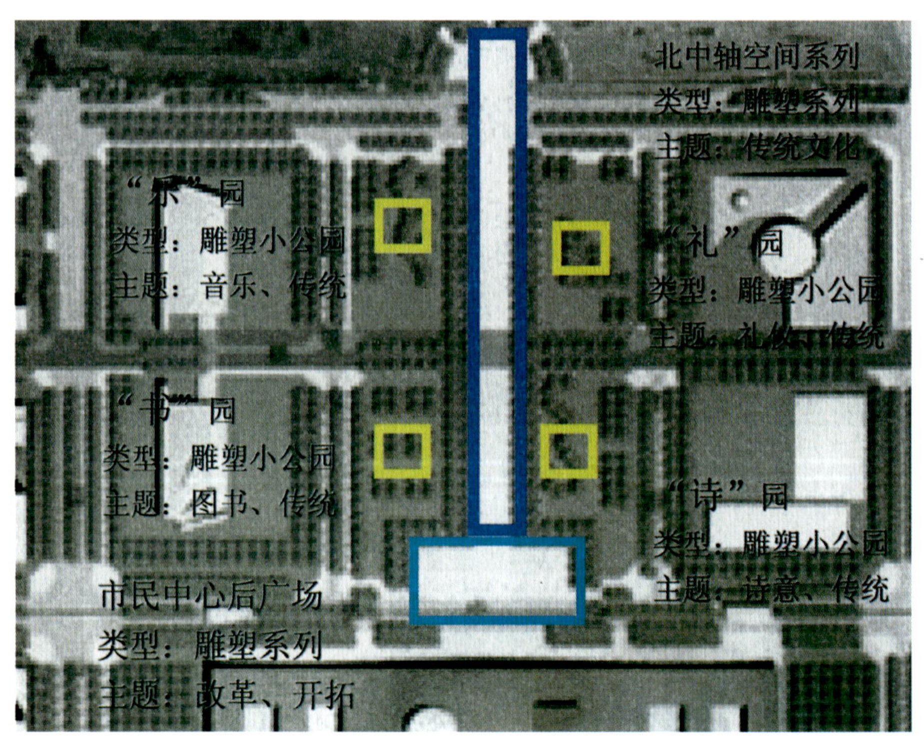

7.3 北中轴——特区和改革历史的展示轴

北中轴的二层步行平台，全长约300m，从有中国改革开放总设计师邓小平塑像的莲花山顶广场延伸到深圳市政府和博物馆共有的市民中心，是系列性雕塑展开的理想场所，结合其位置的特点建议其主题应是：华夏文明之旅，中国改革之路，深圳历史之行。形式有：改革者系列雕像（包括中国历代变法改革者）、中国历代变法故事浮雕墙、深圳改革开放大事浮雕墙、汉字演变及用不同年代汉字字体在地面刻录的中国历代年表和深圳大事记。

北中轴雕塑构思示意图

7.4 “诗”园

1. 环境：面对未确定的文化项目以及博物馆
2. 主题：诗意、中国传统
3. 类型：雕塑小公园
4. 形式：抽象、现代
5. 面积：约1 500m²
6. 高度：20m以内
7. 数量：2～5个
8. 实施建议：公开征集

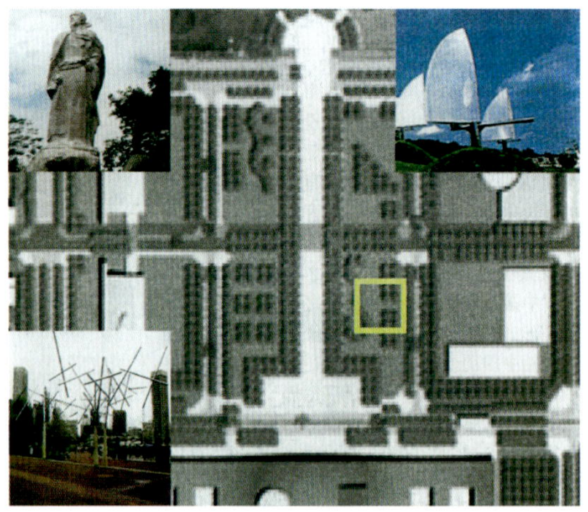

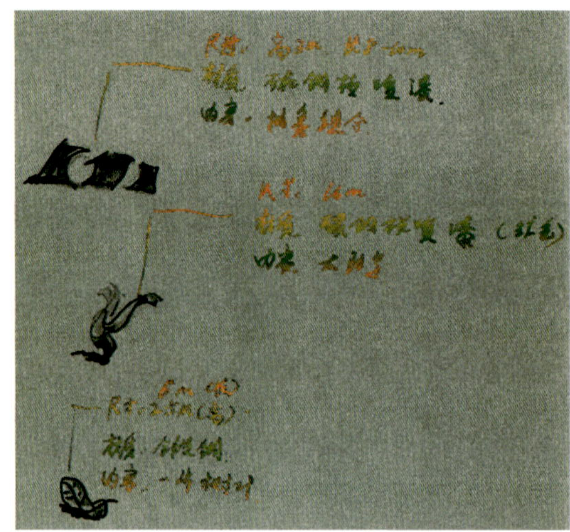

“诗”园雕塑构思示意图

7.5 “书”园

1. 环境：面对图书馆
2. 主题：书、中国传统
3. 类型：雕塑小公园
4. 形式：抽象、现代
5. 面积：约1 500m²
6. 高度：20m以内
7. 数量：2～5个
8. 实施建议：公开征集

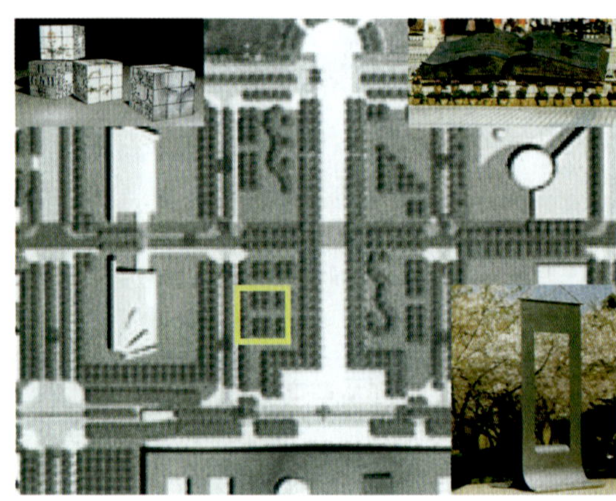

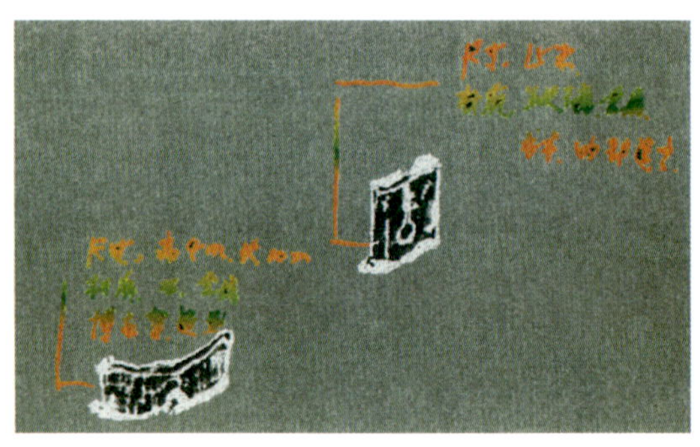

“书”园雕塑构思示意图

7.6 “礼”园

1.环境：面对少年宫

2.主题：礼仪、中国传统

3.类型：雕塑小公园

4.形式：抽象、现代

5.面积：约 1 500m²

6.高度：20m 以内

7.数量：2～5个

8.实施建议：公开征集

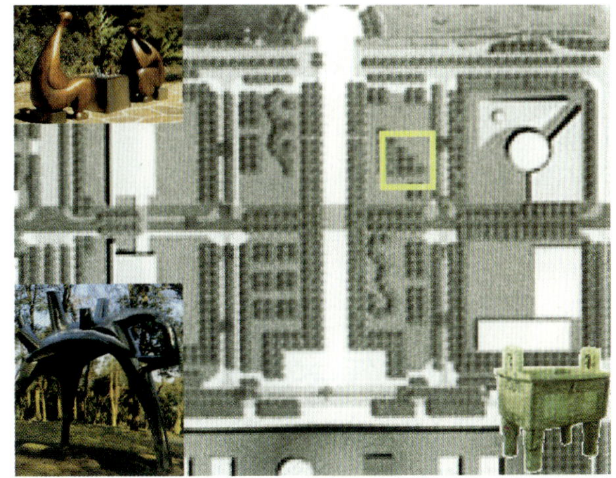

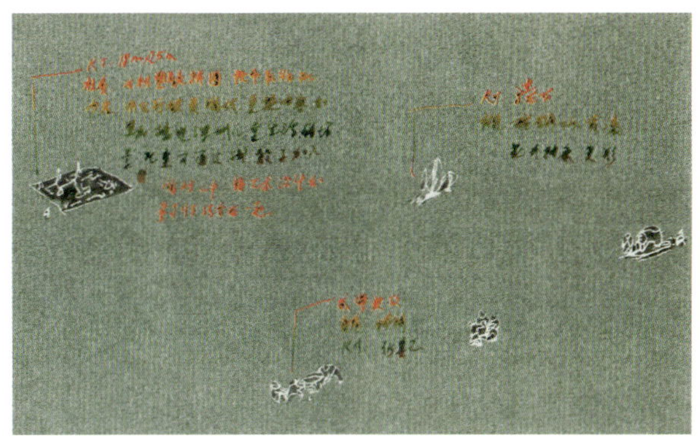

“礼”园雕塑构思示意图

7.7 “乐”园

1.环境：面对音乐厅

2.主题：音乐、中国传统

3.类型：雕塑小公园

4.形式：抽象、现代

5.面积：约 1 500m²

6.高度：20m 以内

7.数量：2～5个

8.实施建议：公开征集

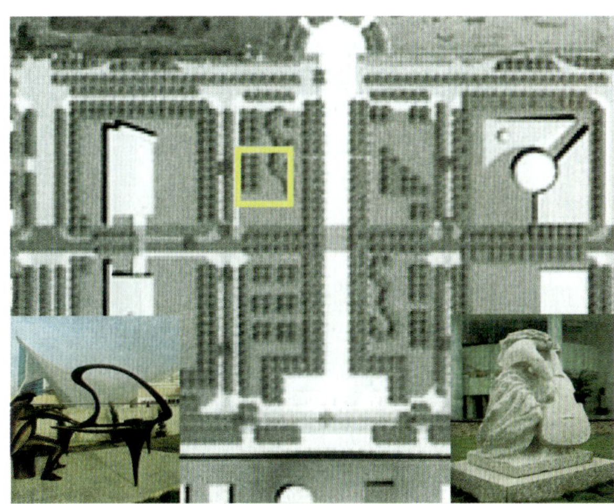

“乐”园雕塑构思示意图

8.中心广场雕塑规划

8.1 已有规划

从1996年至今，历次的重大规划都对中心广场提出设想。最新的规划体现了中心广场的整体性和秩序，雕塑规划应在此基础上进行。

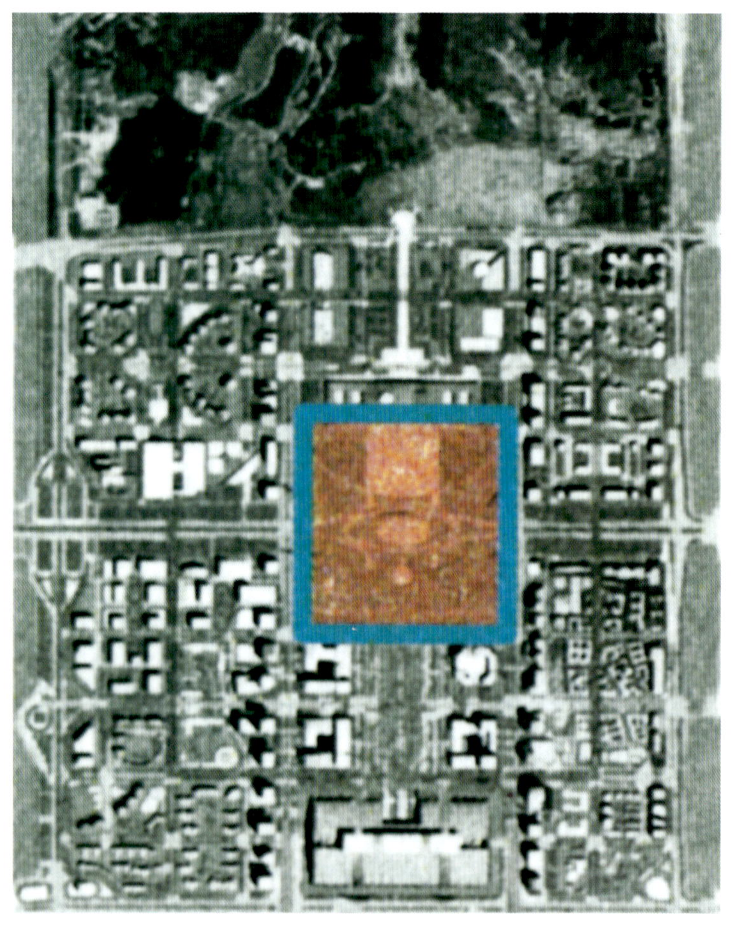

8.2 中心广场雕塑分布

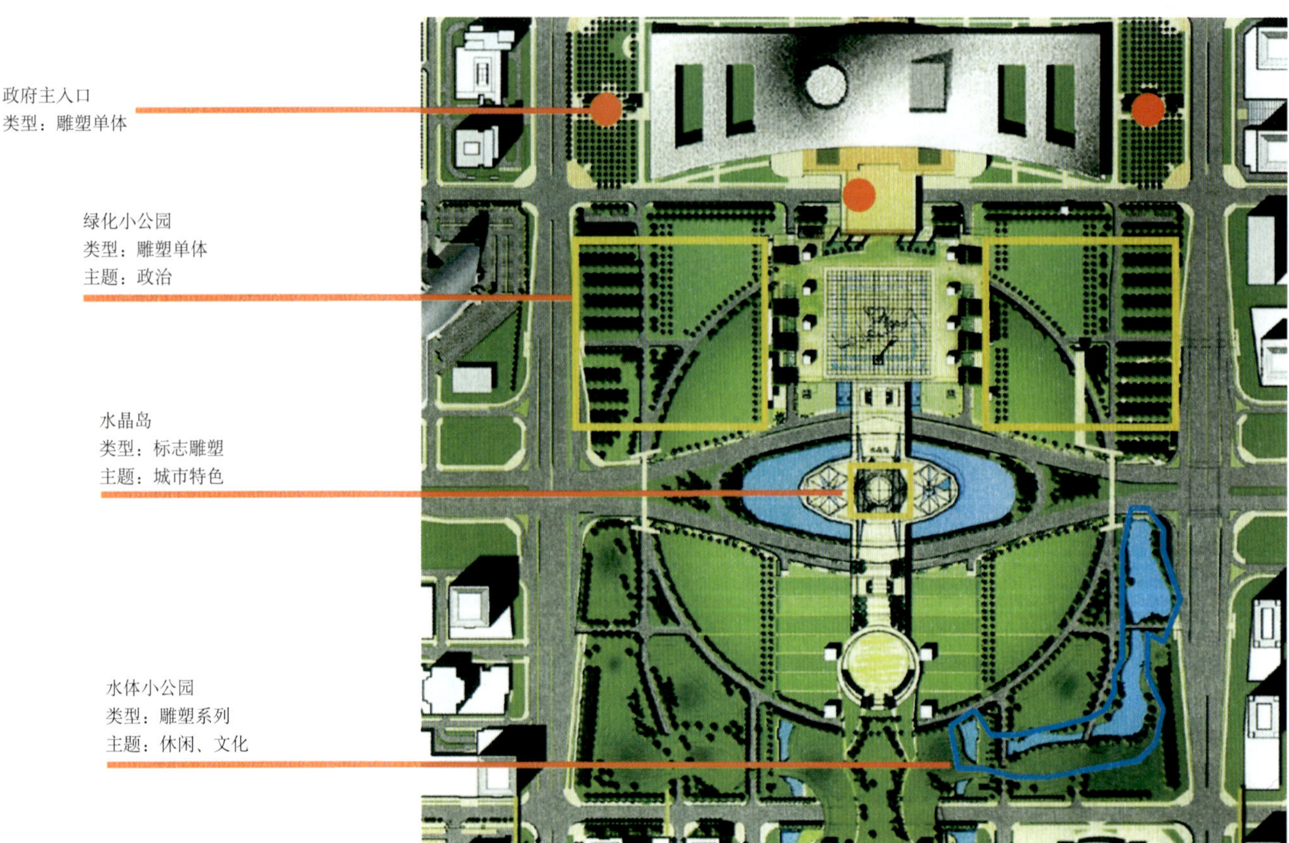

8.3　市民中心两侧雕塑

1.环境：市政府、博物馆
2.主题：政治、改革历史
3.类型：独立雕塑
4.形式：具象或抽象
5.面积：约100m²
6.高度：8～20m
7.数量：各1个
8.实施建议：委托

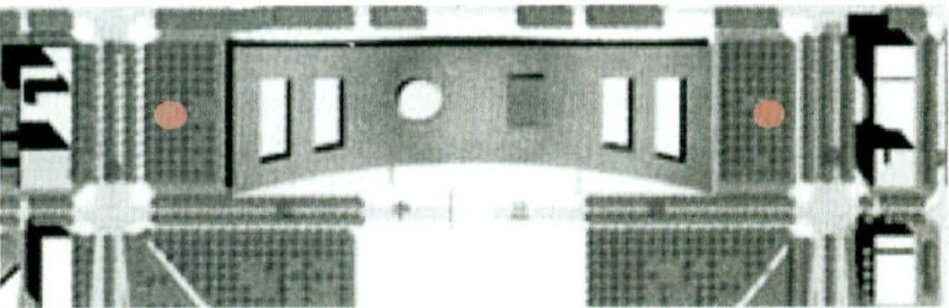

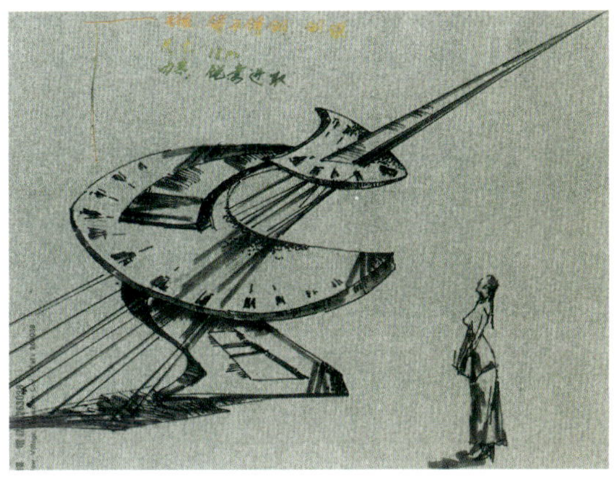

市民中心雕塑构思示意图

8.4　水晶岛雕塑

1.环境：广场中心焦点
2.主题：城市标志、分隔和联系南北广场的门、鼎
3.类型：独立或群组雕塑
4.形式：抽象
5.面积：约1 000m²
6.高度：20～40m
7.数量：1～3
8.实施建议：竞赛

水晶岛雕塑规划构思示意图

8.5 南广场雕塑

1.环境：购物、休闲广场

2.主题：休闲、文化

3.类型：雕塑系列

4.形式：具象或抽象

5.面积：约10万m^2范围

6.高度：1～10m

7.数量：3～10

8.实施建议：委托或征集

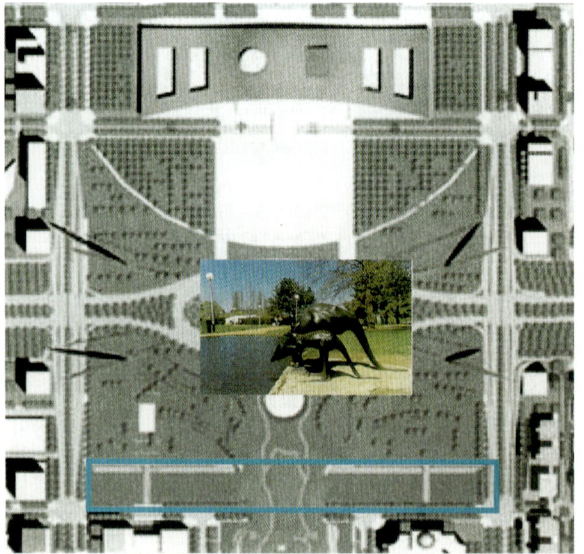

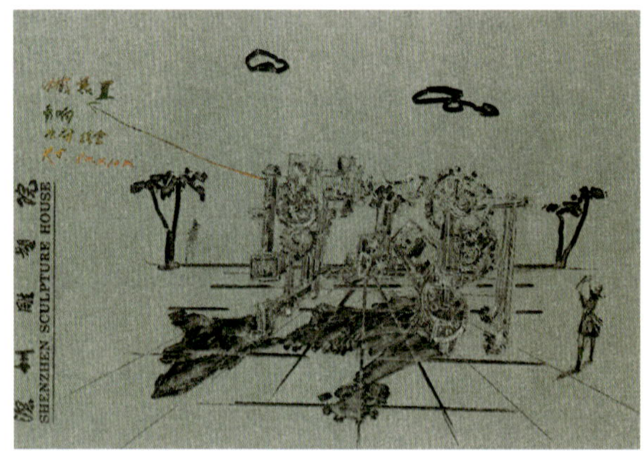

南广场雕塑构思示意图

9.南中轴雕塑规划

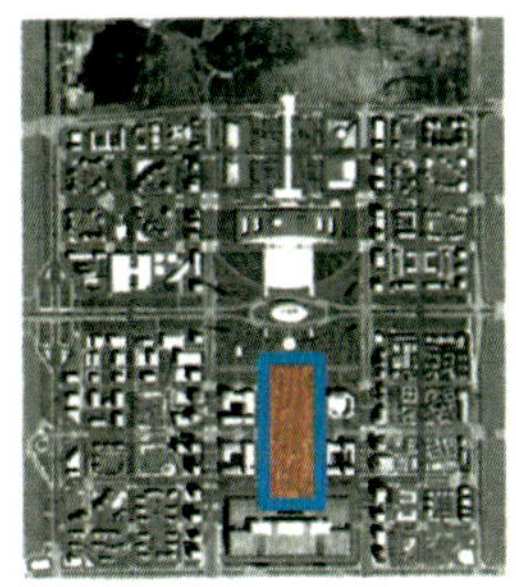

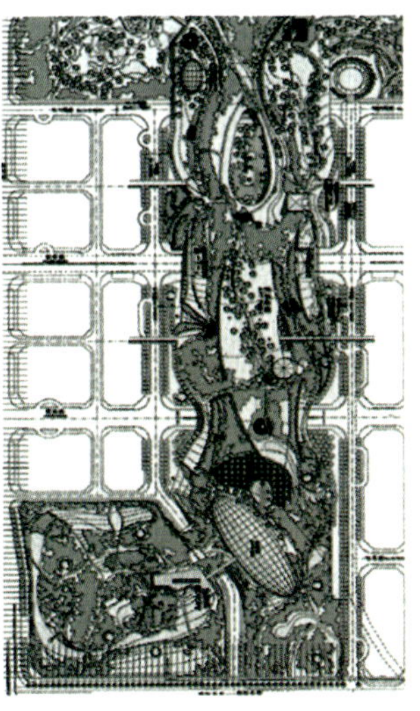

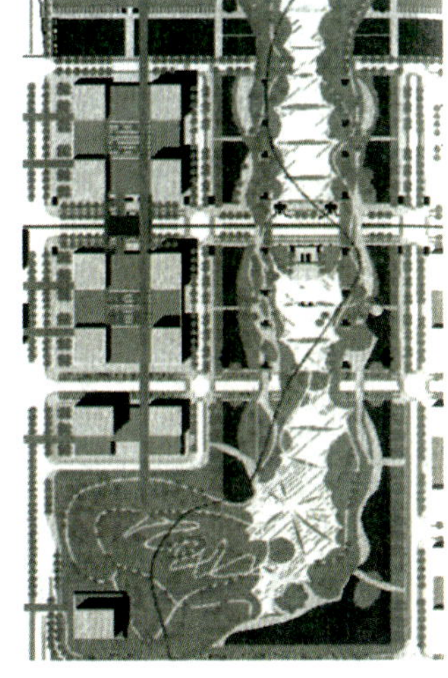

1997年黑川纪章方案 → 1999年欧博迈亚方案

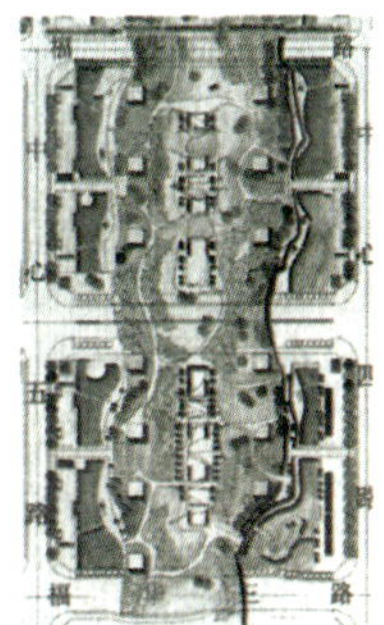

↓ 2001年市规划院方案

9.1 已有规划

1997年的南中轴设计将位于南端的小山保留作为生态公园，1999年规划在南中轴两侧增加了下沉水系，2000年由于会展中心选址确定在南中轴南端，南中轴线缩短为两个地块。

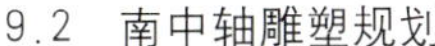

9.2 南中轴雕塑规划

1.环境：绿化轴线、商业
2.主题：休闲、历史文化
3.类型：雕塑系列
4.形式：具象或抽象
5.面积：约8万m^2范围
6.高度：1～10m
7.数量：8～20个
8.实施建议：委托或征集

9.3 南中轴雕塑题材设想

选择具体合适的雕塑题材，既与南中轴的绿化、商业及休闲环境相协调，又能反映中国文化特色，这是一个难题，也是领导及规划界雕塑界专家对中心区的期望。在中国传统文化中，比较富有智慧哲理而又通俗化、生活化、故事化的，当属《庄子》。庄子的故事浪漫多彩，思想博大机智，可以成为南中轴雕塑的理想题材的选择之一，既启人予智慧，又展示中国文化。

朝三暮四
成者英雄败者贼
鹏程万里/扶摇直上
无中生有
越俎代庖
运斤成风

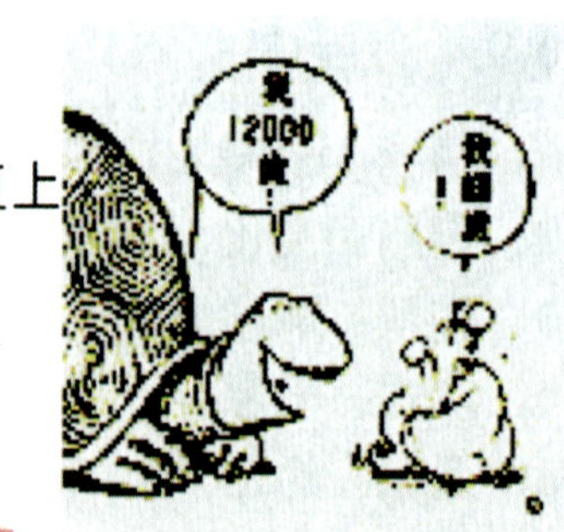

薪火相传
东施效颦
盗亦有道
枯鱼之肆
望洋兴叹
标新立异

南中轴雕塑构思示意图

9.4 会展中心入口雕塑

1.环境：会展入口广场

2.主题：文化、沟通

3.类型：雕塑系列

4.形式：具象

5.面积：约1万m^2范围

6.高度：2～4m

7.数量：8～16对

8.实施建议：委托或征集

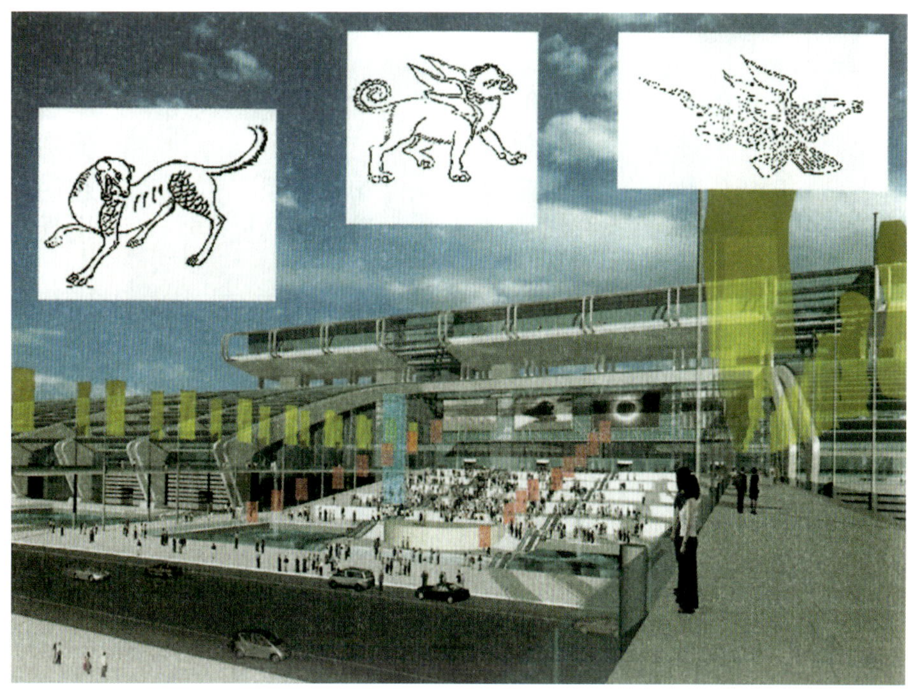

现代化的会展中心是五湖四海客商云集、东西南北信息荟萃之地。《山海经》是古代中国人对海外地理方物的奇幻想像，体现古代中国人的世界观念，将其中所想像和记载的奇异物种变为具象的雕塑系列置于会展中心大台阶，是古今中外文化的大碰撞，写实而又奇幻的各地风物雕塑与会展中心的现代设计也形成强烈的反差，将是会展中心门前雕塑题材的理想选择。

会展中心入口雕塑构思示意图

9.5 中轴线雕塑系统

中心区的中轴线是一个完整的城市公共空间系统，因此其中的雕塑实际上也要整合成主题、类型、题材等方面相互配合的一个系统。1997年黑川纪章将中轴线规划成一个展开的城市音乐总谱，同样，中轴线的雕塑也存在相呼应的系统图谱。

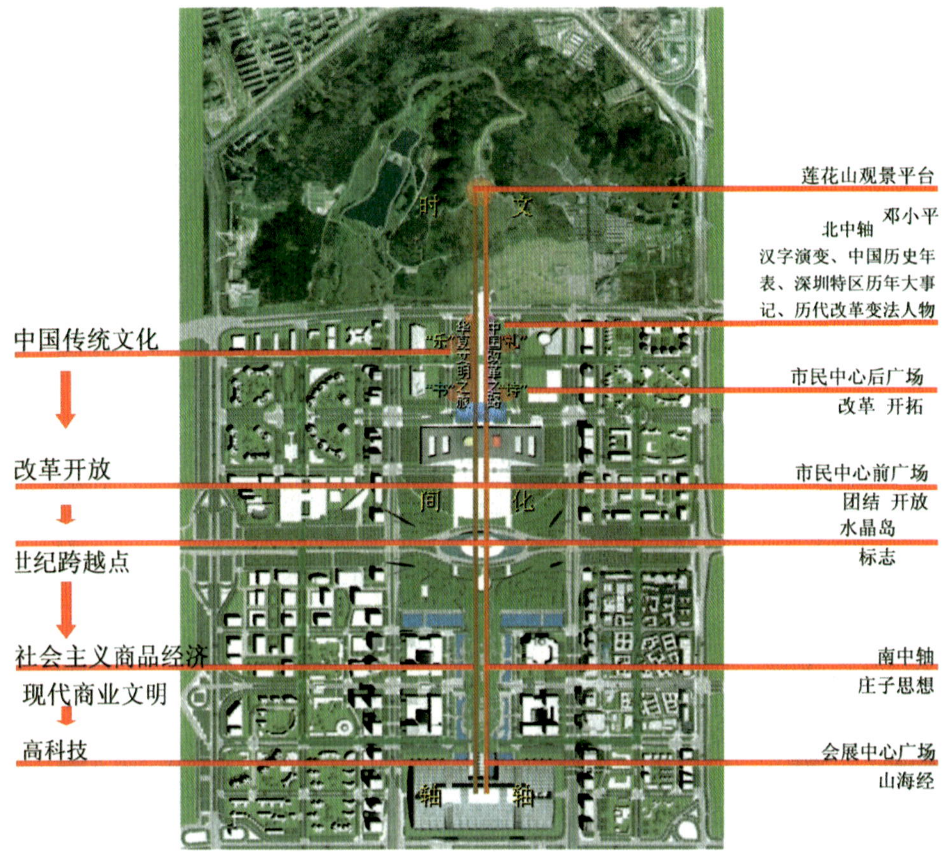

中轴线雕塑规划系统示意

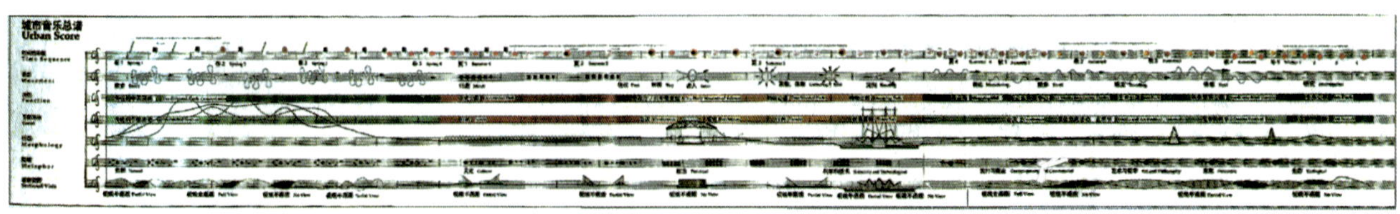

黑川纪章中轴线城市音乐总谱

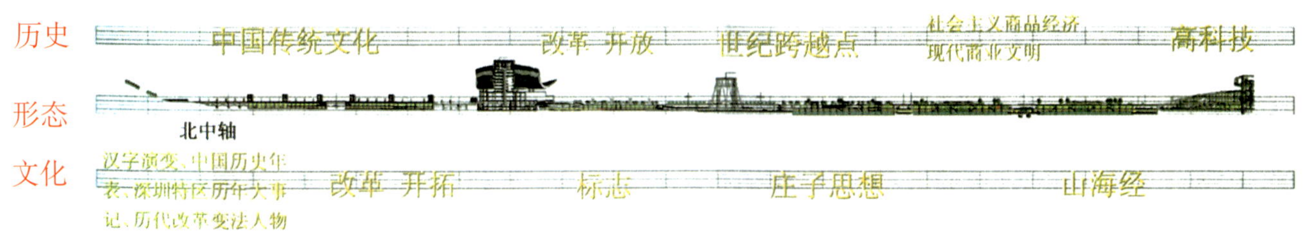

中轴线雕塑规划系统总谱

10.深南路雕塑规划

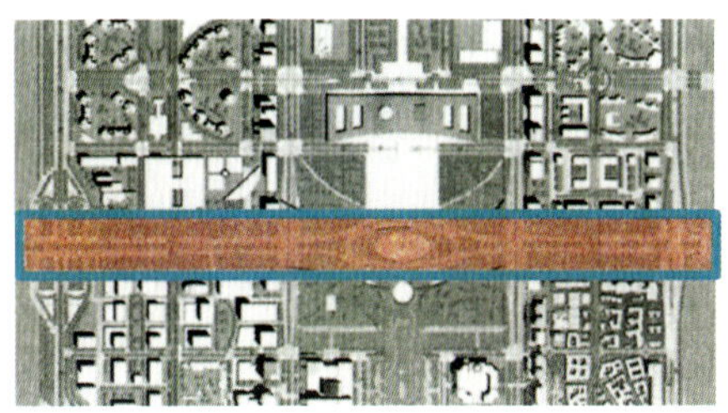

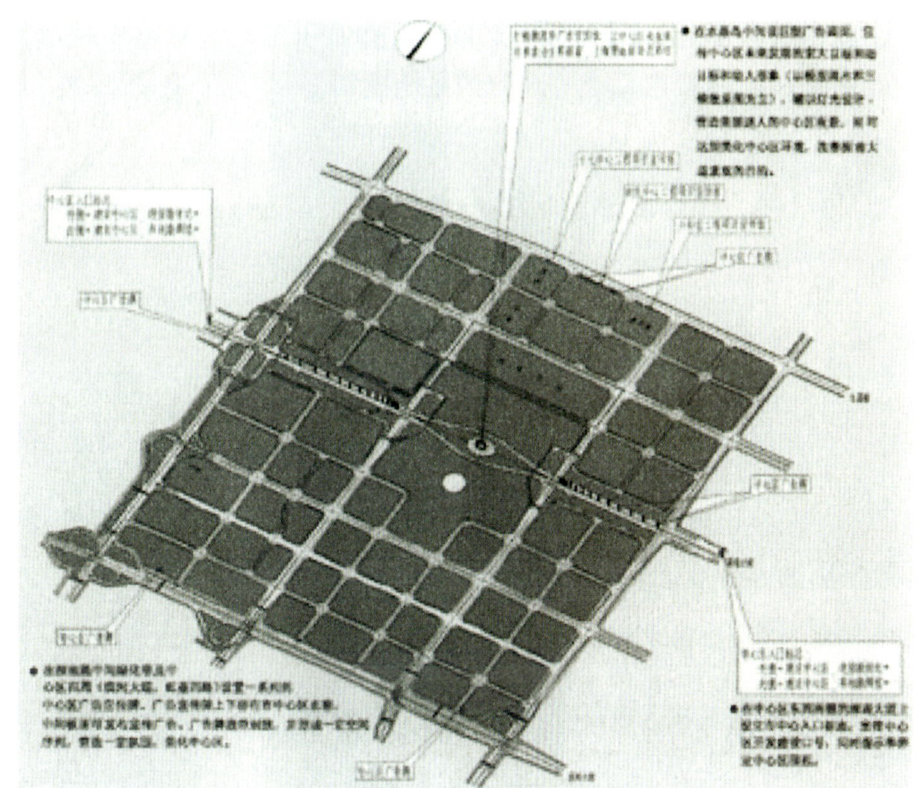

10.1 已有的设想

深南大道是深圳市最主要的城市交通和景观路，在进入中心区的入口节点上有必要设计中心区标志雕塑以界定中心区范围。深南路的广告宣传价值也应得到重视和有统一的规划。

已有的入口雕塑和广告设想。系列广告牌布置的渐变间距进一步夸张了深南路的速度感。

10.2 深南路雕塑及广告

1.环境：城市景观干道

2.主题：城市入口标志、

3.类型：独立雕塑、广告牌系列

4.形式：抽象

5.面积：各约 $100m^2$

6.高度：10～30m

7.数量：2(广告约30面)

8.实施建议：竞赛或征集

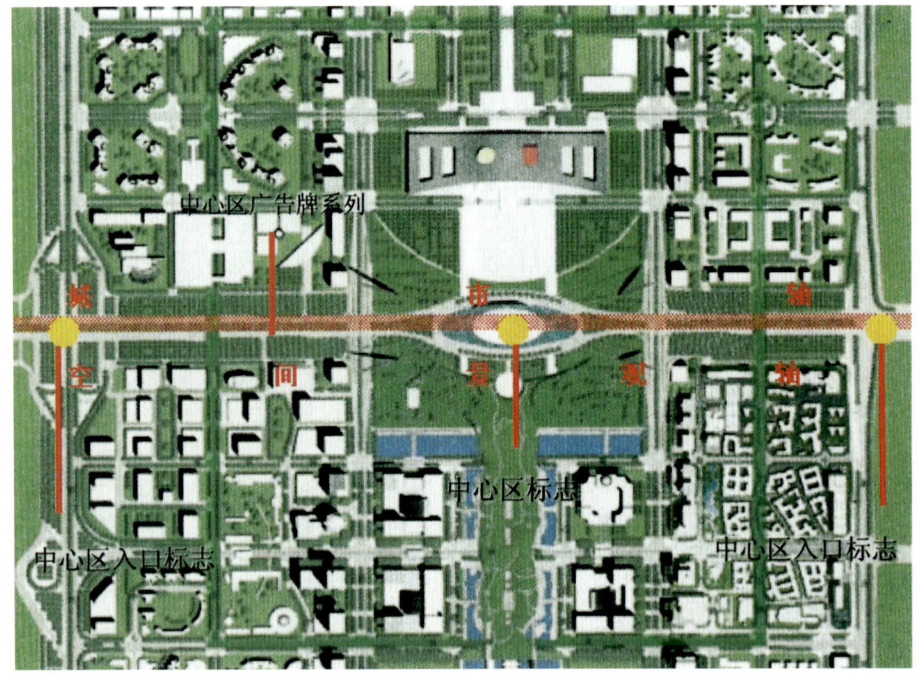

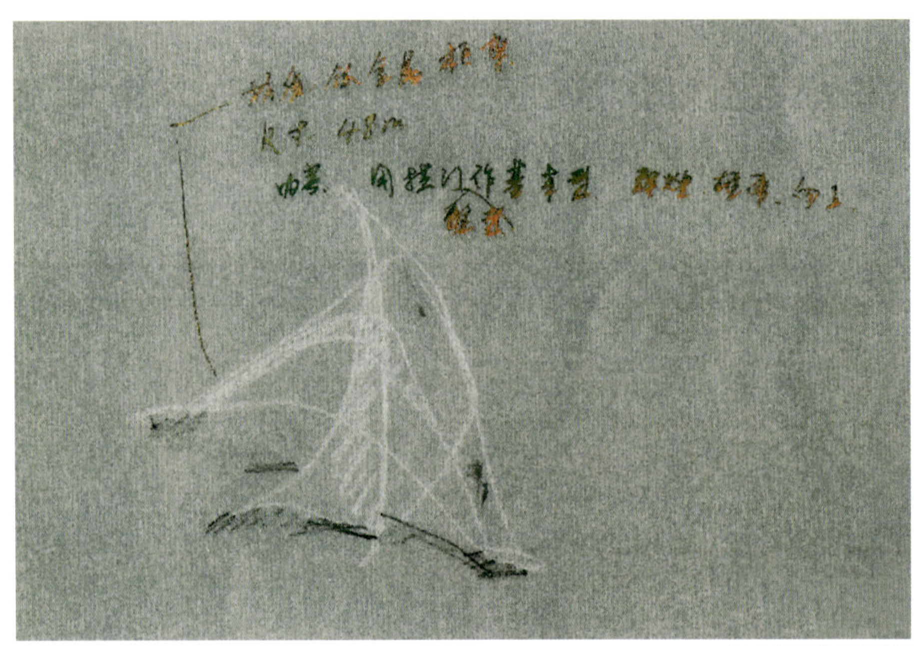

深南路雕塑构思示意图

11.社区购物公园雕塑规划

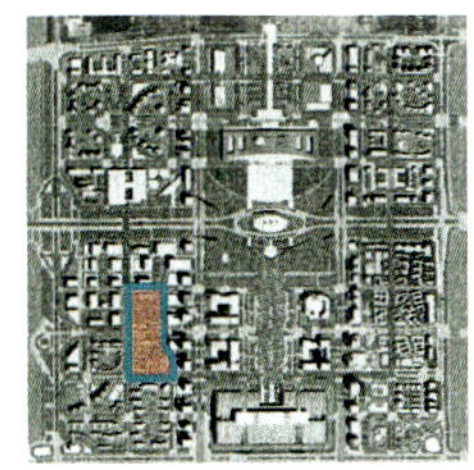

11.1　社区购物公园

社区购物公园原建筑设计方案(B+H设计公司)是一个集园林、休闲和购物于一体的公共空间,原有的设计比较活泼亲切,造型多样,因此这一地区的雕塑处理,一方面是强调娱乐设施的雕塑化处理,另一方面雕塑则宜突出商业娱乐性,可以卡通化一些。该地区雕塑主要由发展商或经营商负责。

11.2　社区购物公园雕塑

1.环境:购物休闲公园
2.主题:商业、娱乐
3.类型:独立雕塑,与娱乐等设施结合的雕塑
4.形式:卡通化
5.面积
6.高度:1～10m
7.数量:若干
8.实施建议:商家自行组织

12.岗厦片区雕塑规划

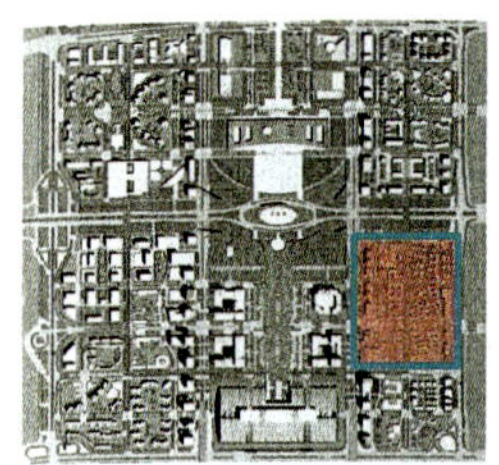

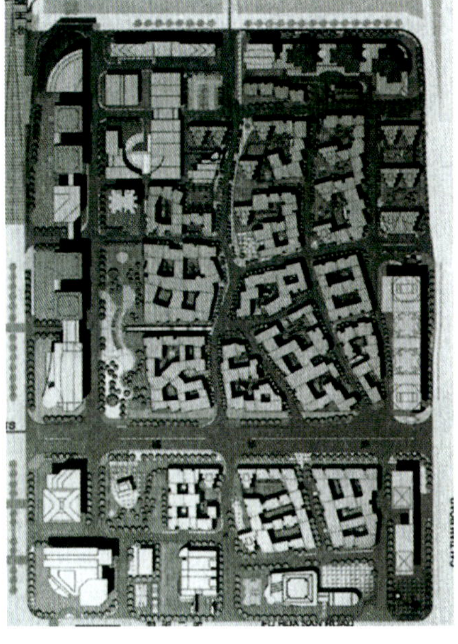

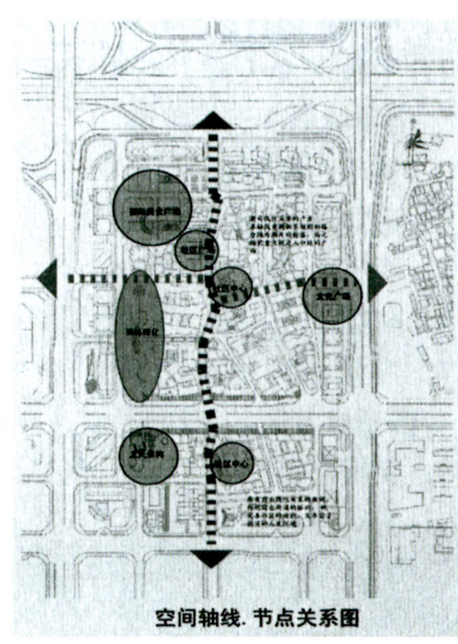

12.1 岗厦片区规划特点

岗厦片区是中心区唯一的旧村片区，原村民400多户，与民族英雄文天祥为同一宗族。岗厦片区还包含规划中与西片社区购物公园相对称的另一个社区公园，因为岗厦片区的历史特点，建议这一社区公园应突出历史和当地的文化特点，可结合文天祥纪念室和岗厦村史陈列室的规划设想，设置文天祥塑像和民俗文化情景雕塑，同时在片区四边入口设置经过现代设计的村口牌坊。

历史人物及民俗雕塑分布示意

12.2　岗厦片区雕塑

1.环境：旧村改造片区
2.主题：文天祥、当地民俗文化和村史变迁、牌楼
3.类型：独立雕塑
4.形式：具象
5.面积：约10 000m²
6.高度：1～10m
7.数量：历史人物塑像1，民俗塑像若干，牌楼4
8.实施建议：岗厦公司

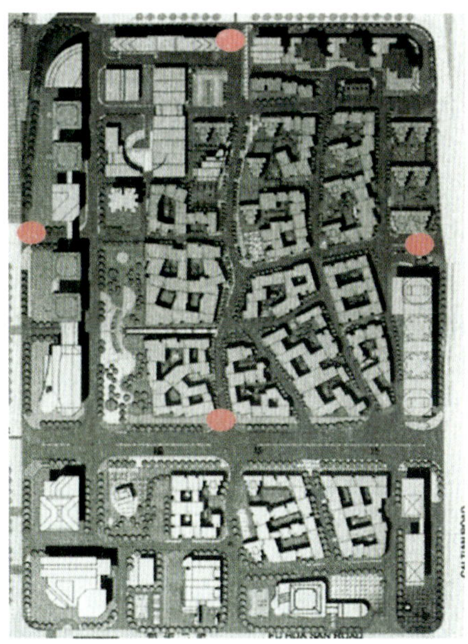
岗厦旧村现代牌楼分布示意

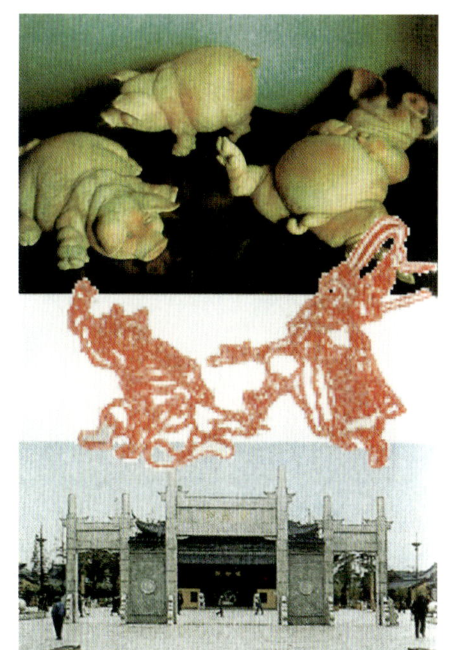

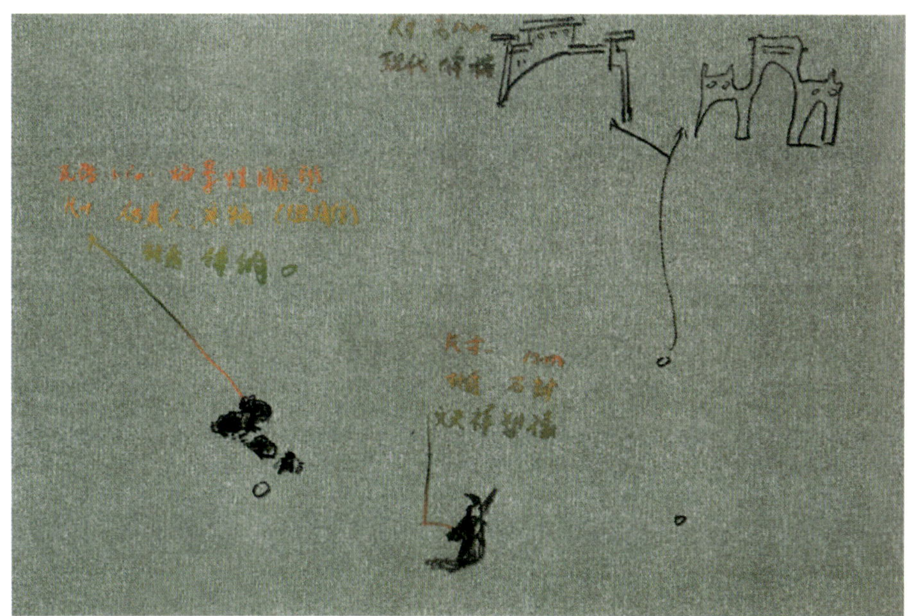

岗厦片区雕塑构思示意图

13.福华路商业街雕塑规划

1.环境：商业大街、地铁
2.主题：商业、都市风情
3.类型：独立雕塑，与地铁设施结合的雕塑
4.形式：抽象或具象
5.面积：6 000m²
6.高度：2～10m
7.数量：10～20
8.实施建议：政府组织招标设计

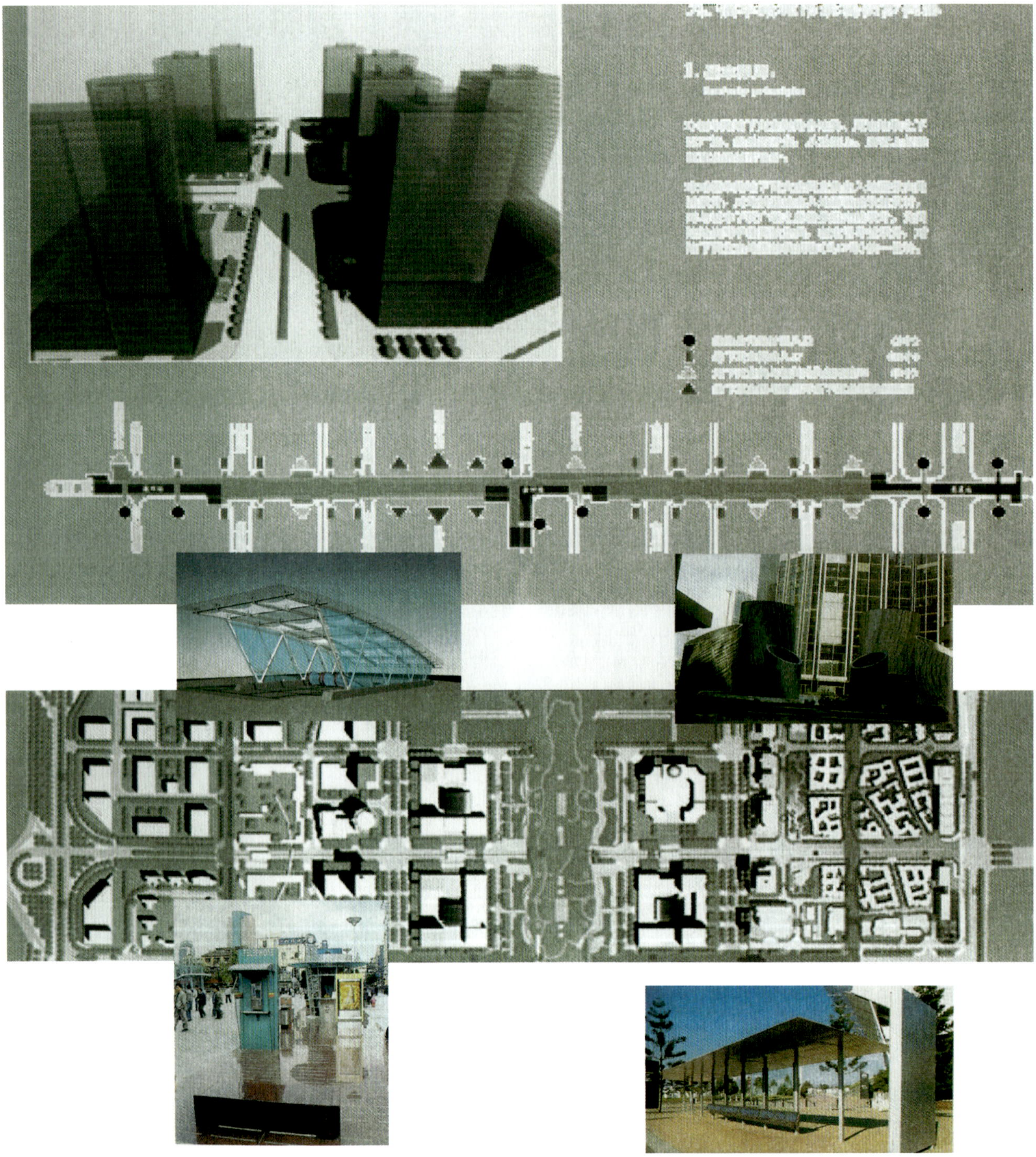

14.步行街雕塑规划

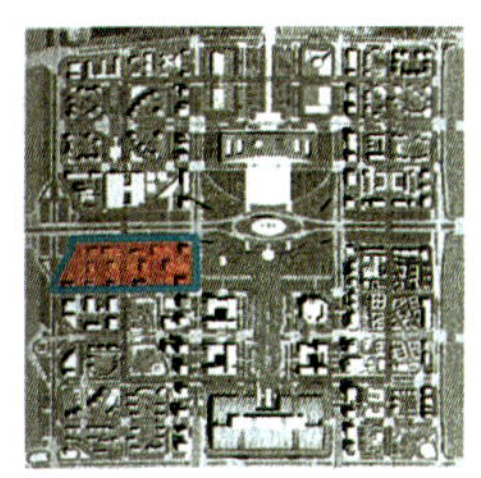

14.1　步行街规划特点

中心区22、23-1地块由美国SOM设计公司提出城市设计要求，其中有岭南骑楼风格的步行街和所连接的两个小公园。因此该片区应通过近人尺度的雕塑以及广告的统一设计营造有传统和地方特色的高雅步行商业环境。

14.2　步行街雕塑

1.环境：步行街、小公园
2.主题：休闲娱乐、商业
3.类型：独立雕塑，雕塑装饰或雕塑化的招牌广告
4.形式：抽象或具象
5.面积：约15 000m^2
6.高度：1～2m
7.数量：10～20
8.实施建设：政府组织，商家分摊

15."绿环" 雕塑规划

1. 环境：四条林荫道
2. 主题：休闲、文体
3. 类型：街头雕塑
4. 形式：抽象或具象
5. 面积：各 $100m^2$
6. 高度：10～20m
7. 数量：8～20
8. 实施建议：政府组织委托或征集，绿环四角应重点组织环境设计

16.住宅社区的雕塑

1. 环境：住宅社区
2. 主题：休闲、邻里家常
3. 类型：独立雕塑
4. 形式：抽象或具象
5. 面积：各 $100m^2$
6. 高度：1～2m
7. 数量：10～20
8. 实施建议：发展商组织

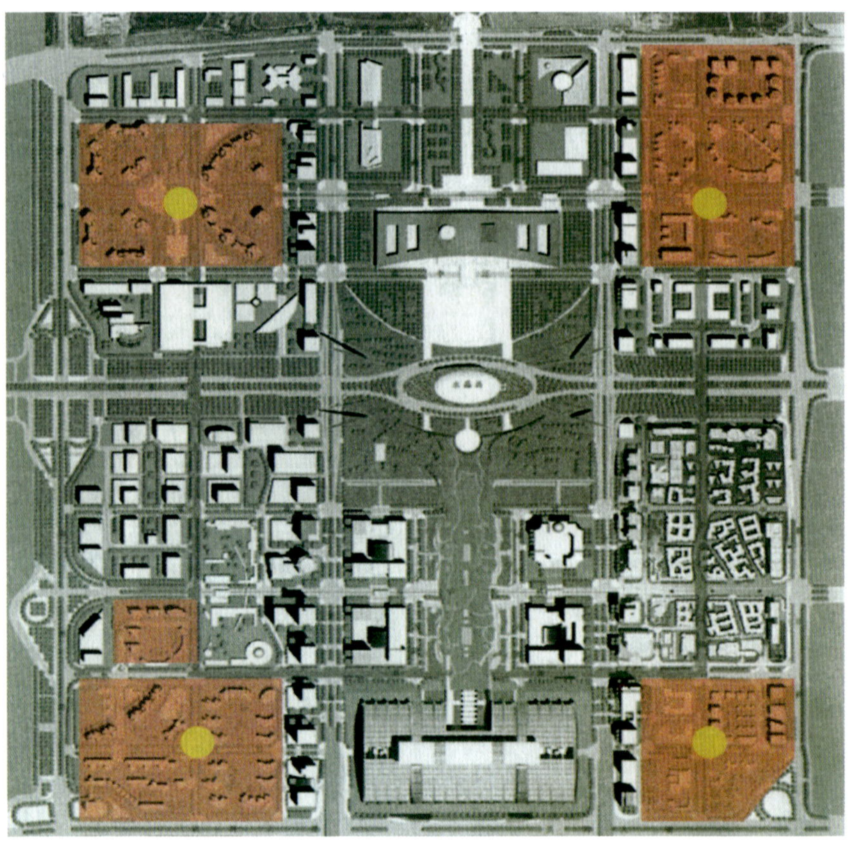

(四)中心区雕塑规划及要求的汇总

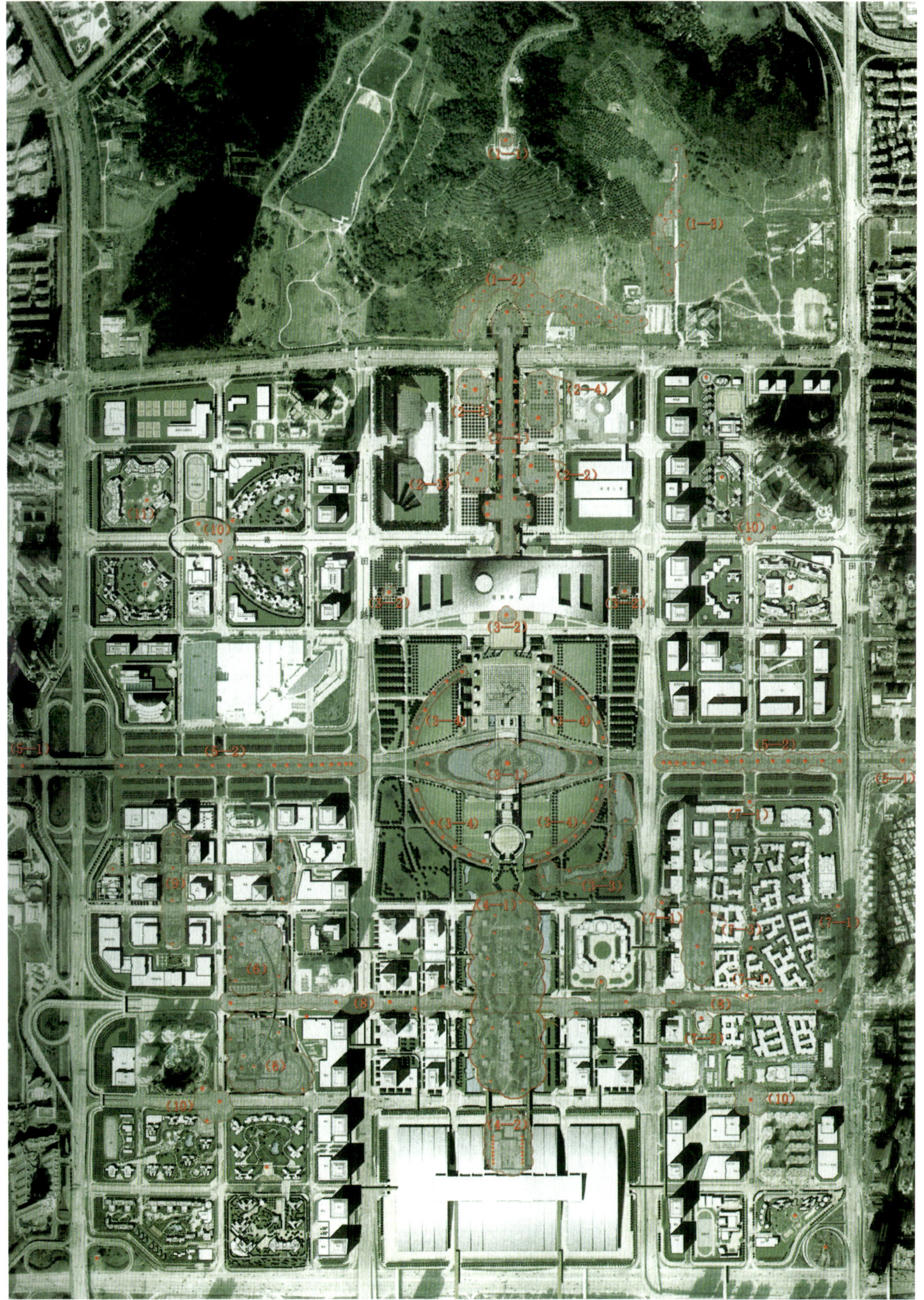

中心区雕塑规划布置总图

中心区雕塑规划及要求汇总表

地段	名称编号	环境	主题	类形	形式	面积(约)	高度(m)	数量(个)	实施建议
莲花山(1)	观景平台(1—1)		邓小平	纪念雕塑	写实	7 000m^2	9.65	1	已实施
	雕塑公园一(1—2)	休闲、娱乐活动场所	休闲文化、改革开放等	雕塑公园	多样化	10hm^2		10～20	公开征集逐年进行
	雕塑公园二(1—3)	地势平整	休闲文化、生态	雕塑公园	多样化	5hm^2		10～20	公开征集逐年进行
北中轴(2)	北中轴空间系列(2—1)	连接莲花山和市民中心	传统文化、历史、改革	雕塑墙和地面雕刻	多样化	20 000m^2	2	2～4个系列	公开征集
	“诗”园(2—2)	面对未定文化项目及博物馆	诗意、中国传统	雕塑小公园	抽象、现代	1 500m^2	20	2～5	公开征集
	“书”园(2—3)	面对图书馆	书、中国传统	雕塑小公园	抽象、现代	1 500m^2	20	2～5	公开征集
	“礼”园(2—4)	面对少年宫	礼仪、中国传统	雕塑小公园	抽象、现代	1 500m^2	20	2～5	公开征集
	“乐”园(2—5)	面对音乐厅	音乐、中国传统	雕塑小公园	抽象、现代	1 500m^2		2～5	公开征集
中心广场(3)	水晶岛(3—1)	广场中心焦点	城市标志，门、鼎	独立或群组雕塑	抽象	1 000m^2	20～40	1～3	竞赛
	市民中心两侧、南面入口(3—2)	市政府、博物馆	政治、改革历史	独立雕塑	具象或抽象	100m^2	8～20	各1	委托
	南广场(3—3)	购物、休闲广场	休闲、文化	雕塑系列	具象或抽象	10万m^2	1～10	3～10	委托或征集
	广场激光柱系列(3—4)	中心广场	文化、城市标志	雕塑系列	灯光雕塑	20万m^2	20～40	30～40	委托或征集
南中轴(4)	南中轴(4—1)	绿化轴线、商业	休闲、历史文化	雕塑系列	具象或抽象	8万m^2	1～10	8～20	委托或征集
	会展中心雕塑(4—2)	会展入口广场	文化、沟通	雕塑系列	具象	1万m^2	2～4	8～16对	委托或征集
深南路(5)	中心区东西入口(5—1)	城市景观干道	城市入口标志	独立雕塑	抽象	100m^2	10～30	2	竞赛或征集
	深南路广告牌(5—2)	城市景观干道	城市建设公益、商品	广告牌系列	抽象	100m^2	10～30	约30面	竞赛或征集
购物公园(6)		购物休闲公园	商业、娱乐	独立雕塑或与娱乐相结合	卡通化		1～10	若干	商家自行组织
岗厦片区(7)	岗厦村入口雕塑(7—1)	旧村改造片区	牌楼	独立雕塑	具象	各80m^2	5～10	4	岗厦公司
	文氏宗祠(7—2)	旧村改造	民俗文化和村史变迁	独立雕塑	具象	2 000m^2	1～3	若干	岗厦公司
	岗厦村园林绿化公园(7-3)	旧村改造片区	文天祥	独立雕塑	具象	500m^2	4～8	1	岗厦公司
福华路商业街(8)		商业大街、地铁	商业、都市风情	独立雕塑或与地铁相结合的雕塑	抽象或具象	600m^2	2～4	10～20	招标设计
SOM步行街片区(9)		步行街、小公园	休闲娱乐、商业	雕塑、装饰或广告	抽象或具象	15 000m^2	1～2	10～20	政府、商家分摊
绿环林荫道雕塑(10)		四条林荫道	休闲、文体	街头雕塑	抽象或具象	各100m^2	10～20	8～20	委托或征集
住宅社区的雕塑(11)		住宅社区	休闲、邻里家常	独立雕塑	抽象或具象	各100m^2	1～2	10～20	发展商组织

(五)雕塑规划的实施

分期实施

雕塑规划的实施与城市建设一样是一个长期的过程，不能一蹴而就。分期实施有两层意思，一个是区分哪些需要近期建设的，哪些需要远期建设；另一层意思是区分哪些可以短期实施，哪些需要时间来逐步完成。作为艺术创作的雕塑尤其需要时间的孕育和雕琢，急功近利产生不了伟大的作品。而在这个看起来庞大系统的雕塑计划中，能有一件伟大的作品从中产生，对一个城市来说已经是值得庆贺的事了。

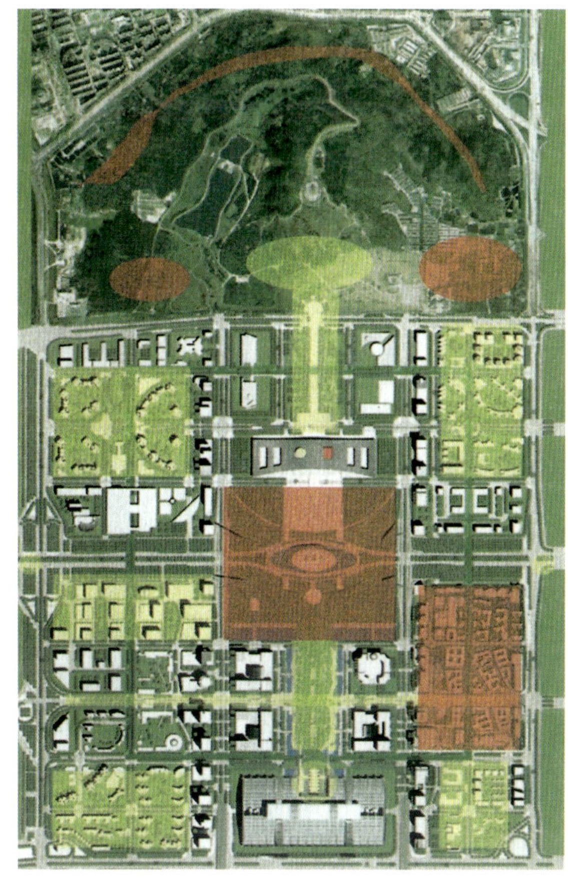

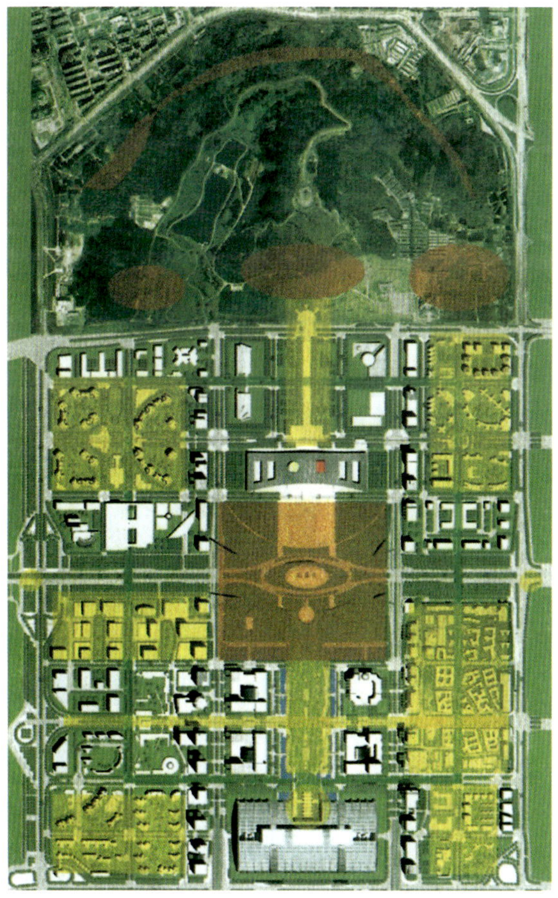

五、福华路地下商业街可行性研究

(一)项目背景及分析

1.项目背景

在1999年完成的中心区城市设计及地下空间综合规划方案中，福华路地下商业街是市中心区地下空间的重要构成部分。由于中心区开发建设步伐的加快，特别是地铁工程的开挖动工，使福华路地下商业街项目马上提上日程。深圳市中心区开发区建设办公室委托深圳市城市规划院进行此项目研究。

根据《深圳市城市总体发展规划(1996—2010)》，全市远景客运轨道网络由9条线路组成，其中广深、平南、平盐铁路已相继建成，地铁和轻轨线路有6条，合计长约150km。

1999年岁末，深圳地铁一期工程破土动工，地铁一期工程包括1号线东段和4号线南段两部分，全长19.468km，设车站18座，总投资105.85亿元。一期工程预计：2000年3月底完成全线主要工程土建招标；2002年12月底完成全线轨通；2003年3月完成全线电通；2003年6月底完成建安工程及单系统调试；2003年12月完成系统联调，全线建成开通。

位于中心区及其附近的水晶岛站、竹子林车辆站、金田站及益田站是地铁一期工程首先动工之地，地铁的动工也说明中心区大规模建设的时期已经来到，首先带动的就是中心区福华路地下商业街的开发建设。

2.地下商业街的规模与类型

地下商业街是一种包括多种城市功能的，由交通、商业及其他设施共同组成并相互依存的地下综合体。在日本，地下商业街多按其规模和形态分类。按规模分类，以建筑面积的大小和商店数量的多少，可以分为大、中、小三种类型：

大型：面积大于10 000m²，商店在100个以上；

中型：面积3 000～10 000m²，商店30～100个；

小型：面积在3 000m²以下，商店少于50个。

按形态分类，以地下街所在位置和平面形状，可以分为：

街道型：多处在城市中心区较宽阔的主干道下，平面为狭长形。这类地下商业街兼作地下步行通道的较多，也有的与过街横道结合，一般都有地铁线路通过，停车的需要量比较大；

广场型：一般位于车站前的广场下，与车站或在地下连通，或出站后再进入地下街。广场型地下商业街平面接近矩形，特点是客流量大，停车需要量大，地下街主要起人与车分流的作用；

复合型：即广场型与街道型的复合，兼有两类的特点，规模庞大，内部布置比较复杂。

根据以上分类，深圳市中心区福华路地下商业街属于大型的街道型地下商业街。

在日本，地下商业街的布局一般是中间为交通通道，两边布置商业店铺，总宽度从30m到50m不等，中间交通通道10m到15m不等，柱网的开间尺寸8m到10m，商店的经营规模100m²到300m²不等，如图1所示：

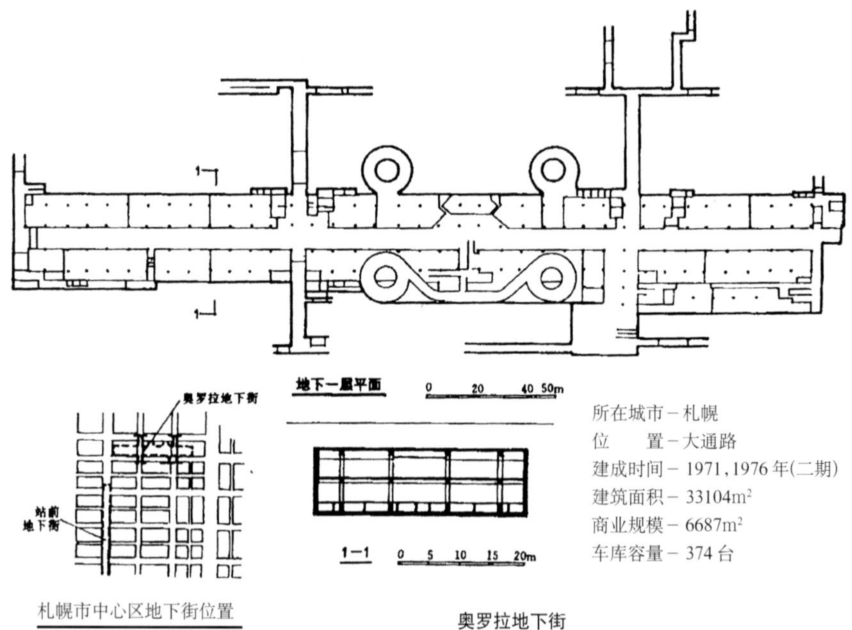

奥罗拉地下街

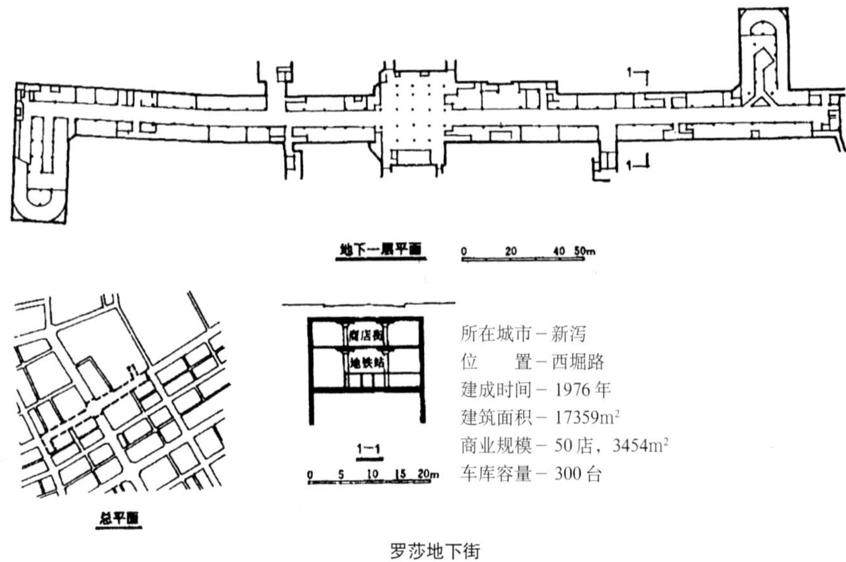

罗莎地下街

图1 日本地下街实例

根据欧博迈亚方案，深圳市中心区福华路地下商业街，全长约960m，连接两个地铁站点，总宽度为45m，交通通道和两侧商业均为15m。地下商业街建筑总面积约43 200m²，其中交通道路和其他公共设施面积约占1/2，21 600m²，商业面积约占1/2，21 600m²。

考虑到深圳市的商业习惯、地下商业街的柱网布局和投资能力，在保证地下商业街的交通功能和商业一定档次的前提下，适当调整福华路地下商业街的商业规模，可将总宽度定为39m，其中中间交通通道15m，两边的商业店铺进深为12m。建筑总面积为37 440m²，其中交通及其他公共设施面积20 160m²，商业面积17 280m²，所占比例分别为53%和47%。

深圳市中心区福华路地下商业街最终确定的方案详见本丛书第3册附录一。

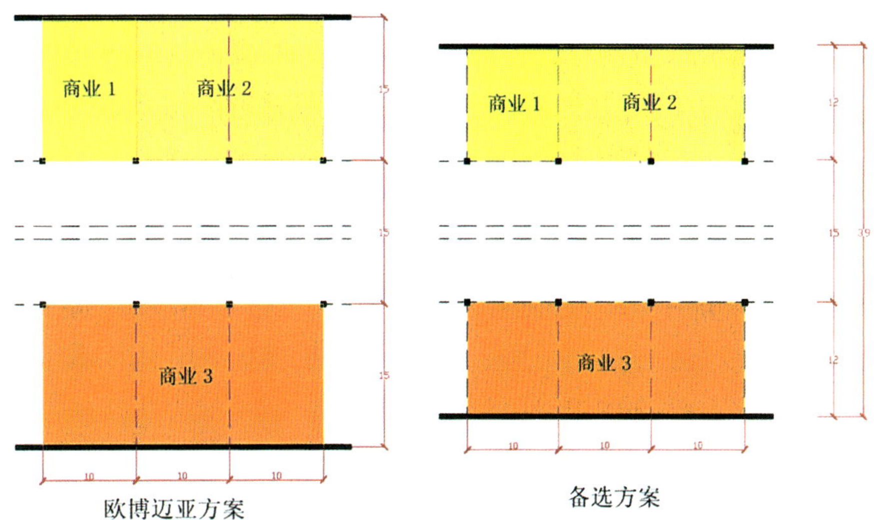

图2 商业尺度和平面组合

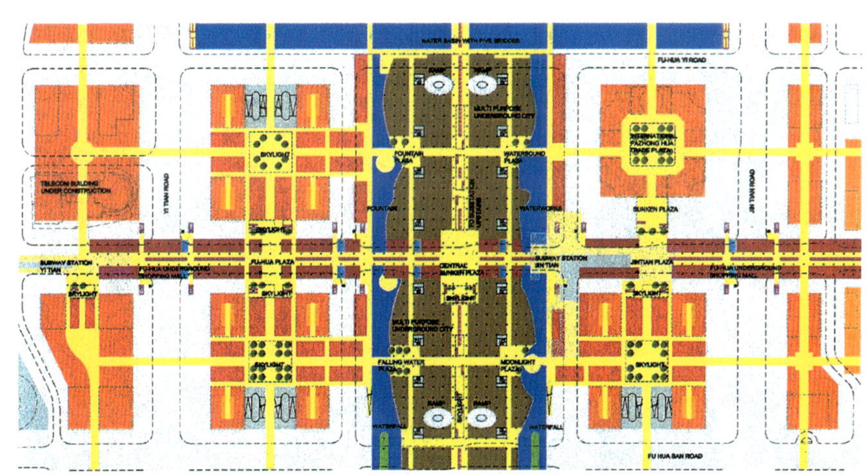

图3 福华路地下商业街平面图（欧博迈亚方案）

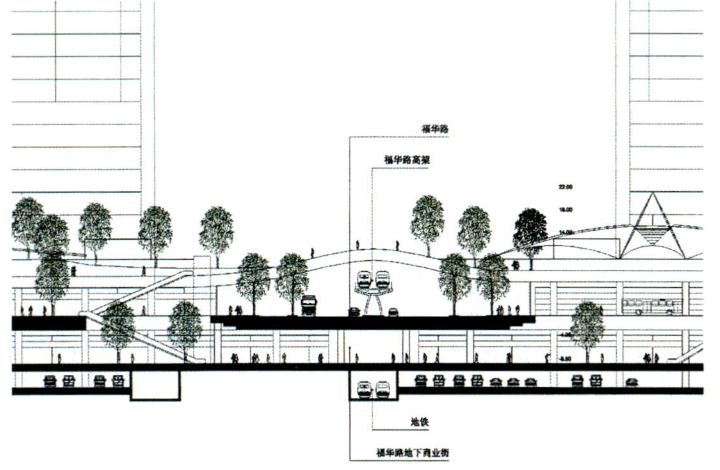

图4 福华路地下商业街横断面图（欧博迈亚方案）

3.福华路地下商业街的造价估算

地下街的开发建设与地面项目相比较，需要更多的投资。在日本，同类型同规模的公共建筑，建在地下(不含土地费)一般比在地面上高出2～4倍；如果要保持不低于地面建筑的内部环境标准，耗费的能源比在地面上要多3倍左右。日本地下街的造价(按1984年价格)约为25～90万日元/m^2，为一般地面建筑造价的3～4倍，有关这方面的比较见表1。

根据初步测算，深圳中心区福华路地下商业街的造价主要由以下几部分组成，见表2或表3，在这几部分中，土建工程、动力及照明、环控通风、给排水及消防工程、通信、电力监控、保安监控、其他运营设施和建筑、道路及交通工程、管线拆迁及恢复等属于前期的基础设施投资，投资主体是政府，投资回收期较长；装饰工程为后期运营时期的投资，投资主体是地下商业街的具体经营管理者，投资回收期较短。

表2和表3分别是欧博迈亚方案和备选方案的工程造价，两方案由于地下空间的总宽不一样，所以出现了造价上的差异。

根据欧博迈亚方案，福华路地下商业街总宽为45m，交通通道和两边的商业均为15m，总建筑面积43 200m^2，总投资40 131万元，每建筑平方米综合造价9 018元，每延米综合造价41.8万元。项目的投资分两阶段进行，政府投资第一阶段的土建工程和市政设施，投资额约36 848万元，等待商业时机成熟后，通过招标或其他形式成立管理公司，管理公司投资装修等工程，投资额约3 283万元。

在备选方案中，地下空间的总宽度为39m，交通通道为15m，两边商业布局各为12m进深，总建筑面积为37 440m^2，总投资为34 208万元，每建筑平方米综合造价9 018元，每延米综合造价35.6万元。项目的投资也分两阶段进行，政府投资第一阶段的土建工程和市政设施，投资额约31 362万元，等待商业时机成熟后，通过招标或其他形式成立管理公司，管理公司投资装修等工程，投资额约2 845万元。

地下街造价与地面建筑的比较(以地面建筑单位造价为100)　表1

	比较项目	普通地面建筑	地下街	地下街高出倍数
土建费	土方、地基	17	167	9.8
	结构	39	84	2.2
	装修	13	35	1.2
	总计	69	286	4.1
设备费	电气	12	25	2.1
	空调	14	23	1.6
	卫生	5	6	1.2
	总计	31	54	1.7
	总计	100	340	3.4

中心区福华路地下商业街欧博迈亚方案工程造价简表　表2

项　目	造价(万元)	项　目		造价(万元)
1.土建工程	23 852	6.通信、电力监控、保安监控		310
2.装饰工程	3 283	7.其他运营设施及建筑		2 581
3.动力及照明	2 808	8.道路及交通工程	道路工程	1 288
4.环控通风	3 154		交通工程	136
5.给排水及消防工程	2 069	9.管线拆迁及恢复		650
工程总投资：40 131万元 每建筑平方米综合造价：9 018元 每延米综合造价：418 031元				

中心区福华路地下商业街备选方案工程造价简表　表3

项　目	造价(万元)	项　目		造价(万元)
1.土建工程	20 067.84	6.通信、电力监控、保安监控		310
2.装饰工程	2 845.44	7.其他运营设施及建筑		2 171.52
3.动力及照明	2 433.6	8.道路及交通工程	道路工程	1 288
4.环控通风	2 733.12		交通工程	136
5.给排水及消防工程	1 572.48	9.管线拆迁及恢复		650
工程总投资：34 208万元 每建筑平方米综合造价：9 018元 每延米综合造价：356 300元				

(二)地下商业街的功能与开发价值

1.城市功能

地下商业街的开发建设不仅仅只是因为商业的需要，更重要的是其他功能的发挥，表4是日本6大城市地下街的组成情况，可以看出，在日本的地下街使用之中，交通、商店、停车场等所占比例很大。

具体来说，地下商业街的城市功能主要表现在以下几个方面：

(1)城市交通功能

地下街的城市交通功能主要表现在步行、换乘和停车方面。从地下街的基本类型和形态，我们就可以看出其在城市交通中的重要作用，地下街所在的广场均位于车站附近，街道是城市中心的主干道。这些位置都是地面交通量大、停车需要量多、行人与车辆最容易混杂的地方，也常常是地上交通与地下交通的转换枢纽，因此在这些地方建设地下街，改善交通就成为最主要的目的。从表4我们也可以看出，在日本的6大城市的地下街之中，交通功能(包括步行通道和停车场)是其主要功能。

福华路地下商业街位于深圳中心区福华路下，区间内益田、金田两个地铁站点，其中金田为地铁1号线和4号线的换乘枢纽，而且地下商业街与周边其他建筑或道路通过地下空间连接，交通功能十分突出。

(2)商业功能

地下街的商业面积虽然不大，在整个城市商业中所占比重也很小，但其商业布局集中，在城市商业体系中起着有益的补充作用，是地下街中经济效益最高的部分，社会效益也很显著。

地下商业街对广大消费者具有很强的吸引力，因为那里方便，舒适，特别是不受气候条件的影响，炎热的夏天或雨天顾客更多。

在日本，地下街中的商业是一种中小型零售商店和中低档餐饮店的集合体，采用商业街的布置形式，不同于大型百货商店的地下商场，经营方式以分散租赁为主。

(3)改善城市环境功能

城市是一个大环境，空气、阳光、绿地、水面、气候、交通、人口、建筑等都会对城市环境质量的高低发生影响。地下商业街的建设虽然并不涉及到以上所有因素，但是由于地下街的建设，能够使城市面貌

日本6大城市地下街的组成情况 表4

单位：m²、%

城市	地下街	公共通道		商店		停车场		机房等	
	总面积	面积	比例	面积	比例	面积	比例	面积	比例
东京	223 082	45 116	20.2	48 308	21.6	91 523	41.1	38 135	17.1
横滨	89 622	20 047	22.4	26 938	30.1	34 684	38.6	7 993	8.9
名古屋	168 968	46 979	27.8	46 013	27.2	44 961	26.6	31 015	18.4
大阪	95 798	36 075	37.7	42 135	43.9	—	0	17 588	18.4
神户	34 252	9 650	28.1	13 867	40.5	—	0	10 735	31.4
京都	21 038	10 520	50.0	8 292	39.4	—	0	2 226	10.6

日本阿捷利亚地下街内公共步道

名古屋中央公园地下街内景

发生很大的改观：地面上的人车分流，减少路边停车，增加绿地，改善小气候，控制容积率等，对改善城市环境的综合影响是相当明显的。

(4)防灾功能

从地下空间的防灾特性看，与地面空间相比，具有对多种城市灾害的防护能力强的优势；在相连通的地下空间，机动性较强，有利于长时间的抗灾救灾。地下空间在城市综合防灾中的主要作用是抗御在地面上难以防护的灾害，例如核武器的袭击，在地面上受到严重破坏后保存城市功能和灾后恢复能力，同时与地面上的防灾空间(例如广场、空地等)相配合，为居民提供安全的避难场所。

2.开发价值

地下空间在自然状态下只具有潜在的价值，经开发形成空间后，就具有一定的使用价值，主要表现在使用后所能创造的效益。地下空间的开发利用效益主要体现在经济效益和社会效益两个方面：营利性的商业空间所带来的是经济效益，地下交通设施、地下公用设施的开发所带来的主要是社会效益。

(1)经济效益

地下商业街的开发建设的经济效益主要通过提高土地使用价值和获取投资收益两个方面体现出来：

提高土地使用价值

城市土地是一种使用价值很高的资源，特别是城市中心地区，更是寸土寸金，土地价格十分昂贵。无疑，对土地的立体开发，能够大大提高土地的利用价值。在深圳，中心区福华路地下商业街的开发建设与地铁工程一样，标志着地下空间商业利用的开始。由于人们商业利用土地的领域发生了巨大变化，由地表平面利用进入了地上地下立体利用阶段，能够大大地提高城市土地的使用价值，增强中心区的经济效益。

获取投资收益

虽然日本地下街的开发建设造价高，投资大，但日本地下街一般是赢利的，收入主要为营业收入、租金和广告收入；支出主要为电费、煤气费、修缮费、清扫费、为占用道路(地下)而付的租金、固定资产税、建筑物和设备的折旧费等。以大阪地下街株式会社为例，1973年以前营业额不超过15亿日元，年利润在2 000万日元，1979年营业额达到45亿日元，年利润1.28亿日元，以后年利润一直保持在0.7～1亿日元。

深圳市中心区福华路地下商业街既是商业开发项目，也具有市政公共建筑性质，其投资可以由政府与企业共同完成。其中企业投资可在较短时期内回收，政府投资也可通过出让或租赁等方式回收投资，带来较好的经济效益。

(2)社会效益

中心区福华路地下商业街的开发建设在提供较大规模的商业面积的同时，还在就业、交通、人防以及改善社区环境等方面发挥积极的作用，带来巨大的社会效益。

首先，中心区福华路地下商业街作为地铁的一个配套项目，不仅具有商业的功能，而且在人流疏散方面也能够发挥积极的作用，起着交通过道的作用，缓解福华路的地面交通压力。

其次，地下商业街的性质和规模能够解决一定人口的就业。根据我们的测算，中心区福华路地下商业街的商业营业面积大约在17 280m^{2}左右，大约可以安置3 000人左右就业。

(3)推动中心区的建设

通过罗湖商业中心与中心区南片区的规划建设情况(见表5)的比较，可以发现，中心区南片区主要功能是商务办公、商业服务，而罗湖商业中心的住宅与酒店建筑面积大得多。因此，从居住条件看，中心区更具有优良的商务、商业环境。

中心区的开发是深圳市城市建设中十分重要的一步，经过这么多年的建设开发，中心区已经建成一些住宅小区和市政工程，随着一些项目的逐渐动工、完成，中心区的建设步伐日益加快。

在目前中心区的建设项目之中，地铁的开挖具有举足轻重的作用。通过地铁的建设能够带动中心区其他一些项目的建设，如地下商业街、地铁站点、办公、商业工程等，不断完善中心区的功能，创造良好的工作、居住、生活环境，促进中心区的开发建设。

东京新宿东口地下街的商场式营业厅

名古屋叶斯卡地下街的街道式布置

捷利亚地下街的“阳光广场”

罗湖商业中心与中心区南片区规划建设情况 表5

	罗湖商业中心	中心区南片区
面积(hm^2)	200	233
规划人口(万人)	6.0	7.7
商业建筑面积(万m^2)	76.83	85.07
办公建筑面积(万m^2)	162.33	267.15
旅馆酒店建筑面积(万m^2)	79.5	35.1
住宅(万m^2)	166.55	91.08

（三）地下商业街的商业定位与开发方式

1.商业定位

地下商业街由于其区位的特殊性，在商业定位上也有所局限。在日本，地下街的商店多为中小型，所经营的都是与城市居民日常生活密切相关的商品，与地面上的大型、高档商店形成互补。从商业的种类来看，主要有服装、鞋帽、化妆品、杂货、食品和饮食等几大类。

深圳中心区是未来深圳重要的商务办公、商业经营之地，根据规划，未来中心区的居住人口大约为7.7万人，从业人员约为26万人，在中心区的周边还开发大量的住宅小区，人口规模大、居住配套。从中心区福华路地下商业街的商业定位来看，考虑到其重要的交通地位，其服务对象主要是中心区和周边的就业及居住人口，也有一部分观光旅游人员。从经营的内容来看，主要是一些与日常生活密切相关的商品，单个商店的规模不大。

从经营方式方面，中心区福华路地下商业街不能布置得像大型百货商业一样，商店的经营与租赁类似于商业步行街，由多个规模小、商品品种单一的店铺组成，经营者主要以个体经营为主，可能会有一些连锁店的加入。在地下商业街的管理上，可以委托一家大型的管理机构或成立专门的管理公司，一方面维护地下商业街的秩序，另一方面协调经营者之间、商家与顾客之间的矛盾。

2.开发方式

从目前深圳市中心区的建设来看，地下商业街的开发建设主要是由于地铁工程的施工，实际上由于周边环境的欠缺，还不具备开发建设条件。考虑到中心区福华路地下商业街投资规模巨大，而且目前经济效益还不明显，因此在投资开发方式上，采取政府投资与企业投资相结合，分期投资的方式具有一定的可行性。

政府投资主要是结合地铁工程，完成相应的土建工程和市政设施，后期的装修和管理则由企业来进行，政府以参股或出让的方式收回投资。

（四）地下商业街工程投资估算

1.概况

中心区福华路地下商业街全长960m，中间步行道宽15m，两侧商场各宽15m，总建筑面积44 500m²，净面积43 200m²。为地下一层结构，该工程包括土建工程、装饰工程、动力及照明、环控通风、给排水及消防工程、自动扶梯、道路及绿化恢复工程、管线拆迁及恢复等。（以下投资额是由深圳市市政工程设计院根据欧博迈亚方案编制的估算）

2.投资造价

2.1 土建工程（主体结构、基坑支护、土石方）

（1）综合单价：5 360元/m²

（2）总价：23 852万元

2.2 装饰工程

（1）综合单价：760元/m²

（2）总价：3 283万元

2.3 动力及照明

（1）综合单价：650元/m²

（2）总价：2 808万元

2.4 环控通风

（1）综合单价：730元/m²

（2）总价：3 154万元

2.5 给排水及消防工程（消防含监控、防灾设施）

（1）综合单价：420元/m²

（2）总价：2 069万元

2.6 通信、电力监控、保安监控

总价：310万元

2.7 其他运营设施及建筑（出入口、自动扶梯等）

（1）综合单价：580元/m²

（2）总价：2 581万元

2.8 道路及交通工程

（1）道路工程

①绿化：100元/m²，总价12 000×100=120万元

②机动车道：2 400m²×350元/m²=840万元

③非机动车道：10 000m²×280元/m²=280万元

④人行道：4 000m²×120元/m²=48万元

道路工程合计：1 288万元

（2）交通工程

①标志系统：综合单价19.3元/m²

②城市信息标志系统：250 000元/套×2=50万元

③总价：136万元

（3）道路及交通工程总价：1 424万元

2.9 管线拆迁及恢复：

管线拆迁及恢复：650万元

3.工程总投资

3.1 地下街总投资38 057万元

3.2 道路、交通工程及管线拆迁恢复2 074万元

3.3 工程总投资为40 131万元

4.分项指标

4.1 地下街（不含道路及管线工程，含装修工程）

（1）每建筑平方米综合单价：8 552元

（2）每延米综合单价：396 427元

4.2 总投资分项指标

（1）每建筑平方米综合单价：9 018元

（2）每延米综合单价：418 031元

注：地铁方面已将地铁站和区间地下一层的土建、动力与照明、暖通考虑在地铁造价中，本估算未扣除。

（注：中心区福华路地下商业街设计方案详见本丛书第三册《深圳市中心区城市设计及地下空间综合规划国际咨询》附录一）

六、中心广场及南中轴线建筑方案设计前期研究

(一)设计分析与构思

1.项目背景与任务

随着北片区市民中心等五大重点文化建筑将在三年内相继建成，以及会展中心重新选址在中心区南片区，给中心区全面开发提供了新的契机。作为中心区的核心与基本骨架，中心广场和南中轴线建设方案的研究与确定已迫在眉睫。

2000年6月深圳市规划国土局中心区建设办公室委托市规划院编制“深圳市中心区中心广场及南中轴线建筑方案设计前期”(注:本项目的设计研究内容与深度为中心广场及南中轴城市设计)。

设计工作主要分为两个部分：分析研究和概念方案设计。分析研究部分主要探讨、确定中心广场、南中轴线以及相关内容的基本框架、原则；概念设计方案一方面是落实、细化、验证分析研究的结论，另一方面为下一阶段的建筑设计和环境设计奠定基础。

2000年10月8日向规划国土局汇报整体方案草案。

2000年10月27日第一次专家研讨会(纪要附后)。

2000年11月4日第二次专家研讨会。

2000年11月22日至27日，赴北京、南京就本次城市设计方案向吴良镛、周干峙、齐康三位院士咨询意见(意见附后)。

2001年2月23日深圳市规划委员会建筑与环境委员会原则通过《深圳市中心区中心广场及南中轴线城市设计》的汇报。

在设计工作展开期间，中间成果以每周例会的形式向市中心区建设办公室汇报。

本次设计的主要任务是：梳理、综合已有的设计成果，结合中心区开发建设的实际需求，形成具有可操作性的城市设计整体框架和基本原则，为规划管理提供技术支撑，为开发建设提供技术指导，为单体建筑设计和环境设计提供技术指引。

主要包括以下几个方面的内容：

(1)空间格局 (2)道路交通 (3)南北衔接 (4)视线与空间域 (5)绿化系统 (6)活动安排 (7)建筑功能 (8)水系

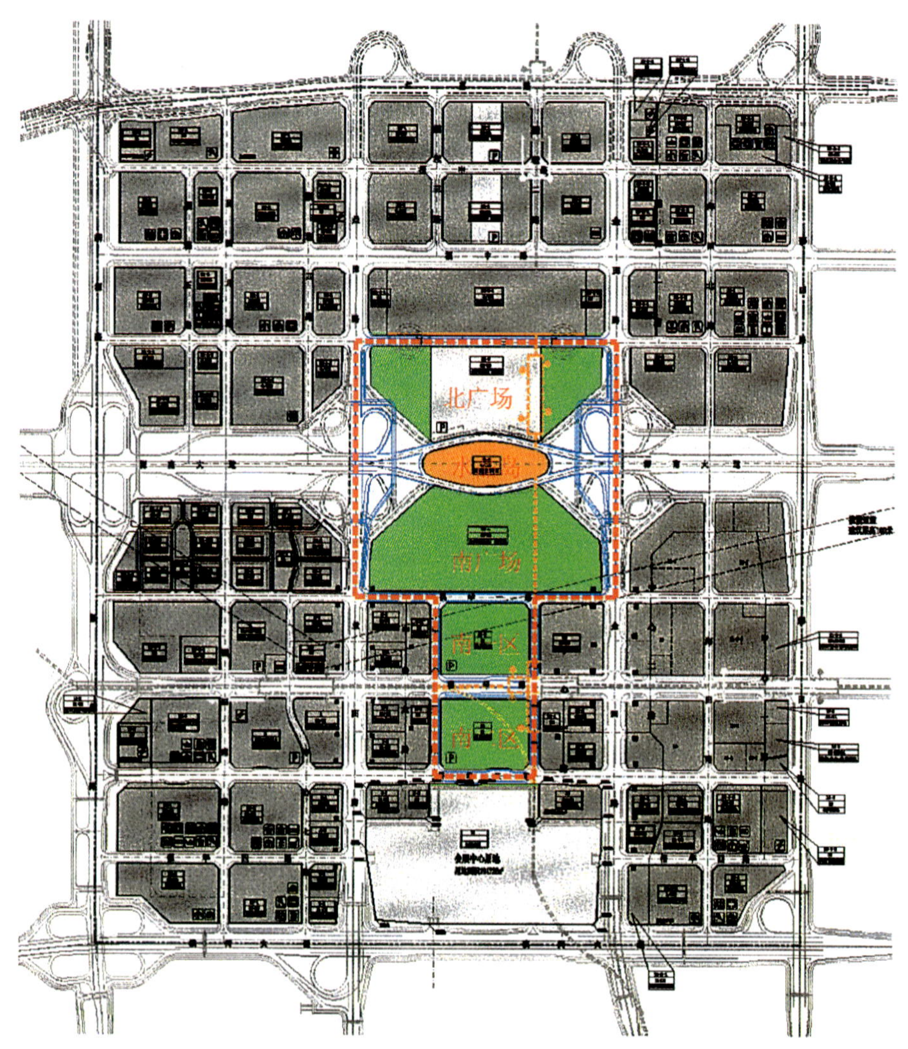

规划范围

2.历年主要城市设计方案

为适应于不同建设阶段的要求，深圳中心区进行了不同层面的城市设计工作，其中对中轴线的开发建设提出过多种方案，关于空间格局、道路交通、南北衔接等方面的内容有不同的处理思路和方法。其中，德国欧博迈亚公司1999年的优选修改方案是本次设计的主要依据。此外，北中轴线已按1998年日本黑川纪章建筑与都市设计事务所设计方案进行了建筑的初步设计。

以下列举历次城市设计咨询(竞标)中有些观点被采纳的城市设计成果的主要内容。

1994年深圳城市规划设计研究院城市设计方案

方案主要相关内容：

(1)方案有明确的南、北中轴线。

(2)中轴线以一系列的广场及配套设施为主，在南、北分别结合商业和行政、文化功能。

(3)中心广场以建筑围合空间。

(4)中心广场分为南、北广场，功能不同。

(5)未考虑南、北广场跨越深南大道的直接衔接。

(6)中轴线人流、车流的组织均采用地面系统，未作竖向分层。

1996年招标美国李名仪／廷丘勒建筑师事务所城市设计方案

方案主要相关内容：

(1)中轴线较原有方案强化，明确约200m宽的中央绿化带。

(2)首次提出“水晶岛”的概念。

(3)中心广场首次明确为四条城市道路围合的约600m × 600m范围。

(4)南、北广场通过下穿水晶岛的形式跨越深南大道。

(5)中轴线采用了复合绿化的形式，屋顶绿化下安排公共停车场。

(6)中轴线人流、车流的组织作竖向分层，人行结合屋顶绿化形成二层人行系统。

1996年法国方案

方案主要相关内容：

(1)强调南、北中轴线整体效果。

(2)通过建筑布局划分中心广场，周边为绿化，广场尺度适当缩小。

(3)中心广场核心安排建筑功能，为市民提供了一个有活力的城市中心。

(4)以建筑围合中心广场。

(5)中轴线人流、车流的组织作竖向分层，采用二层人行系统。

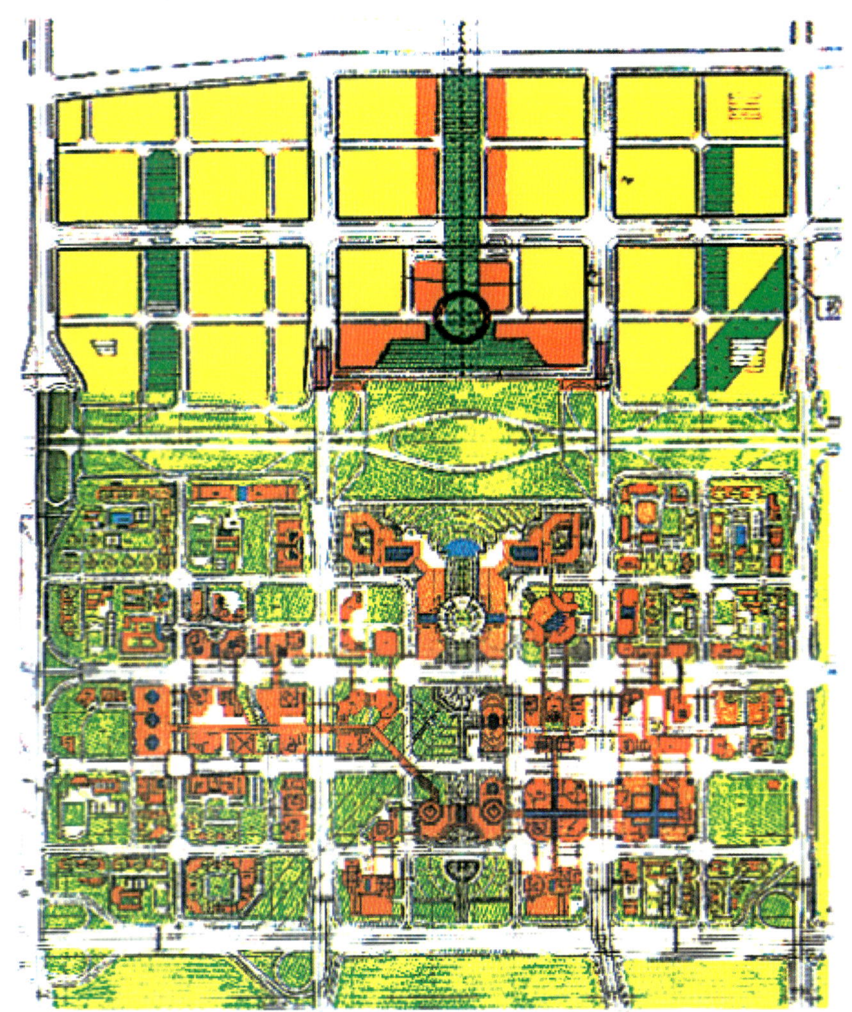

1994年深圳城市规划设计研究院城市设计方案(南片区)

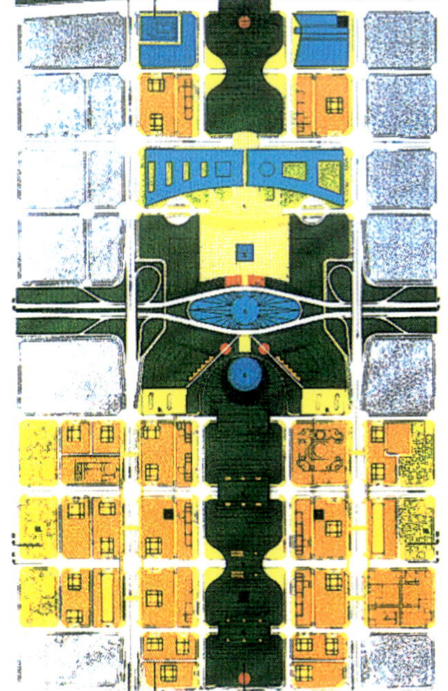

1996年美国李名仪／廷丘勒建筑师事务所城市设计方案

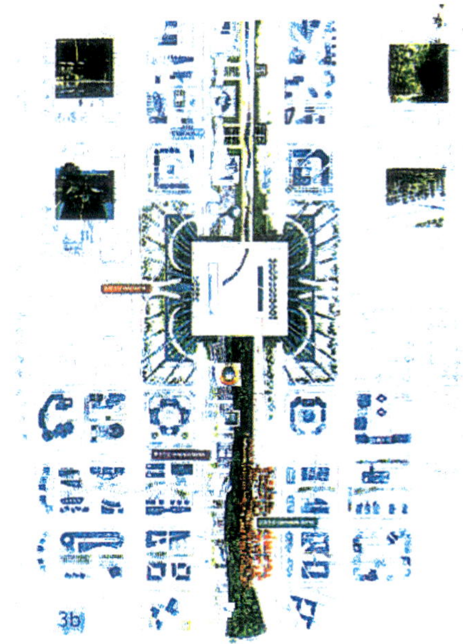

1996年法国建筑与城市规划设计公司方案

1998年黑川纪章方案

方案主要相关内容：

该方案是在李名仪／廷丘勒建筑师事务所方案基础上进行完善、调整和深化形成的。

(1)南、北广场主要通过下穿水晶岛的形式跨越深南大道。

(2)增加了两座联系南、北广场人行天桥。

(3)中轴线沿用了复合绿化的形式，建筑功能增加了生态、信息等方面的内容。

(4)北中轴线已按该方案进行了建筑初步设计。

1999年日本设计方案

方案主要相关内容：

(1)中轴线采用二层人行通道的形式实现人车分流。

(2)中心广场绿化安排在地面层。

1999年SOM方案

方案主要相关内容：

(1)深南大道下穿，中心广场段的人流在地面层。

(2)中心广场四个角安排公共建筑，缩小广场尺度并起到限定作用。

(3)中心广场通过道路系统划分空间、组织交通。

1998年日本黑川纪章建筑与都市设计事务所设计方案

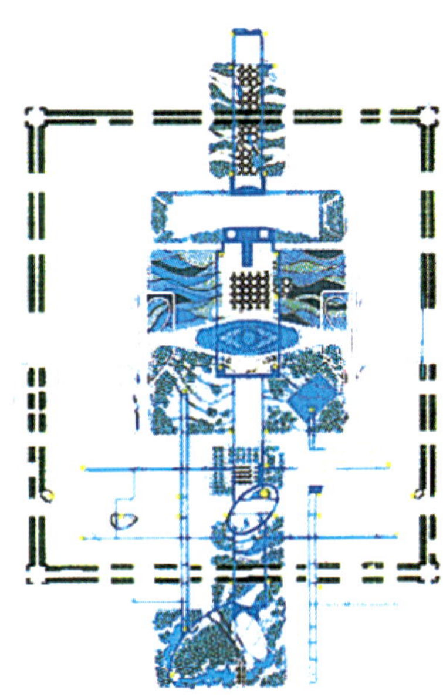

1999年日本设计公司设计方案

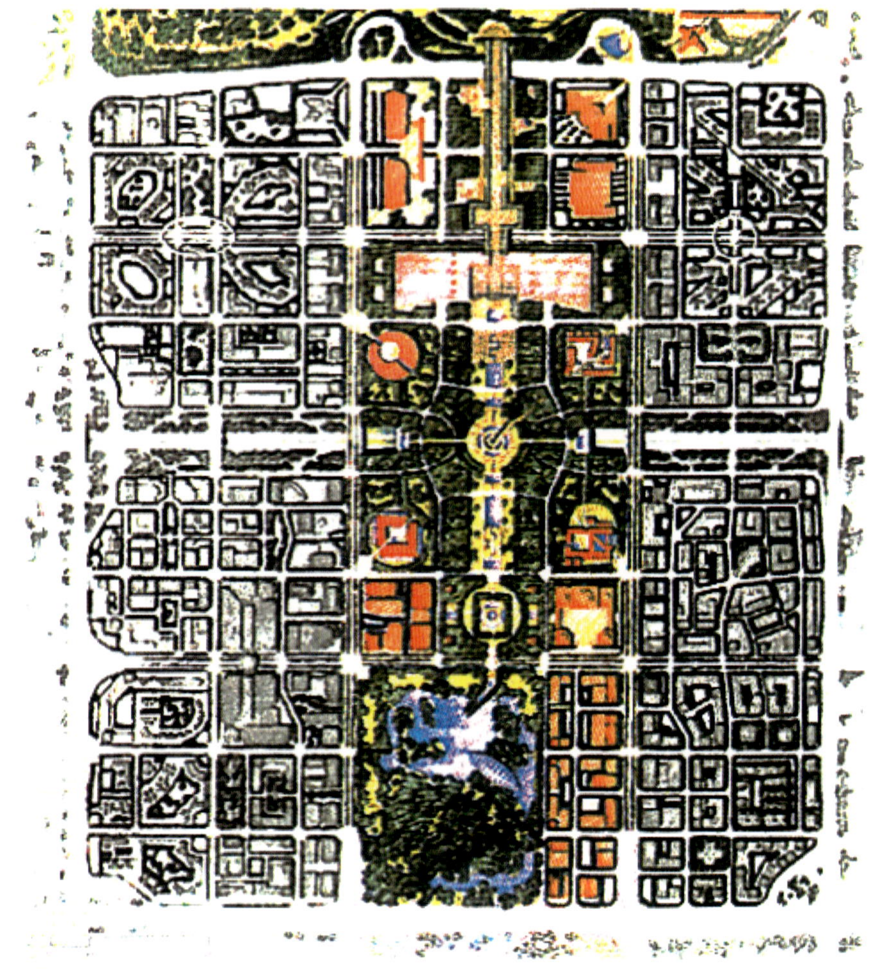

1999年美国SOM公司设计方案

1999年德国欧博迈亚方案

该方案是1999年城市设计国际咨询的优选方案。

(1)深南大道下穿,中心广场段的人流在地面层。

(2)中心广场是一个纯净的绿化人行广场。

(3)中心广场通过道路系统划分空间、组织交通。

(4)引入"水系"的概念。

(5)中轴线沿用复合绿化的形式,建筑功能为商业服务、公共停车、公交站点等内容。

(6)中轴线两侧高层建筑形成"双龙飞舞"的整体效果。

(7)连接三个地铁站形成福华路地下街。

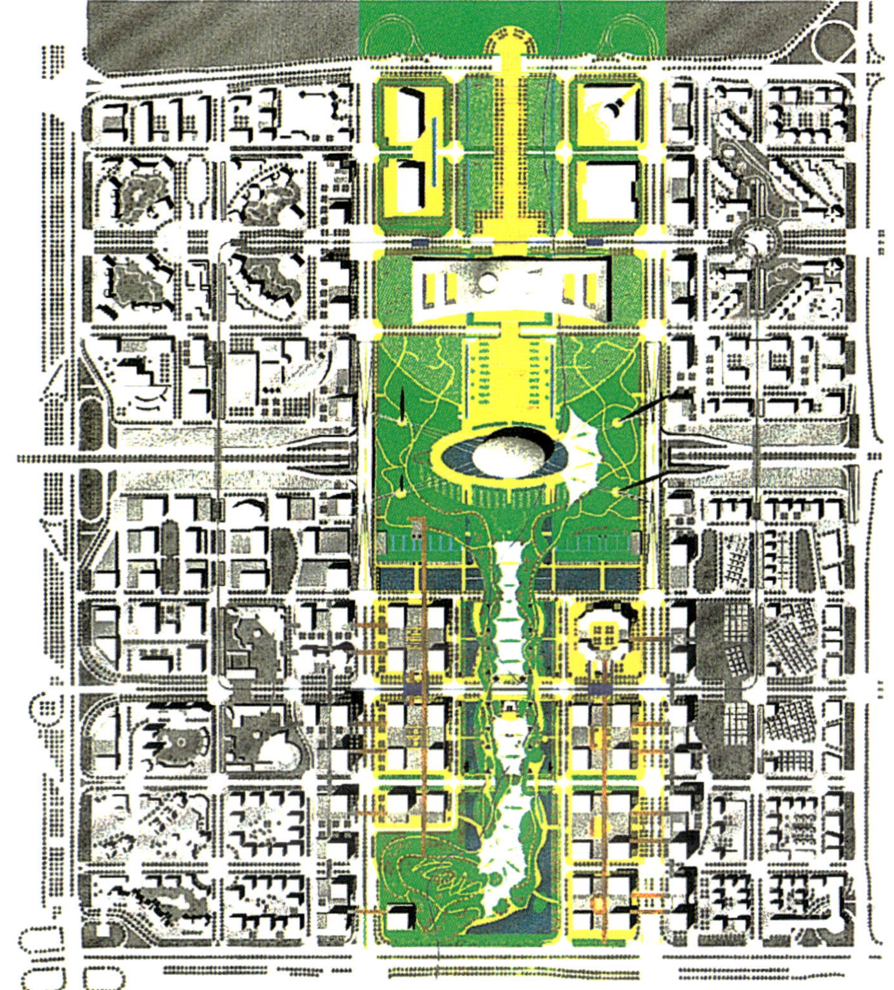

1999年德国欧博迈亚公司设计方案

3.中心广场的基本模式比较分析

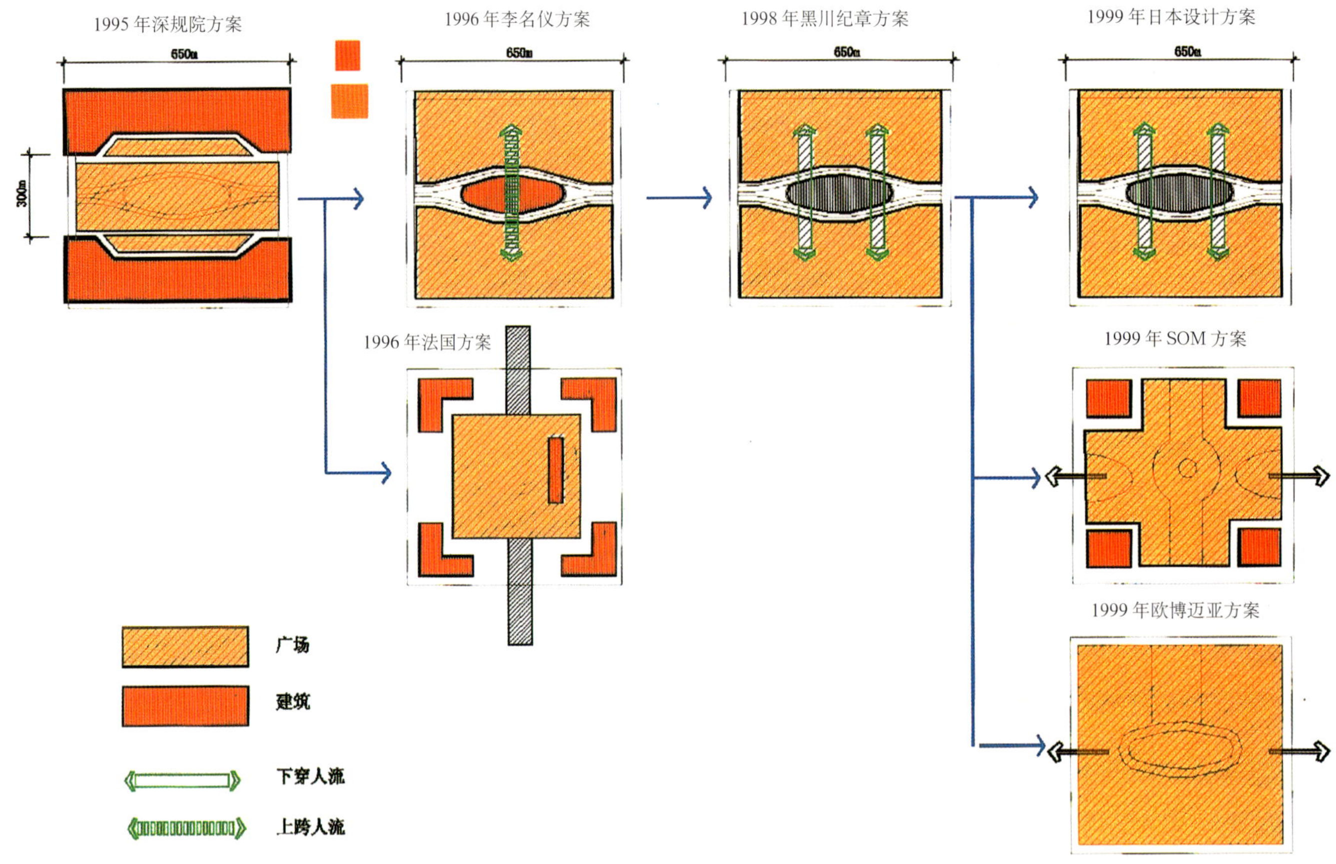

4.原市民广场及山园、水园设计解析

(1)市民广场竖向突出物分布图

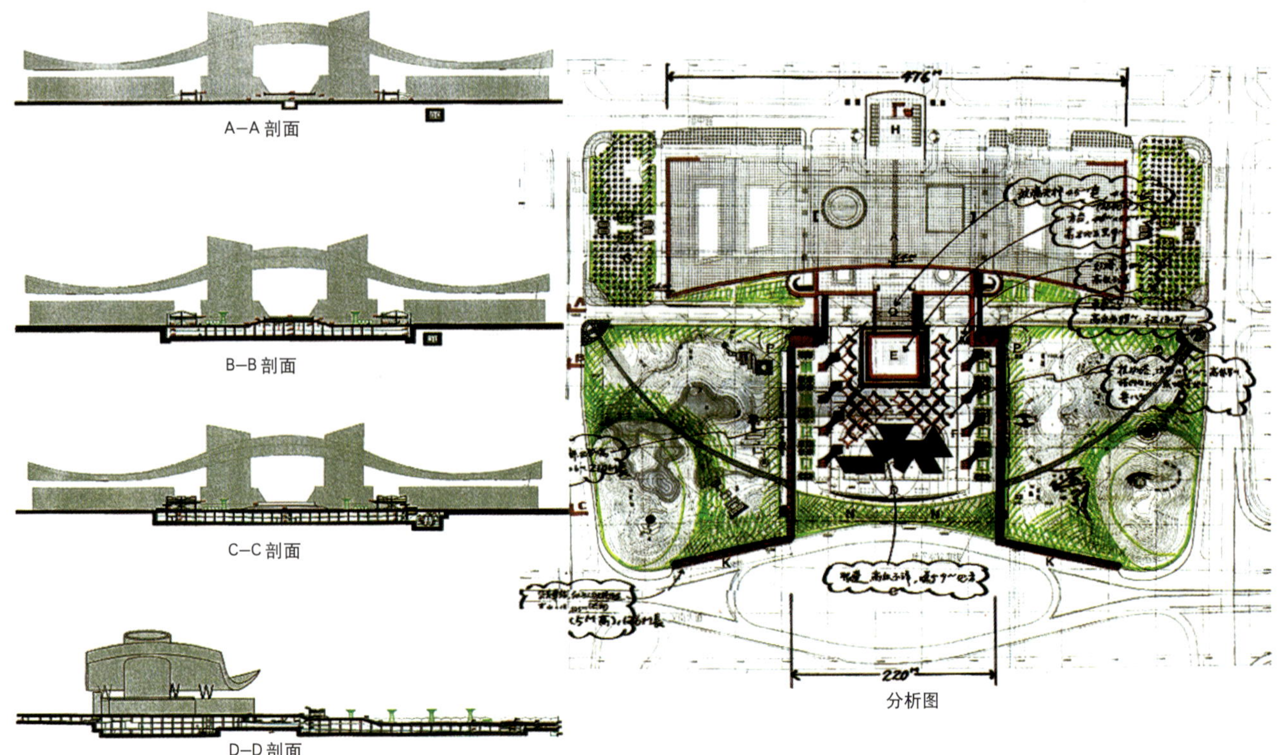

分析图

(2)空间布局和透视效果

A 点透视

B 点透视

C 点透视

D 点透视

注：通过中心区城市仿真系统模拟分析广场设计与市民中心之间的景观尺度关系

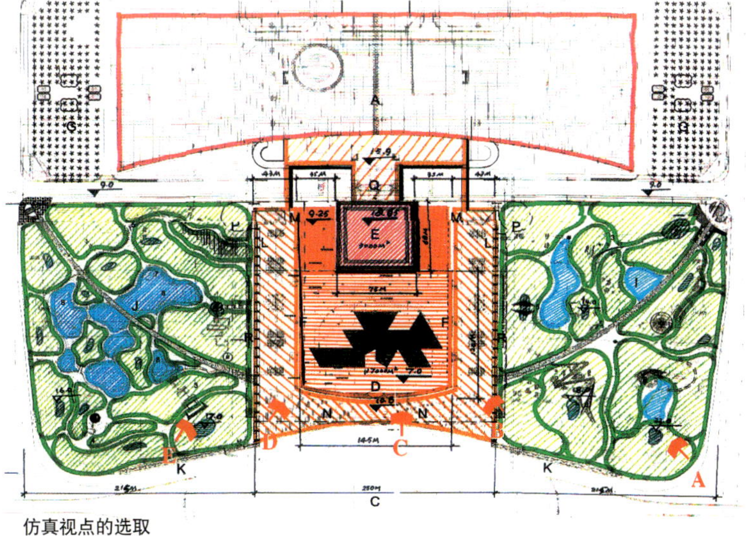

仿真视点的选取

(3)广场平台功能分析

当举行游行庆典时：

①游行队伍须下穿过两座人行天桥，行进路线曲折，并且彩车的高度受到限制。

②主席台或观礼台所处的位置四面临空，环顾四方时缺少安全感。

参考结论：由于天桥的设置和平台的外伸，使得游行庆典活动难于在广场中进行。

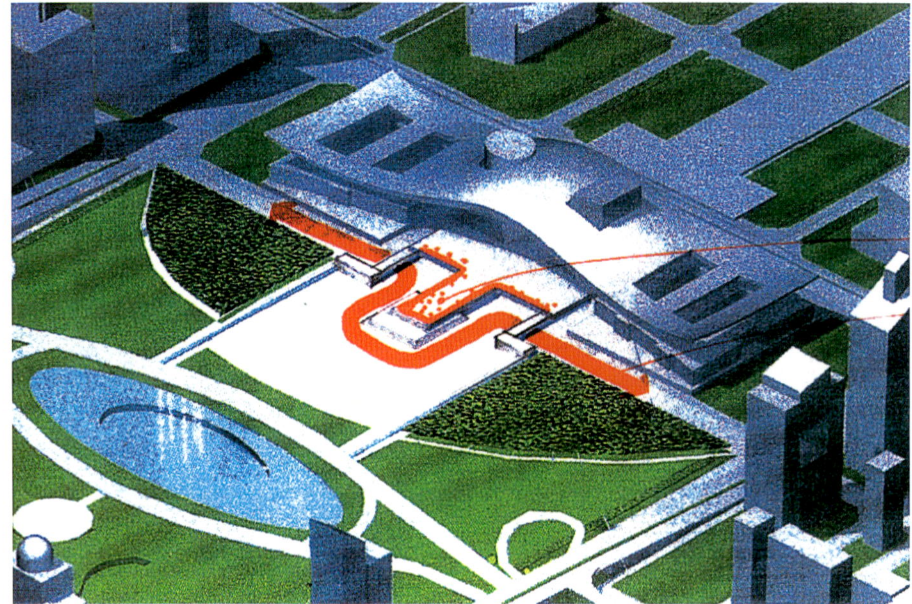

当举行集会活动时：

由于平台突出地面3.9m，并且平台巨大(48m × 55m)，当平台用作舞台或主席台时，集会群众不易看清台上的活动。

舞台或主席台可高出地面，但不宜高于3.9m，通常仅为1.0～2.0m。

参考结论：由于平台过高，故其不宜用作集会时的主席台或舞台。

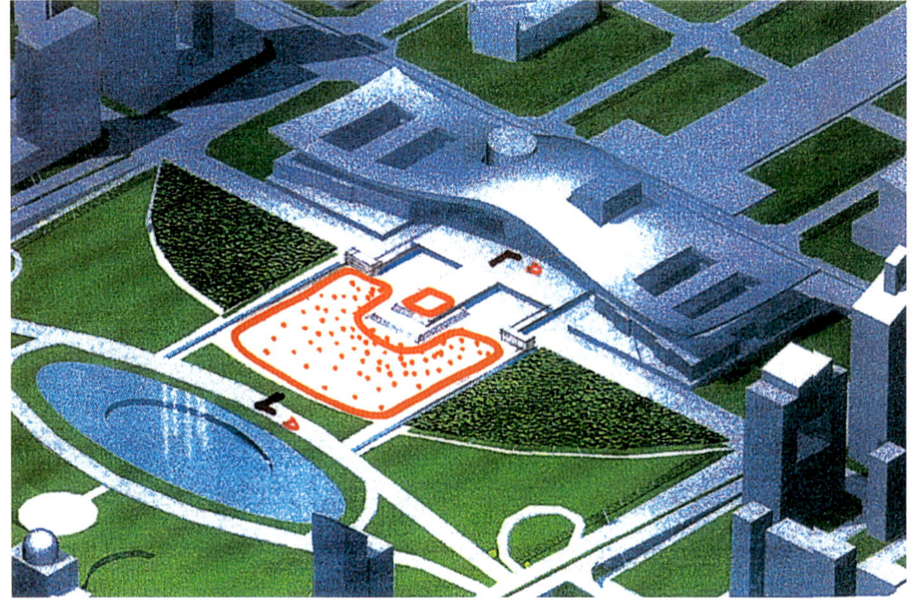

(4)市民广场及山园、水园人流分布与组织

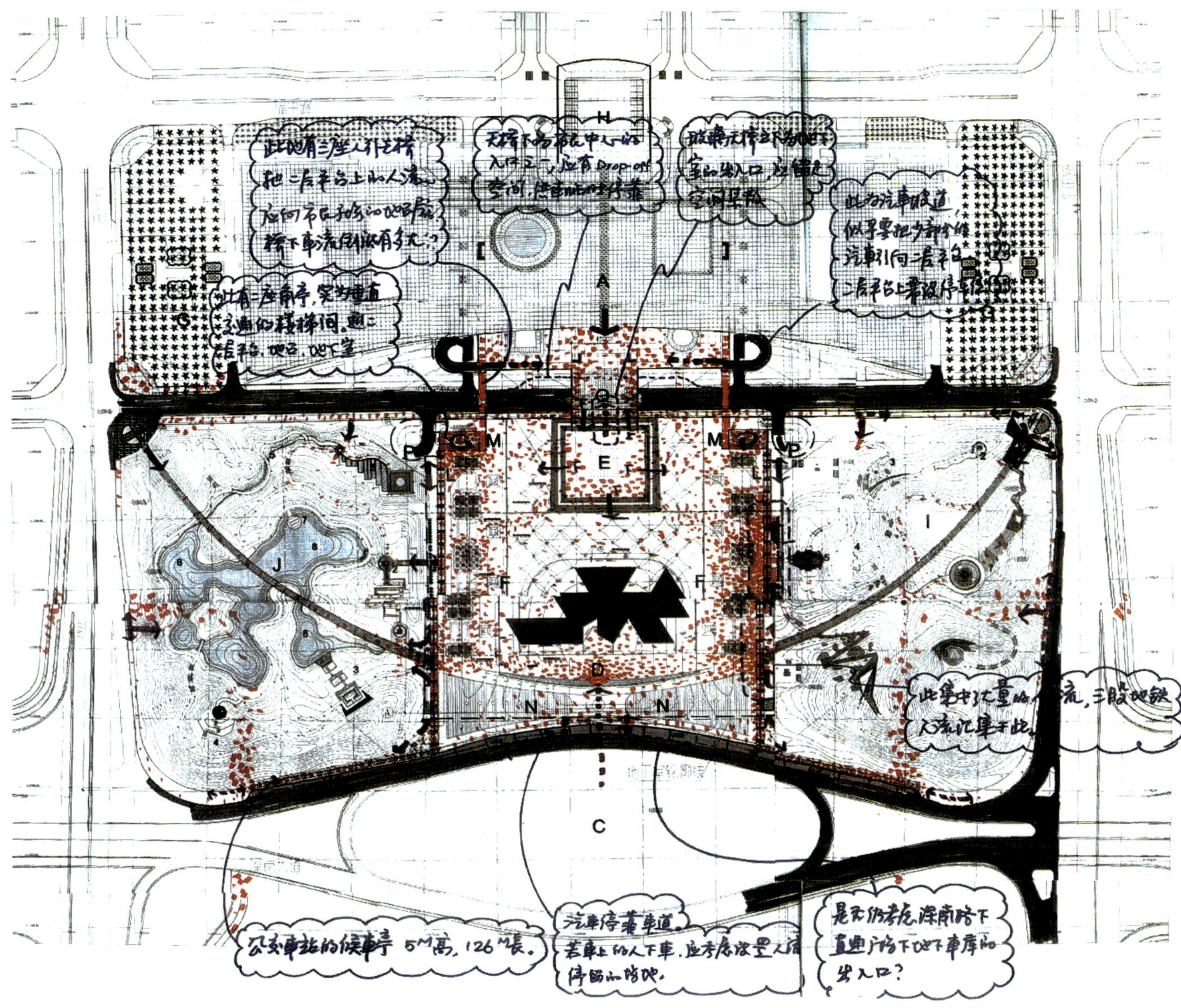

分析图

(5)市民中心、市民广场和园林绿地三者关系。

问题分析：

①应付大场面或突发事件的准备空间不足。

②广场容量不足：面积3.2万m^2，容纳2.1万人。

根据《深圳市城市规划标准与准则》(SZB01-97)10.5.5条规定："城市游憩集会广场不应太大，市级广场每处宜为4万～10万m^2。"此处为市民中心区市民中心前广场，似乎应取上限。游憩集会广场的功能之一应是集会，故空间不应分隔，且应平坦。这简称匀质平坦空间。

①当取4万m^2时，需200m × 200m匀质平坦空间，按人口密度1.5m^2/人计算，可容纳2.67万人。

②当取10万m^2时，需316m × 316m匀质平坦空间，可容纳6.67万人。

参考结论：

①广场应在主体建筑物的跟前，并且相互联系紧密。

②广场与两侧园林绿地应自然过渡，无明显的分隔物。

③两侧山园绿地应成为广场的一部分，地面介质应平坦匀质，并作为广场的备用空间。

④适当扩大广场的空间，容纳更多的人，达到4万m^2至10万m^2。

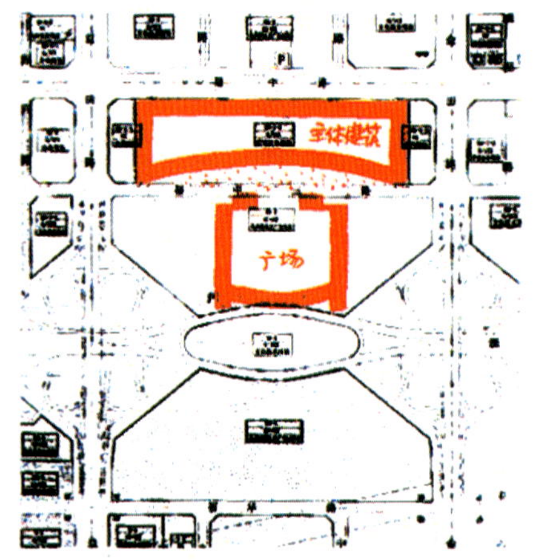

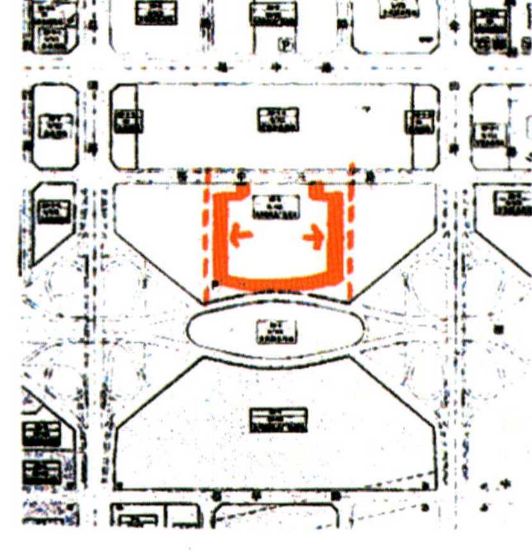

附属广场与主体建筑

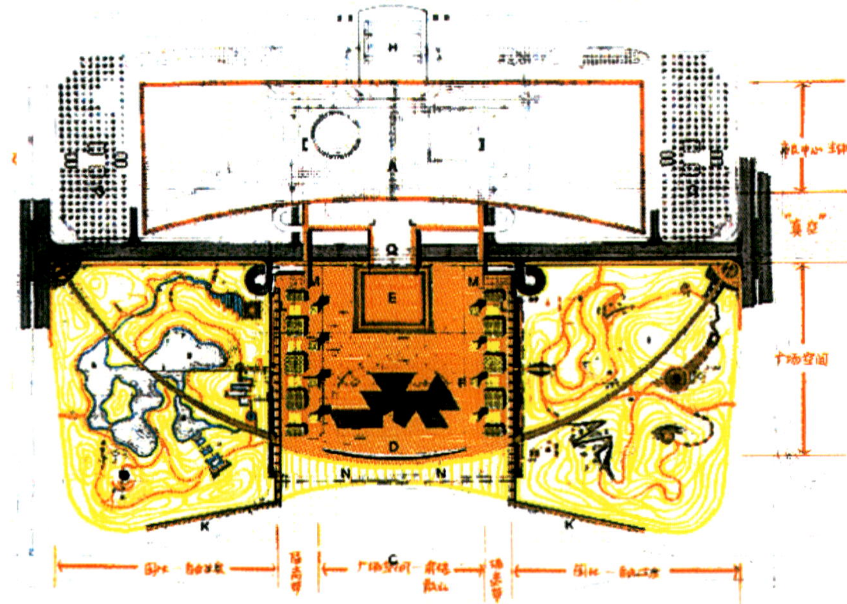

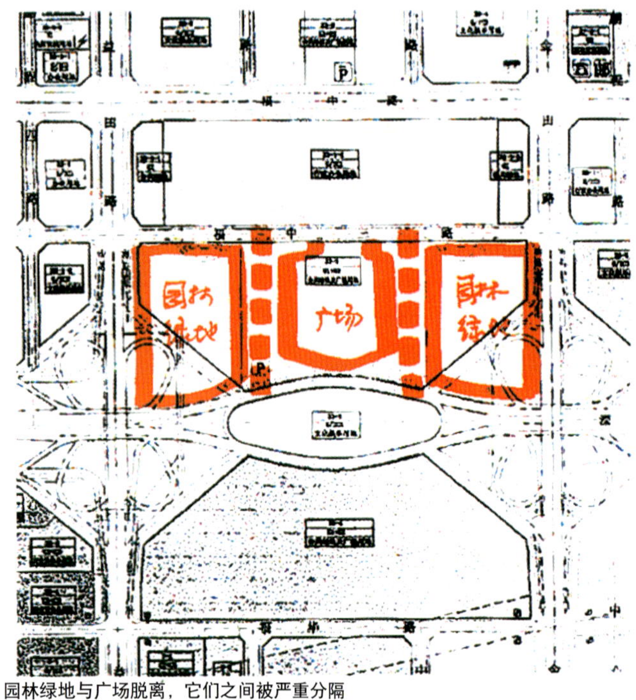

园林绿地与广场脱离，它们之间被严重分隔

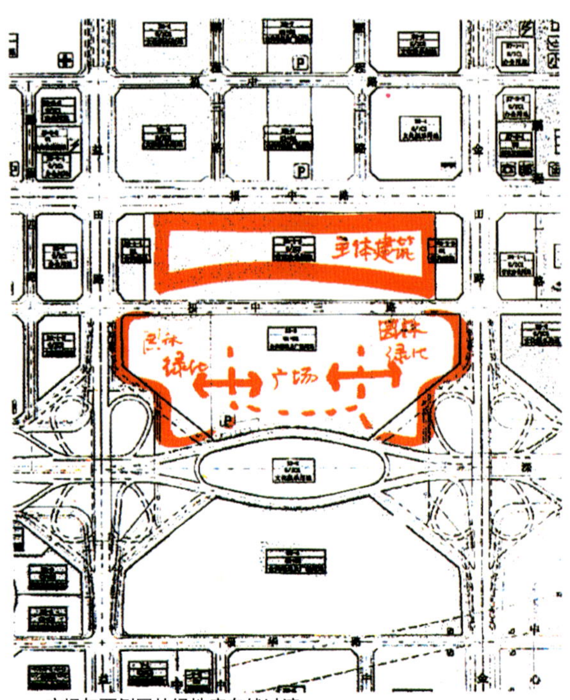

广场与两侧园林绿地应自然过渡

5.研究设计中间成果

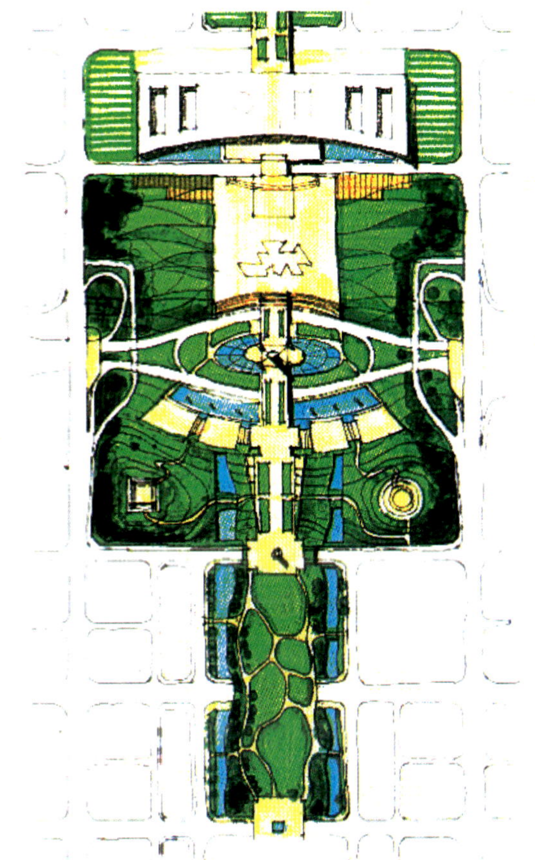
概念方案一(人行上跨通过深南路)

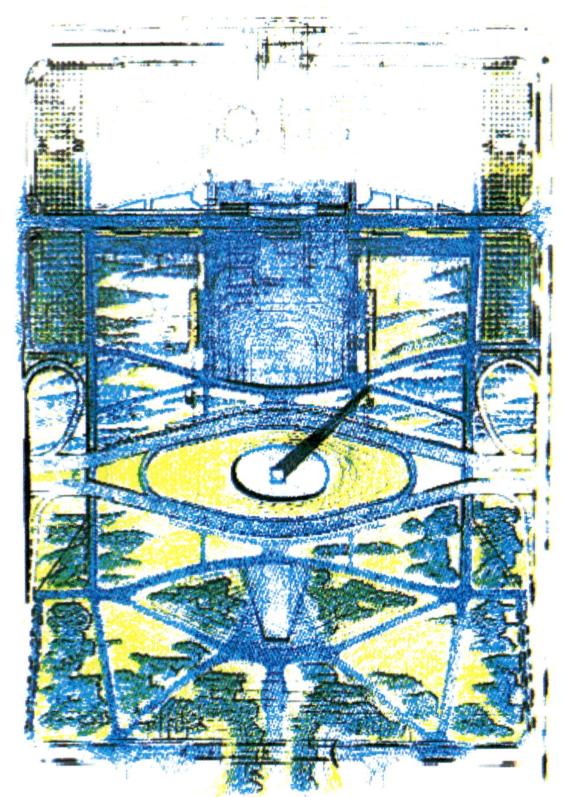
概念方案二(人行下穿通过深南路)

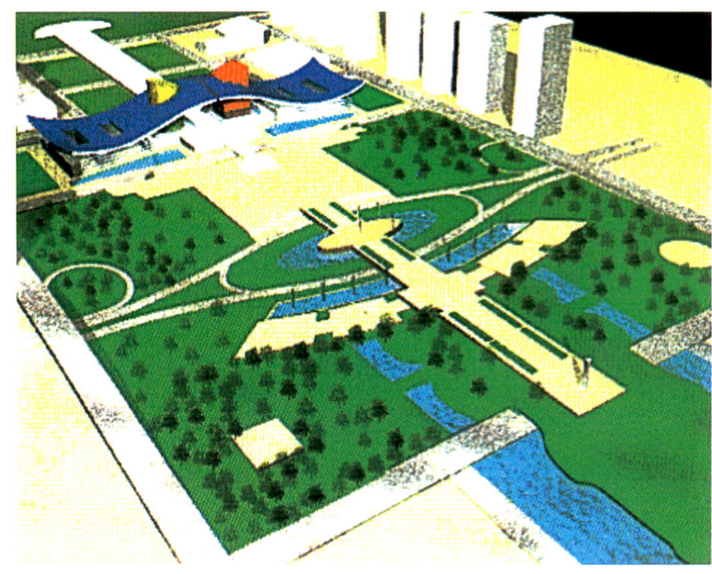
概念方案一(人行上跨通过深南路)

概念方案三(人行下穿通过深南路)

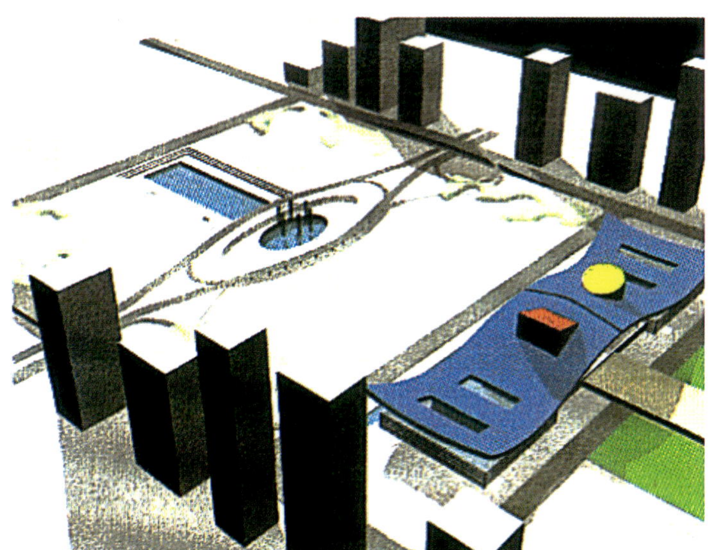
概念方案三(人行下穿通过深南路)

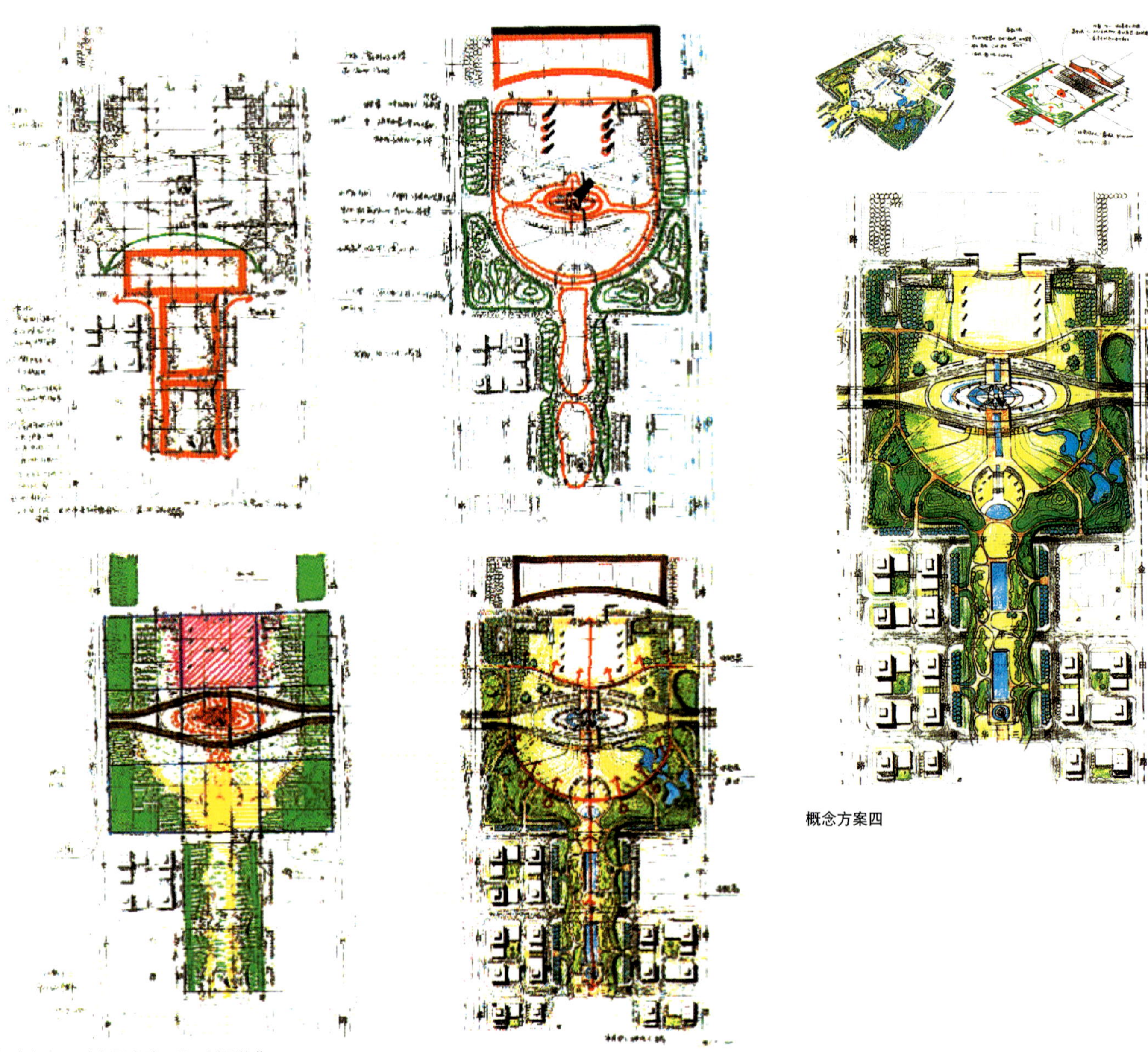

概念方案四(人行既上跨又从二侧现状非机动车道下穿，二种方式通过深南路)

概念方案四

概念方案五（人行二种方式通过深南路：下穿通过水晶岛；从二侧现状非机动车道通过）

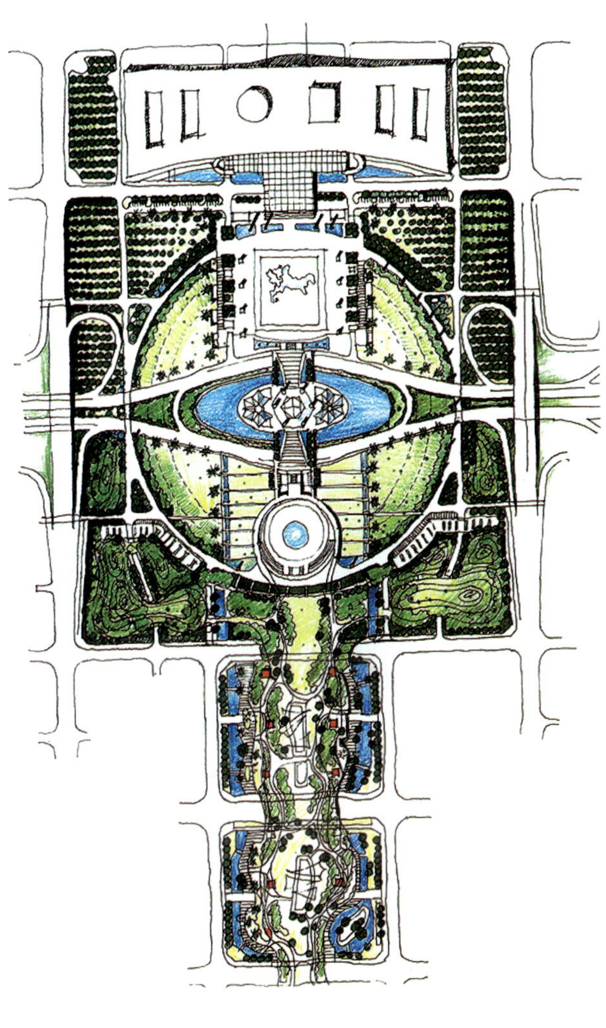

概念方案六（人行三种方式通过深南路：上跨通过水晶岛；从两侧现状非机动车道下穿；从地下一层大厅下穿通过水晶岛）

6.设计构思

南北广场衔接

南、北广场的衔接从理论上有多种可能性，历次城市设计的成果为我们提供了多样化的选择方案。主要的方式有A、B、C三类（如图所示）

我们在选择实施方案时，应首先考虑并遵循的几条原则是：

（1）作为一个整体广场的组成部分，南、北广场的衔接是必要的。

（2）南、北中轴线对整个中心区是至关重要，是否利于南、北中轴线的景观和人的活动是一个主要的标准。

（3）人、车在不同标高层面的分流是必要的。

（4）南中轴线、北中轴线均采用二层人行系统，这是一个重要的前提，保证中轴线连续的逻辑性是必要的。

（5）深南大道大幅度改造的可能性不大，方案应首先考虑利用现状的道路交通设施。

参照以上因素，其中A型的主要优点是与南、北中轴线衔接连续而符合逻辑，中轴线的景观效果最理想，需要特别注意的是处理好二层系统与地面层的衔接与过渡；；B型因深南大道近期难以下穿而不可行；C型只是解决了人、车分流的问题，在南、北中轴的连续性和景观效果等方面有明显不足与缺陷。综上所述，我们为在中心广场，南、北广场的衔接选择二层人行系统是合理的。

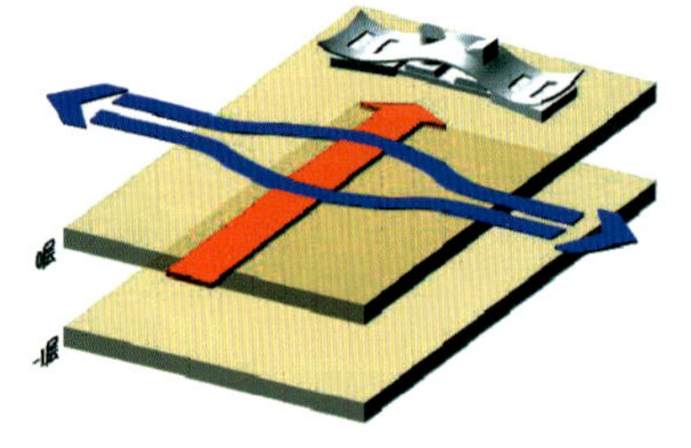
现状

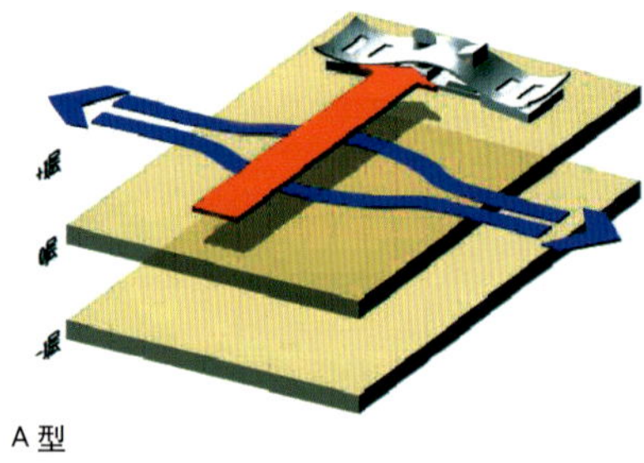
A 型

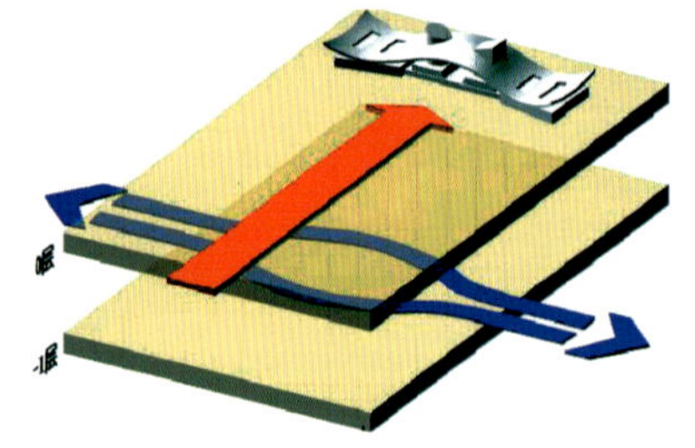
B1 型

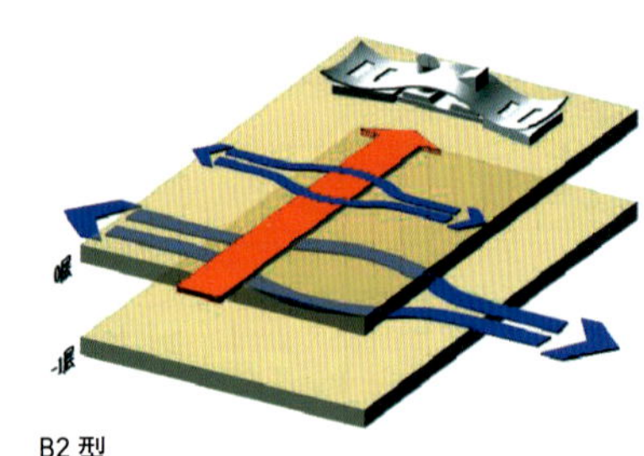
B2 型

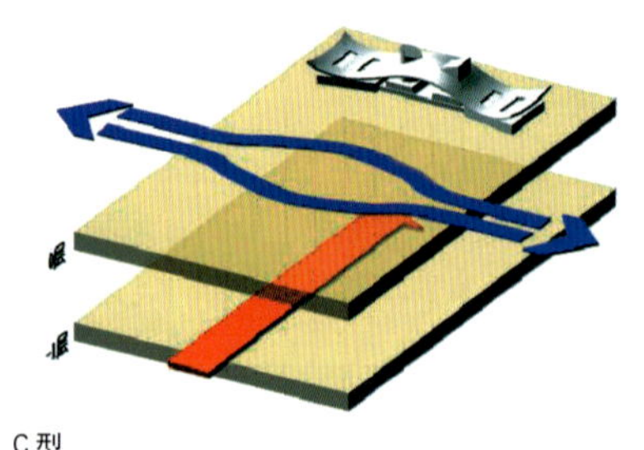
C 型

南、北广场衔接的几种基本方式

A 型　深南大道不作改变，人行采用上跨方式。

B1 型　深南大道下穿，人行在地面。

B2 型　深南大道通过性车流下穿，地面保留公交车和 VIP 车，人行在地面。

C 型　深南大道不作改变，人行采用下穿方式。

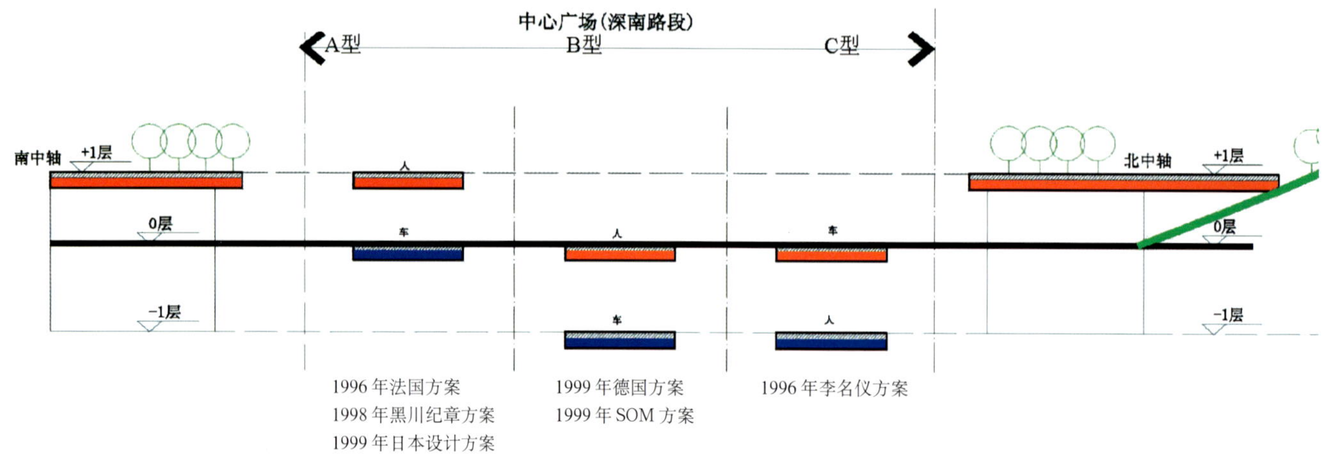

南、北广场衔接的几种基本方式

视距与市民中心

市民中心因其建筑性质与尺度，是中心广场的主要控制要素，中心广场应保持整体性来与市民中心相匹配，并提供适宜的观景点；同时，广场空间应通过道路组织、地形起伏、绿化配置等手法加以划分，形成中、小尺度的空间域和功能区，以接近人的尺度，适应人的活动需求。

120 The effect on perception of a viewer's distance from the object—in this case, the portico of S. Andrea at Mantua—according to the theory expounded by Hermann Maertens in Der optische Massstab in den bildenden Künsten *(1877). At a distance equal to four times the height of the object, the viewer sees it in the context of the city; at three times, it appears with its surroundings; a distance equal to twice the height gives the best view; anything closer makes an overall picture impossible.*

18° and 1:3 — the observer could get a sharper picture of the edifice framed by its surroundings.

27°, 1:2 — A person's range of clear vision

12° and 1:4 would allow the observer to appreciate the structure as part of its surroundings, as its silhouette locked into a picture of the city.

80

12° 18° 27°

80×2 (160)
80×3 (240)
80×4 (320)

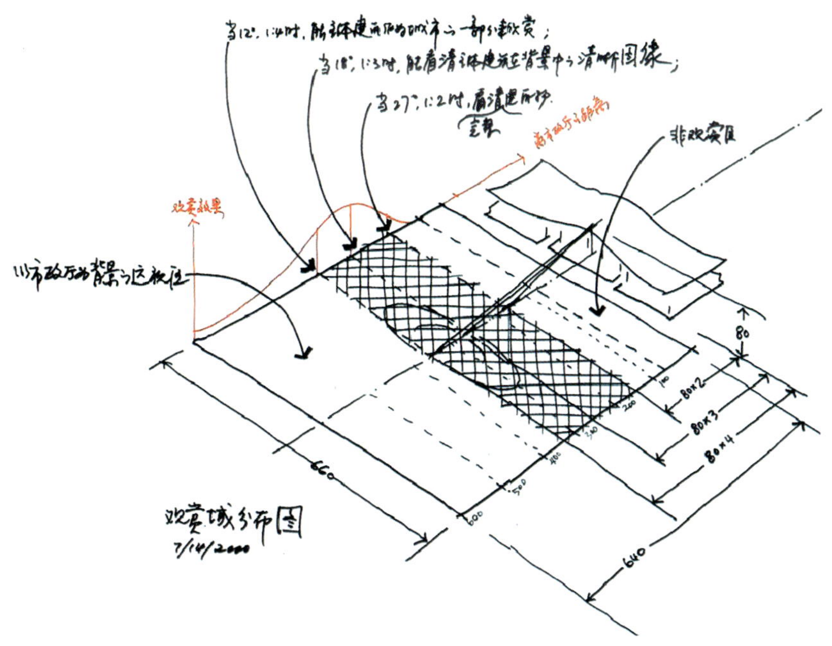

水平视角与市民中心，市民广场

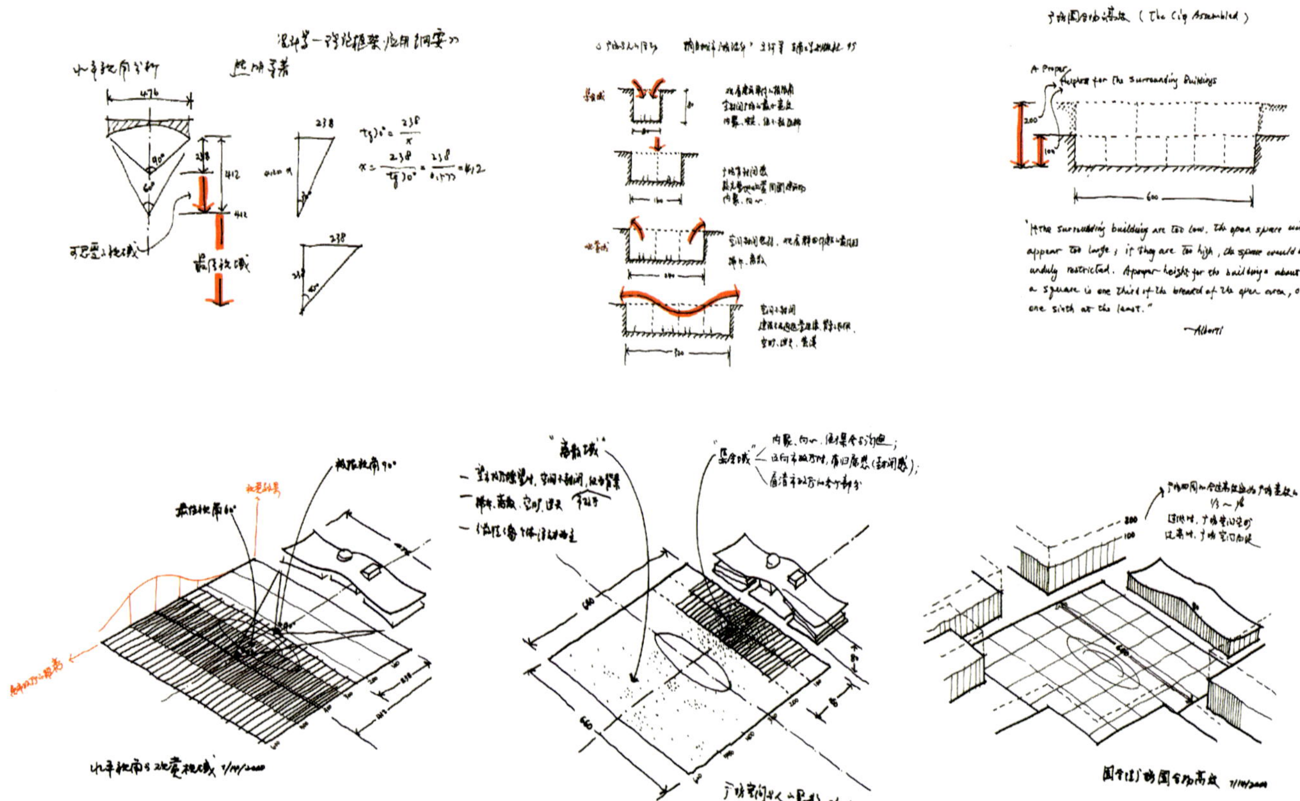

活动安排

在中心广场的内部环线，结合广场的总体功能布局，安排不同性质与特点的功能项目，通过这些功能项目形成系统化、多样化的活动流线。南、北广场各有侧重，北广场以政府活动为主，整体风格偏向于严谨、规整；南广场以市民活动为主，整体风格偏向于活泼、自由。具体活动安排主要包括政治活动、经济活动、文化活动、市民生活、观光旅游、防灾避难等内容。同时，环境设计中应为未来的发展与变化留有充分的余地。

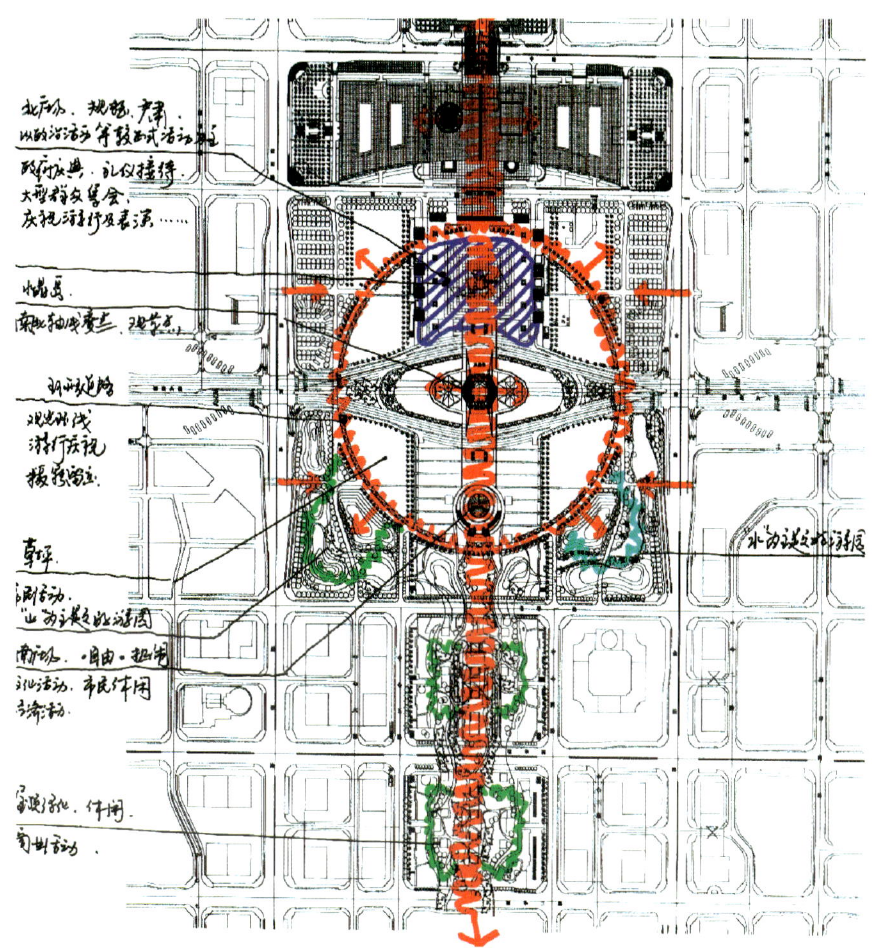

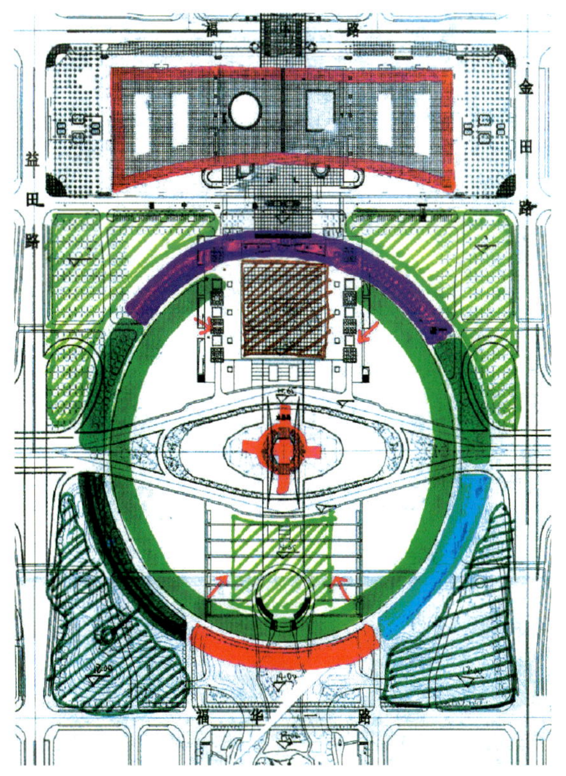

道路交通组织图

现状:

1.深南路承担主要东西向流量,以通过式交通为主;金田路、益田路负担主要的南北交通量,主要是中心区内部交通及北环路、红荔路、深南路、滨河路通过上述二路转换的流量。

2.金田路、益田路与深南路未形成完全互通式立交,存在突出的转向问题。

3.深南路、金田路、益田路路段各有两处下穿非机动车道,是目前人行穿越上述路段的唯一允许方式,在设计方案中应充分利用。

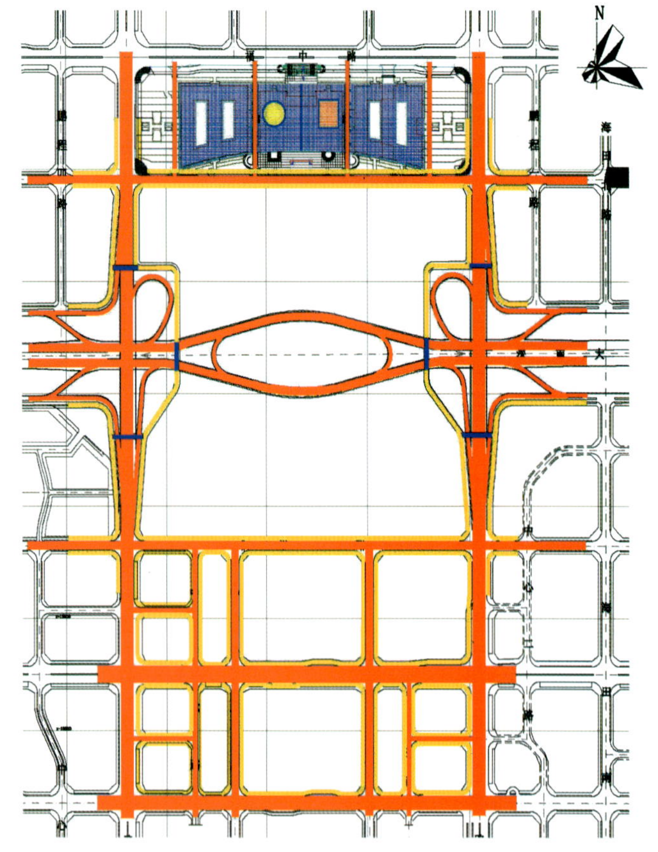

交通衔接:

1.广场深南路段两侧公交停靠站和33–6地块内规划公交枢纽站是今后人流进出中心广场和南中轴的主要换乘点。

2.地铁建成通车后,1号线金田路站,4号线金田路站、水晶岛站将分担一部分人流换乘。

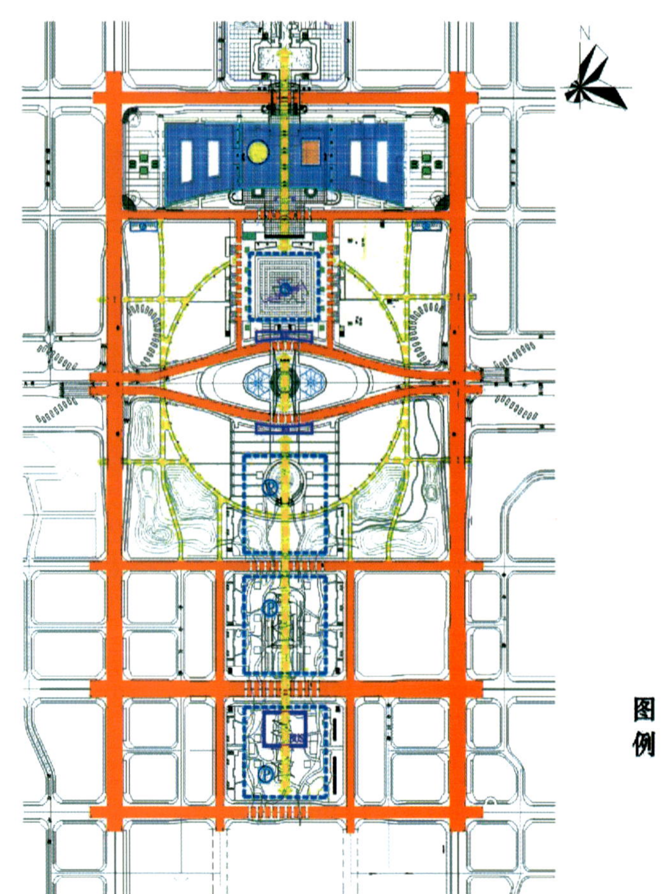

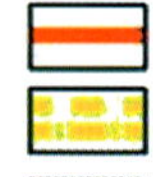

静态交通设施：

所规划四处地下公共停车场主要服务市民日常生活、休闲、购物。

大巴停车场专供旅游团队大巴使用。

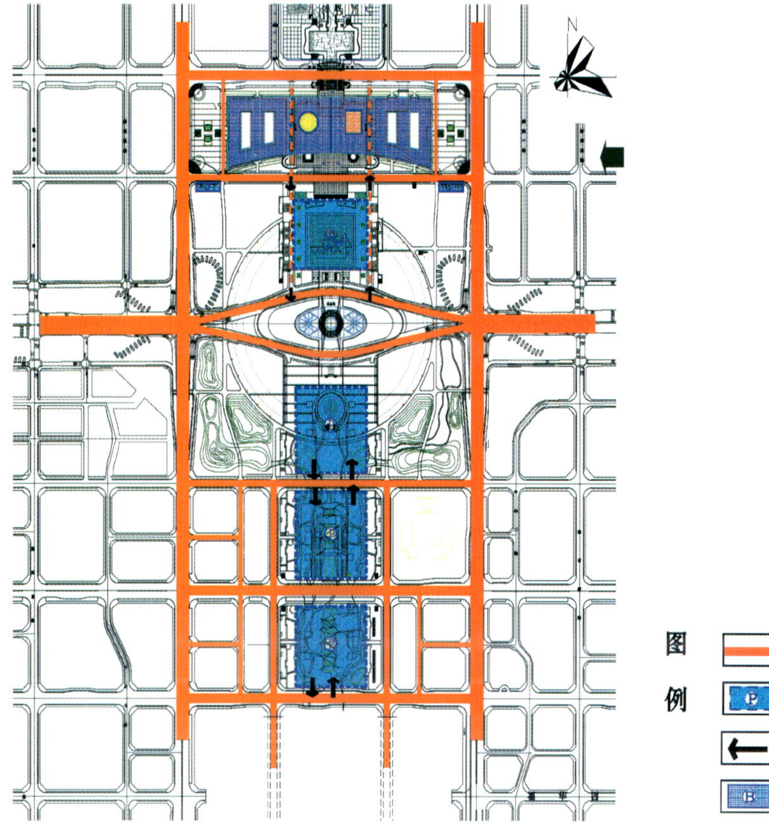

人行系统竖向衔接：

1.北中轴、市民中心、中心广场和南中轴在地面二层标高贯通，构成自莲花山至会展中心的完整二层人行系统。

2.自动扶梯、楼梯采用对角线布局，合理安排间距，达到联系便捷，方便使用的目的。

3.竖向交通疏散体的布置严格按照有关消防规范执行。

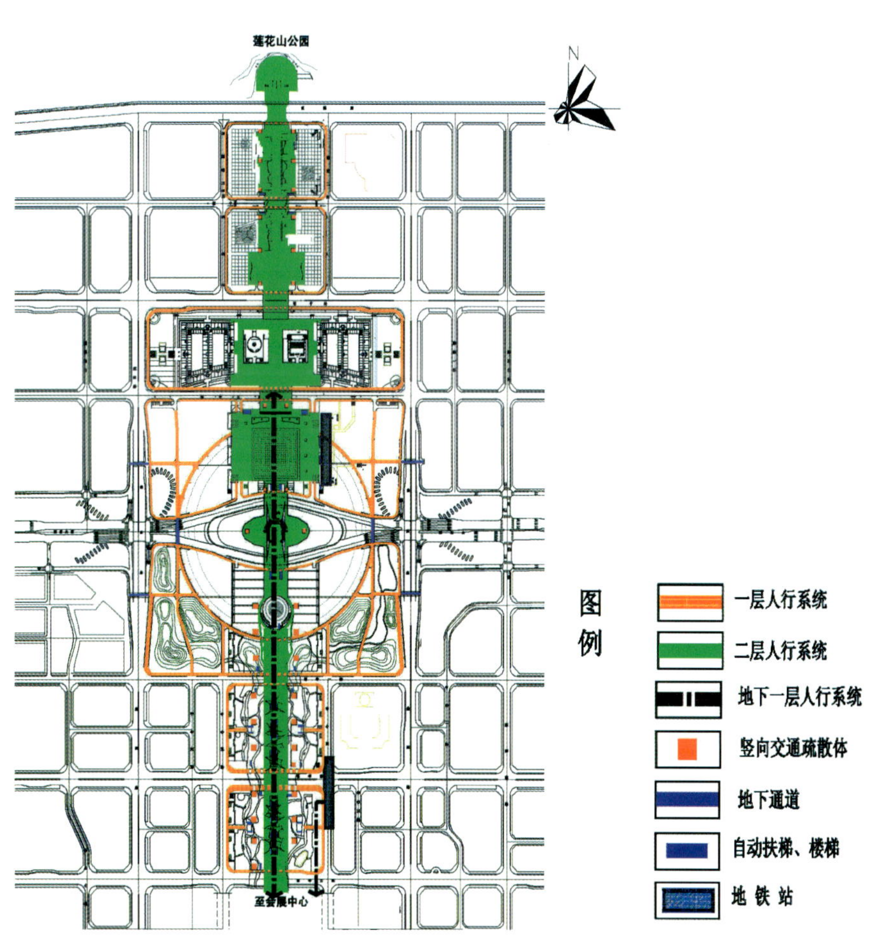

（二）设计成果

1.主要观点与结论

(1)空间格局　中心广场和南中轴线应该是一个整体，中心广场设计方案采用"九宫格"的基本空间格局。运用中轴线和"天圆地方"的传统规划概念，通过二层人行系统和环形道路对大型广场空间加以整合。

(2)道路交通　加强多种交通方式的综合利用：保证地面二层、地下一层人行系统的连续与贯通，中心广场内利用现有道路形成人行环线。北广场车库两侧设联系深南大道和福中三路的机动车道。中心广场及南中轴设地下停车库。南二区设公交总站一处。公交站点、地铁站安排交通接驳设施。

(3)南北衔接　中轴线人行交通采用二层人行系统，形成从莲花山到会展中心完整的二层人行系统，该系统主要包括北中轴线、中心广场、南中轴线三段。

(4)视线与空间域　市民中心因其建筑性质与尺度，成为中心广场的主要控制要素。中心广场应保持其整体性来与市民中心相匹配，并提供适宜的观景点；同时，广场空间应通过道路组织、地形起伏、绿化配置等手法加以划分，形成中、小尺度的空间域和功能区，以接近人的尺度，适应人的活动需求。

(5)绿化系统　结合二层人行系统形成立体绿化。在市民中心二层增加连接北中轴和中心广场的绿化通道，加强南北广场的绿化连接。中心广场以大片草坪结合观赏植物形成与市民中心相匹配的开放空间，在广场周边种植高大乔木，以绿化围合广场，形成对广场的界定。

(6)活动安排　南、北广场有所侧重，北广场以政府活动为主，整体风格偏向于严谨、规整；南广场以市民活动为主，整体风格偏向于活泼、自由。具体活动安排主要包括政治活动、经济活动、文化活动、市民生活、观光旅游、防灾避难等内容。环境设计中应为未来的发展与变化留有充分的余地。

(7)建筑功能　根据法定图则和城市设计成果，中轴线为综合开发的复合型绿地。城市中心区的城市空间既要充分开发、综合利用，又要满足高标准的生态环境要求。北广场设置两层停车库，地上一层和地下一层。水晶岛位于城市东西主轴线和南北

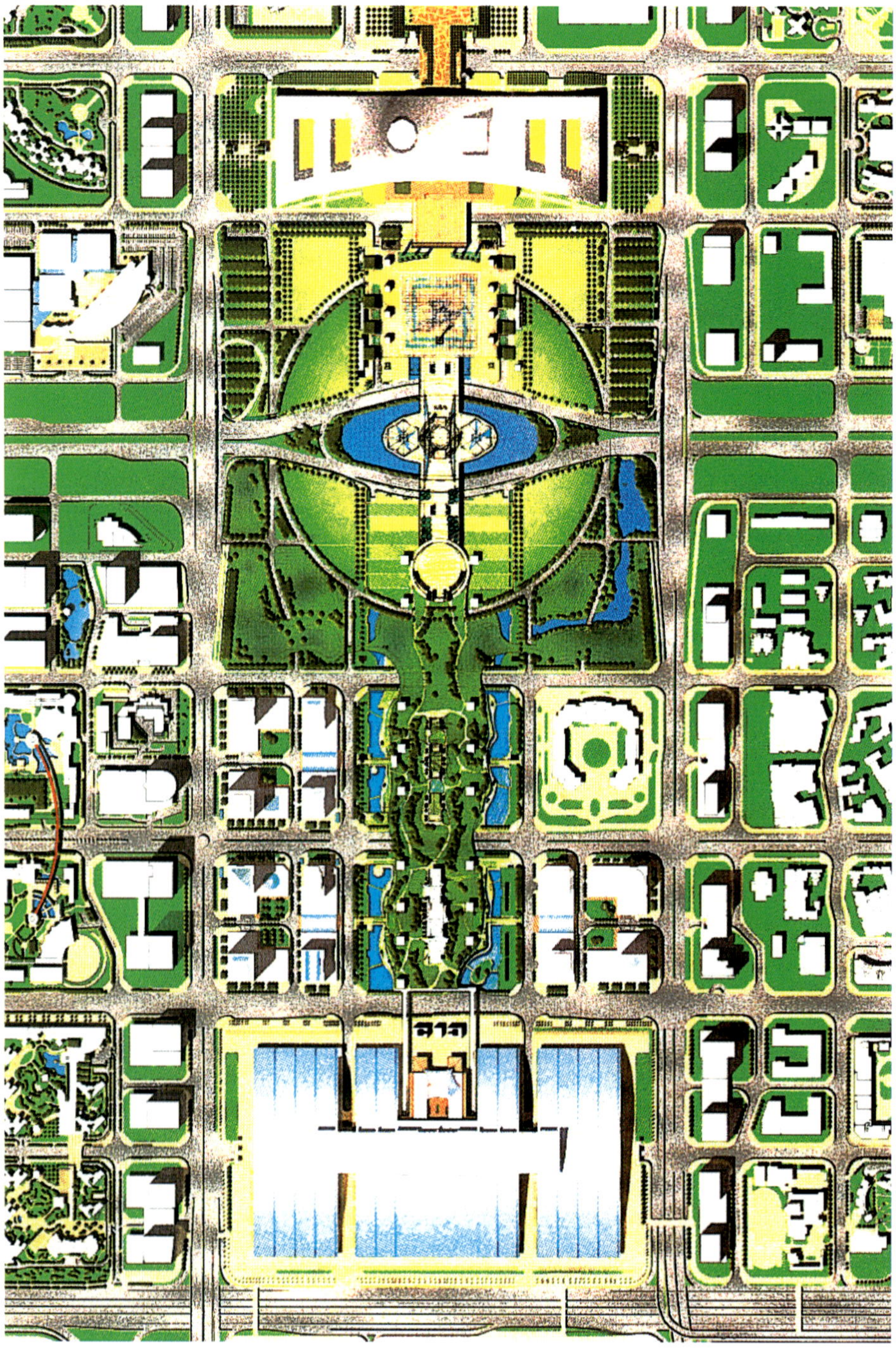

总平面图

整体模型

整体模型

主轴线的交点，既是城市重要的景观控制点，又是重要的观景场所，其主要功能是观景和休闲。南广场地下空间利用以商业服务功能为主。南中轴线地面一层和地下一层为商业，地下二层为停车库。

(8)水系　延续上层次城市设计的做法。水系的设置能大大改善整个中心区的生态质量和环境水平。水系能起到美化环境、调节气候、满足人的亲水天性、改善地下空间的利用条件等作用，同时水系也可作为消防备用水、空调冷却用水、市政用水及备用水源等。通过专项研究，水系的水源选取、运行维护都是可行的。

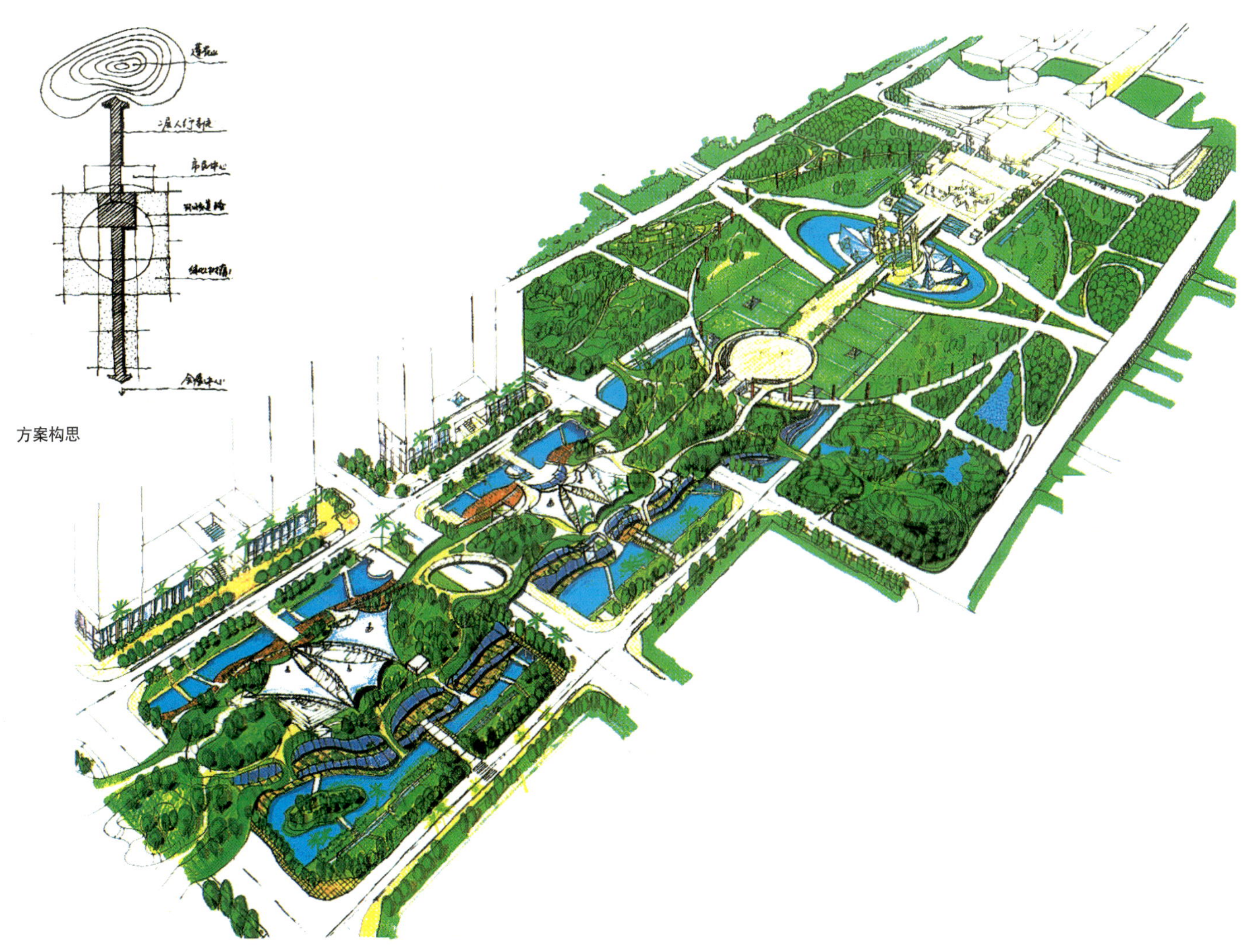

方案构思

鸟瞰图

2.中轴线两侧建筑控制图

选自1999年德国欧博迈亚方案

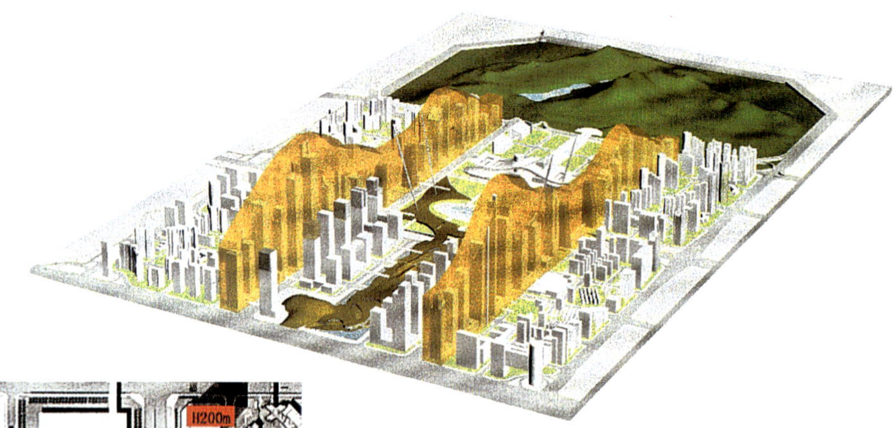

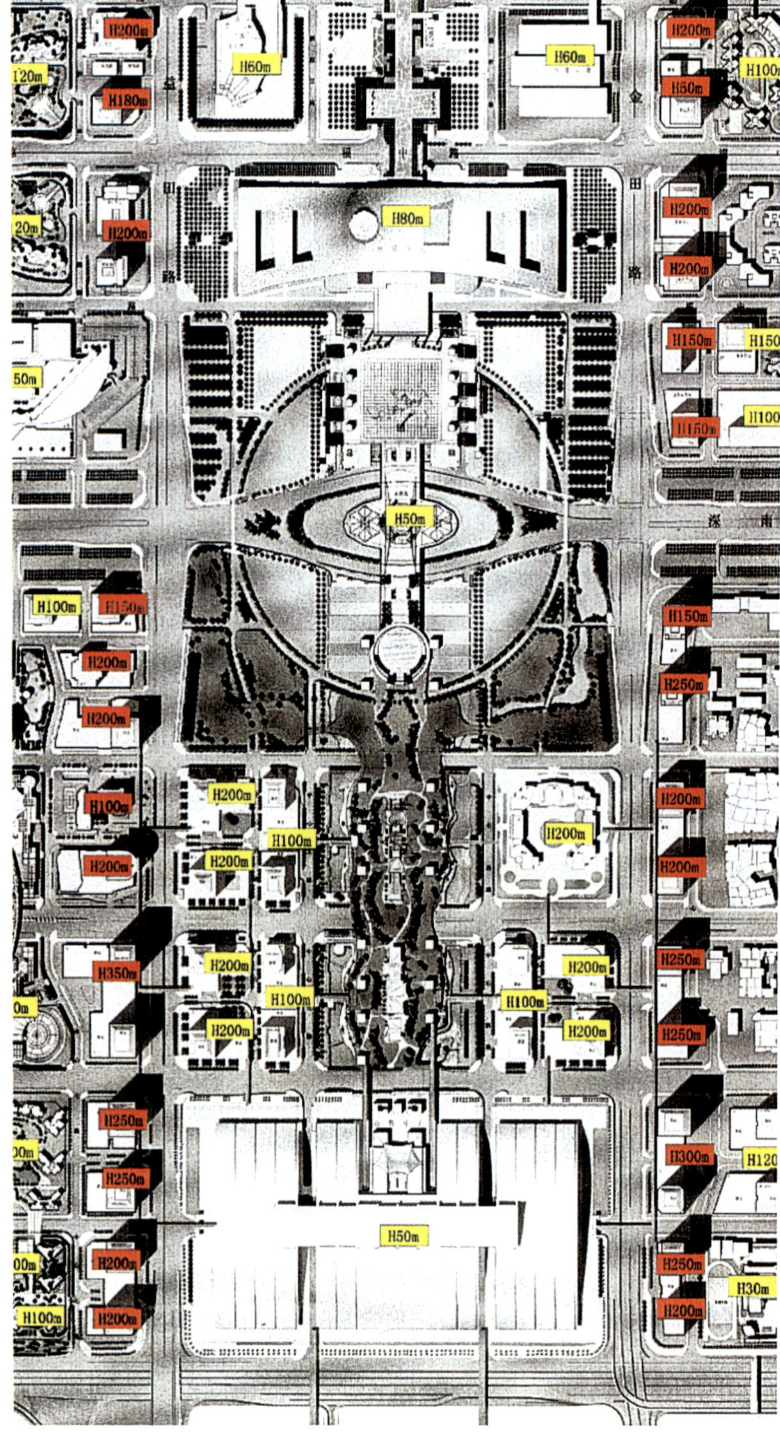

3.设计的基本原则

(1)整体性的原则:南、北广场应作为一个整体的城市空间来考虑，在功能、交通景观等方面均应保持整体性。设计方案应为中轴线的整体发展提供完整的框架。

(2)连续性的原则:中心广场与南中轴作为中心区中轴线的组成部分，在竖向标高等方面均应保持连续与顺畅。

(3)多样性的原则:中心广场与南中轴应为市民提供多样化的场所和设施，创造具有吸引力的城市空间。

(4)可持续发展的原则:一方面应尽可能充分利用现有设施，结合城市现阶段的功能需求确定近期发展方案；另一方面，设计方案要为将来的发展留有余地，以适应不断变化的城市生活的要求。

(5)高起点、高标准、高效率的原则。

4. 设计方案

(1)城市中心区的城市空间既要充分开发、综合利用，又要满足高标准的生态环境要求。配套服务设施的安排遵循集中与分散相结合的原则。

(2)北广场设置两层停车库,地上一层和地下一层。

(3)水晶岛位于城市东西主轴线和南北主轴线的交点，既是城市重要的景观控制点，又是重要的观景场所，其主要功能是观景和休闲。

(4)南广场地下空间利用以商业服务功能为主。

(5)南中轴线地面一层和地下一层为商业服务，地下二层为停车。

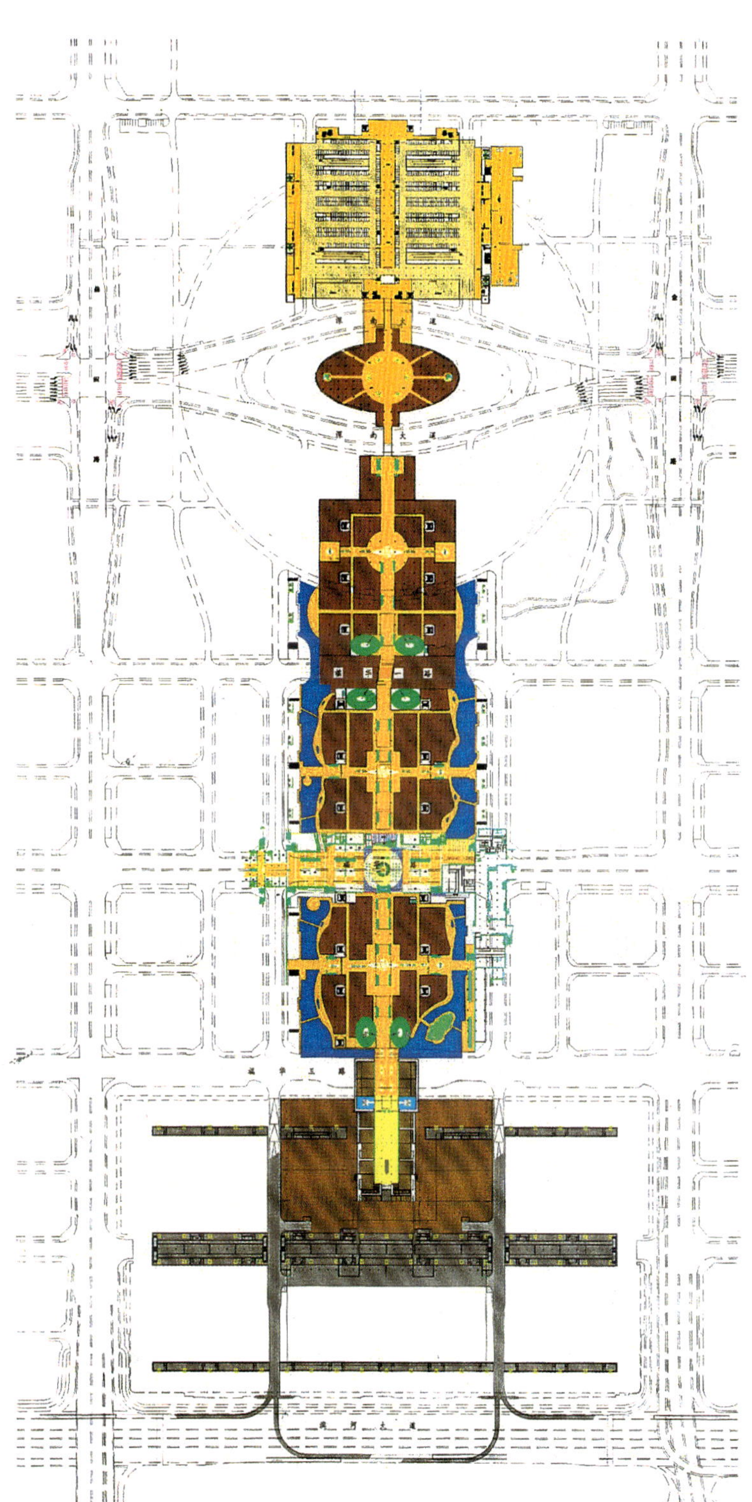

地面一层平面图

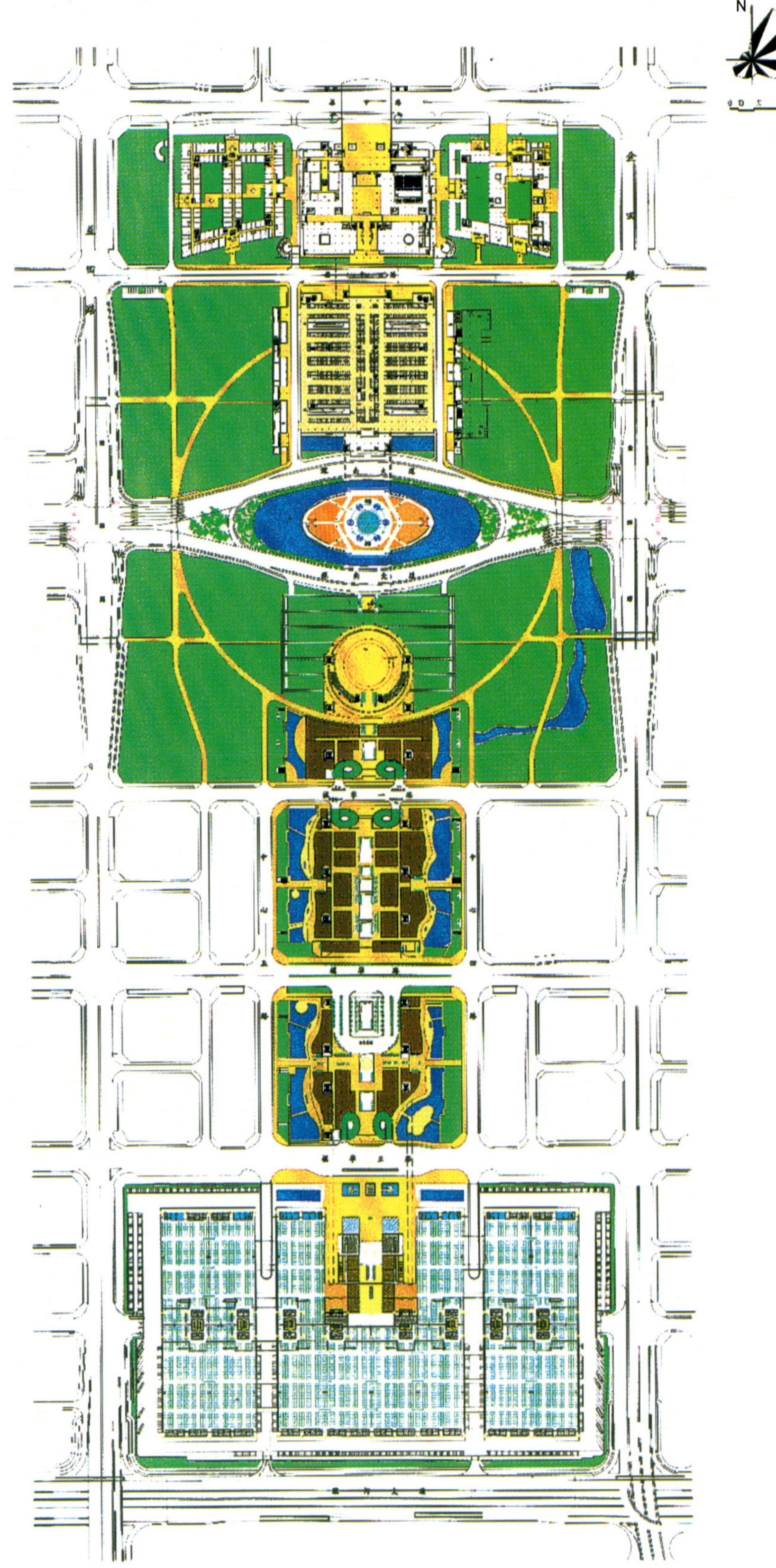

地下一层平面图

地下二层平面图

5.主要技术经济指标

33–2　北广场　用地面积　160 747m²
总建筑面积　64 000m²
地面一层(停车库)　32 000m²
地下一层(停车库)　32 000m²

33–3　水晶岛　用地面积　30 886m²
总建筑面积　21 600m²
地面一层(展览、休闲)　7 600m²
地下一层(展览、休闲)　14 000m²

33–4　南广场　用地面积　179 128m²
总建筑面积　78 800m²
地面一层(商业)　24 700m²
地下一层(商业)　24 700m²
地下二层(停车库)　29 400m²

33–6　南一区　用地面积　43 383m²
总建筑面积　66 400m²
地面一层(商业)　21 800m²
地下一层(商业)　27 700m²
地下二层(停车库)　16 900m²

19　南二区　用地面积　42 348m²
总建筑面积　70 600m²
地面一层　公交站　6 800m²
商业　16 300m²
地下一层　商业　23 000m²
地下二层　停车库　24 500m²

设计范围总建筑面积　301 400m²
其中　商业建筑面积　138 200m²
停车场建筑面积　134 800m²
公交站　6 800m²
展览、休闲建筑面积　21 600m²
结语：

深圳市中心区中心广场及南中轴线是一个非常复杂的系统，一方面我们力争在一个更为宏观、系统的层面，从尽量客观的角度去分析、解决我们面临的问题，其中包括最终发展目标与原则的确定，对已有设计的综合、取舍以及调整等内容；另一方面，我们也通过一些具体的方案设计来提炼并验证我们的观点。

在城市建设阶段，我们的最终目标是为中心广场及南中轴线的发展提出一个具有可实施的合理的整体框架，为具体设计、建设提供应遵循的基本思路和原则；在这个基础上，还有大量的工作需要在下一阶段的设计工作中来展开落实。

我们的主要结论和观点：

(1)中心区中轴线采用二层人行系统。

(2)中轴线地上、地下空间必须综合开发、复合利用。

(3)中心广场是一个整体，通过环形道路系统来划分空间、组织交通、联系功能、安排活动。

(4)水系的设置对中心区是必要、合理的。

(5)结合二层人行系统安排立体绿化，以绿化围合中心广场。

(6)中心广场及南中轴线应提供充满活力、吸引力的城市空间与城市功能，同时具有适应未来发展的可能性。

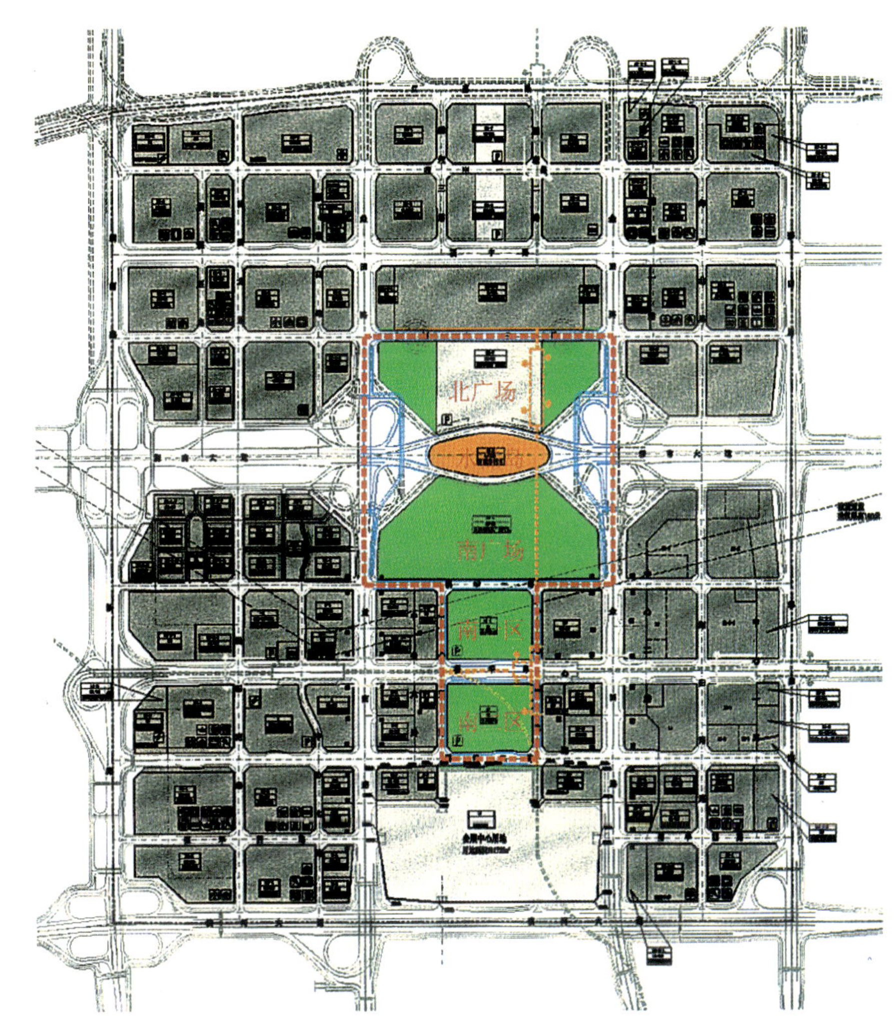

规划范围

（三）中心广场及南中轴设计（草案）专家研讨会会议纪要

深规土纪［2000］135号

2000年10月27日和11月4日，在建艺大厦四楼会议室，主管领导主持召开深圳市中心区中心广场及南中轴设计（草案）专家研讨会，会议邀请了郁万钧、郭秉豪、左肖思、陈世民、刘晓都、孟建民、冯越强、许安之、陈燕萍等专家。市规划国土局城市设计处、法规执行处、中心区开发建设办公室、市规划院、市交通中心和李名仪建筑师事务所的有关人员也参加了会议。

会议讨论了深圳市城市规划研究院和李名仪建筑师事务所分别设计的中心区中心广场城市设计草案。参会专家各抒己见，提出了许多很好的建议。现纪要如下：

一、中心广场整体设计的思路是合理的，南北广场的定位既要统一，又要有所区别，北广场以政府活动、大型集会为主；南广场以商业、娱乐、休闲等市民活动为主。应创造舒适宜人的活动空间，城市景观应摆在设计优先的位置。

二、南北广场的衔接应考虑南北中轴线2层系统的完整，地下连接应结合地下和水晶岛的开发进行。跨深南路部分的位置和宽度应进一步推敲。同时，广场内部道路网络应将各个功能分区、交通节点以及周边市政道路有机联系起来。

三、中心广场和南中轴的商业设施是必要的，广场应聚集人气，为市民活动提供设施和场所，配套设施的安排应遵循集中与分散相结合的原则。

四、水系的设置能有效改善中心广场和南中轴的生态环境和景观效果，但水系实施应慎重，虽然水系经过专项研究后确认是可行的，但运营管理等仍需严格细致。水面的设计应尽量形成整体，避免琐碎的分布。

五、中心广场作为一个开敞式广场，应在广场周边多种植高大树木，并多层次复合种植，由绿化形成对广场的围合与界定，同时提供市民安静闲适的场所。

六、地铁站出入口的人流集散与广场活动分区的关系要深化；市民广场的尺度和地面铺装材料质感需要进一步划分与落实。其中集会广场要考虑设置主席台的合适面积和高度；同时集会广场只保留局部硬铺地，外围可进行整齐的绿化，使之能弹性使用，以适应不同规模的集会。

七、在广场的具体设计中，应提高科技含量，包括声、光、电的使用要有新意，体现21世纪现代化广场的特点，满足广场全天候的活动需求，同时考虑烟火表演和夜景灯光效果等多方面活动和景观要求。

八、水晶岛的概念要明确，具体建筑形态和使用功能应留有发展的余地和变化的可能性。广场和设计也应有一定的灵活性，保证将来多功能的灵活使用。

深圳市规划国土局2000年12月12日

（四）关于中心广场及南中轴线城市设计专家咨询意见的报告

深圳规土 [2001]160 号

市政府：

深圳市中心区城市规划设计经历了数次的国际咨询设计，在认真消化吸收历次设计内容的精华，总结和研究适合深圳市实施方案的基础上，我局组织研究的中心区中心广场及南中轴城市设计方案研究工作已初步完成，并已得到了深圳市专家咨询评审会的原则同意。为了进一步提高方案的可行性，我局于2000年11月下旬派专人赴南京、北京，向中国工程院院士周干峙、吴良镛、齐康三位先生就中心区设计方案进行咨询。三位院士对中心广场及南中轴城市设计方案工作予以肯定，并提出指导性意见，主要如下：

一、深圳市中心区中轴线与中心广场是代表深圳市中心区的重要构成要素，因此，中轴线在设计上的考虑非常重要，要吸收人类城市建设优秀文化遗产的精华，在体量尺度和空间层次比例上要反复推敲，形成符合环境尺度、有深圳特色的中轴线。

二、基本同意中心区中轴线过深南路部分采用上跨形式，但以中间一条上跨形式为好。

三、环境要整体考虑，尽量自然化，减少人工气息，加大绿化量和成品植物种植。

四、市民中心南侧和北中轴线平台地面以上部分竖向高度应尽量压低，尽量减少因中轴线的竖向抬高造成对市民中心景观上的影响，市民中心南侧的广场可参考中国传统建筑中“月台”的设计手法。

五、水面设计要集中，避免琐碎细长，要使人们有亲水感。此外，中间设置为一条水系还是两条水系需要进行论证和比较。

六、主次空间要清晰。广场周围要有界面围合，形成在中轴线上既存围合又有开放和空间。

七、水晶岛核心区南北广场设计中的圆环形人行路采用“天圆地方”的设计手法，将中心区现有道路连接起来，这从功能和形式上看都值得赞成。

八、水晶岛核心区南北广场设计中要增加喷泉和雕塑的设计，要先研究设计，再逐步实施。

九、水晶岛要最后建设，设计方案要采取设计竞赛形式确定。

十、历史上著名的城市设计都是慢慢实施且不断修正才形成良好效果的。因此，深圳市中心区内的空置地块政府要控制，尽量避免完全由开发商建设，建设项目的性质确定和开发量要研究分析和控制，政府可先建设和控制重要的和近期必须开发建设的项目，但不要急于一次完成中轴线的整体开发和建设，应逐步完善。

我局将认真研究上述意见，并以此作为下阶段建筑方案设计的主要依据，进行建筑方案设计阶段的国际咨询招标工作。

2001 年 5 月 9 日

七、南中轴线两侧街坊城市设计指引

中心区6、7、17地块城市设计指引

本指引涉及地块位于深圳中心区南中轴东西两侧，市民中心与会展中心之间，是未来城市中心CBD核心地段，将在中心区的开发、发展及城市空间环境塑造等多方面起到重要的引导和示范作用。

本指引目标、原则与主要内容：

目标：创造一个生气勃勃、环境优美、方便行人的城市环境

原则：＊服从相关规划的原则

＊与整个中心区一体化的原则

＊以人为本的原则

＊与南中轴有机融合的原则

内容：＊创造一个绿树成荫、环境优美的商务中心区

＊确立连续的街道立面线

＊统一而富于变化的建筑界面，主要场所设置骑楼、连拱廊

＊建筑体量变化相关规定

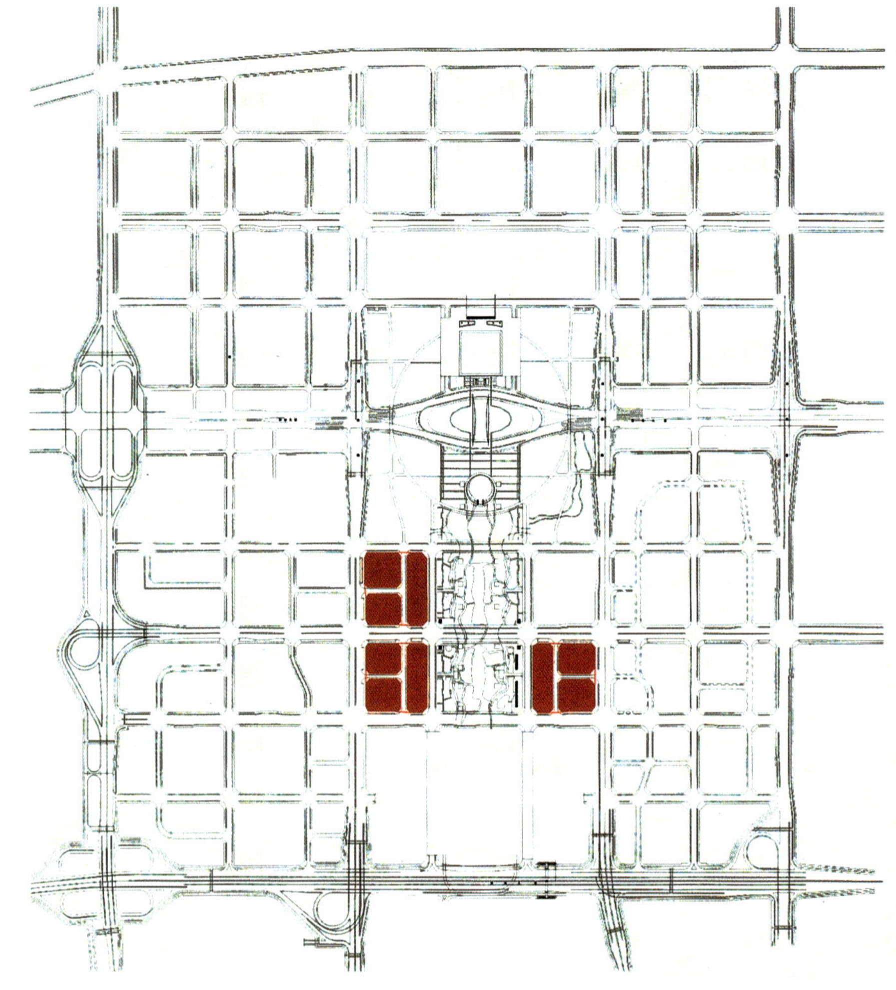

地块位置示意图

6号地块(Block 6)

6—1(parcel 6—1)　7 314.0m^2

6—2(parcel 6—2)　9 834.4m^2

6—3(parcel 6—3)　8 194.3m^2

共计　25 342.7m^2

7号地块(Block 7)

7—1(parcel 7—1)　8 872.8m^2

7—2(parcel 7—2)　7 060.0m^2

7—3(parcel 7—3)　10 013.3m^2

共计　25 946.1m^2

17号地块(Block 17)

17—1(parcel 17—1)　9 821.1m^2

17—2(parcel 17—2)　7 321.2m^2

17—3(parcel 17—3)　8 175.8m^2

共计　25 318.1m^2

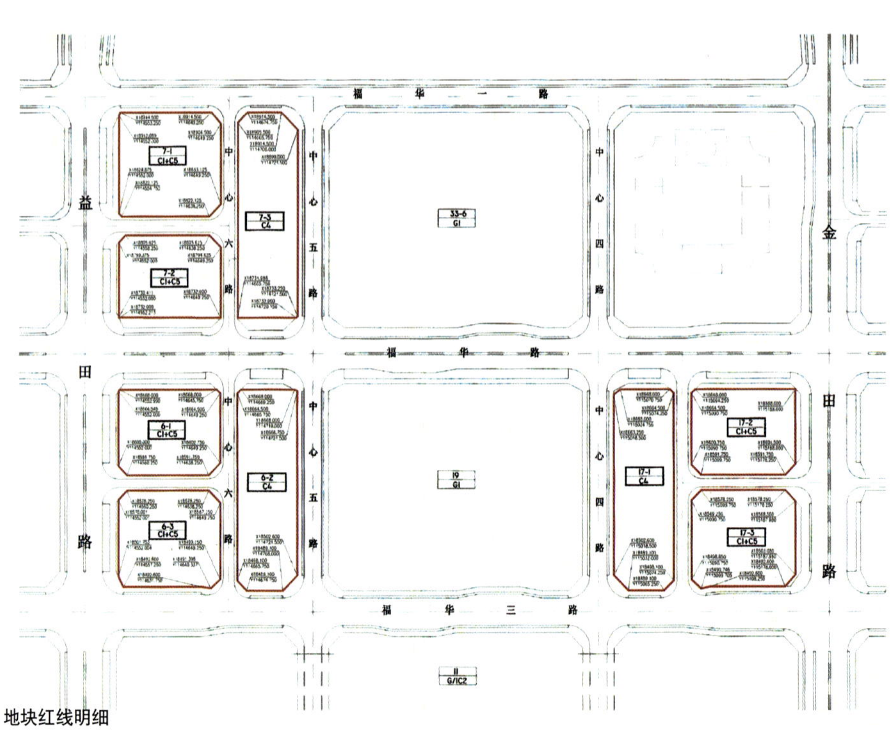

地块红线明细

地块控制指标一览表

地块编号		用地性质代码	用地性质	用地面积(m²)	允许覆盖率(%)	容积率	绿地率(%)	建筑限高(m)	配建车位(个)
6	6−1	C1+C5	商业办公用地	7 314.0	70	10	15	200	360
	6−2	C4	旅馆用地	9 834.4	75	7	10	100	300
	6−3	C1+C5	商业办公用地	8 194.3	65	10	15	200	400
				合计 25 342.7		平均 9			合计 1 060
7	7−1	C1+C5	商业办公用地	8 872.8	65	10	15	200	350
	7−2	C1+C5	商业办公用地	7 060.0	75	10	10	200	290
	7−3	C4	旅馆用地	10 013.3	75	7	10	100	290
				合计 25 946.1		平均 9			合计 930
17	17−1	C4	旅馆用地	9 821.1	75	7	10	100	280
	17−2	C1+C5	商业办公用地	7 321.2	70	12	15	200	300
	17−3	C1+C5	商业办公用地	8 175.8	65	10	15	200	410
				合计 25 318.1		平均 9.7			合计 990
共 计				76 606.9					3030

建筑临福华路、福华一路、福华三路、中心四路、中心五路面，必须严格按图中所规定距离后退红线；其余各面所规定退红线距离为最小距离。

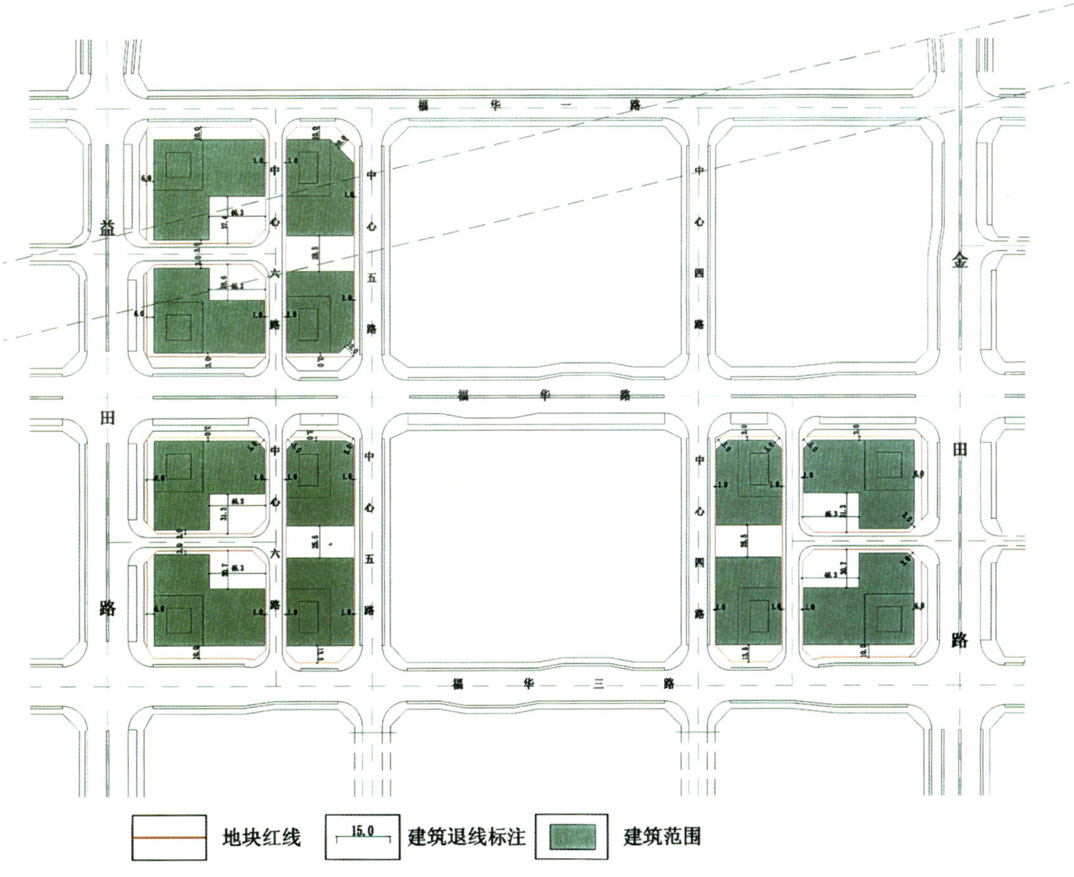

建筑后退红线控制图

停车场应全部设在地下，地面只作临时停靠；出入口离十字路口至少应有25m，宽度不超过8m。

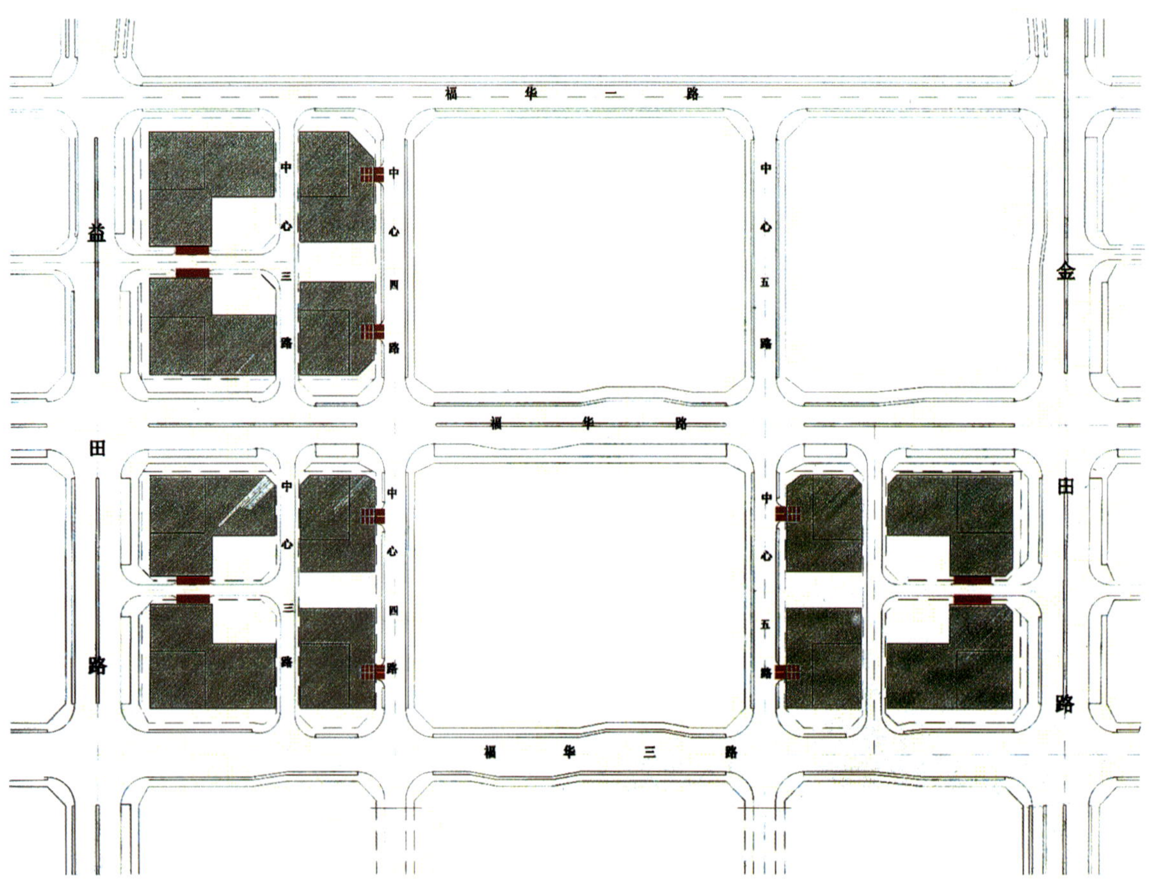

停车场入口及位置图

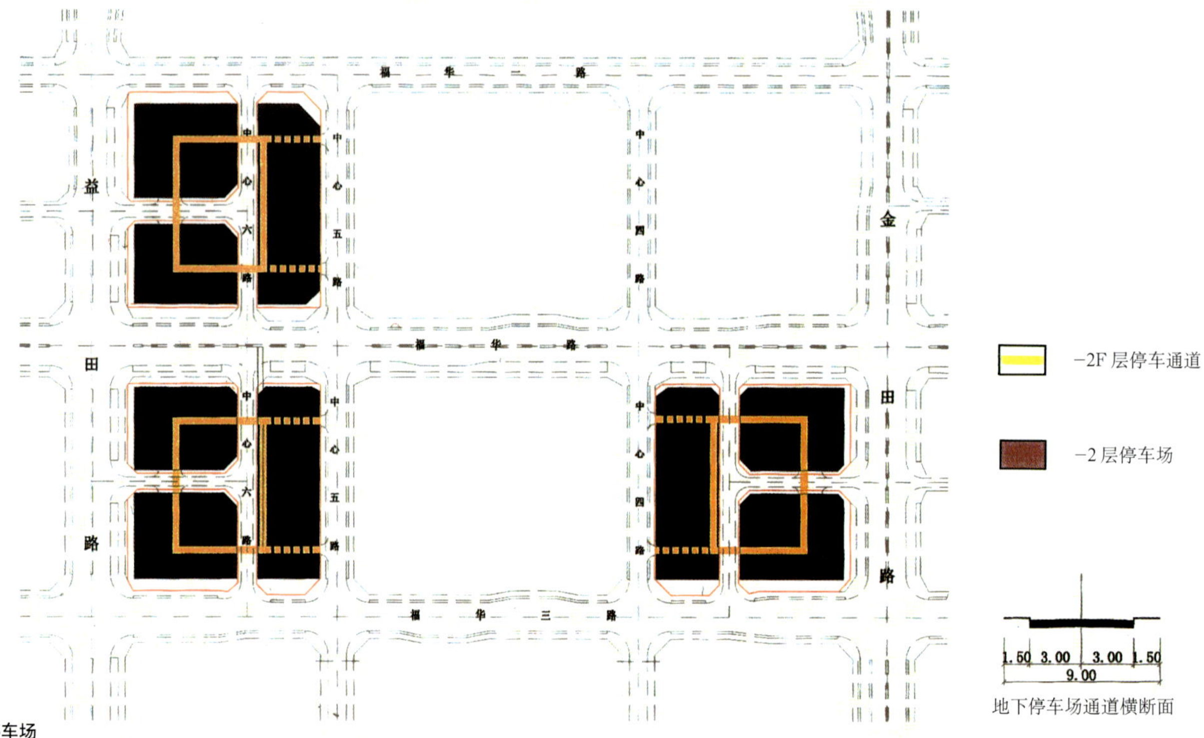

地下二层停车场

注：该地下车库通道最小净高2.5m。

高层塔楼布置在街坊四角，以界定地块的整体大空间。

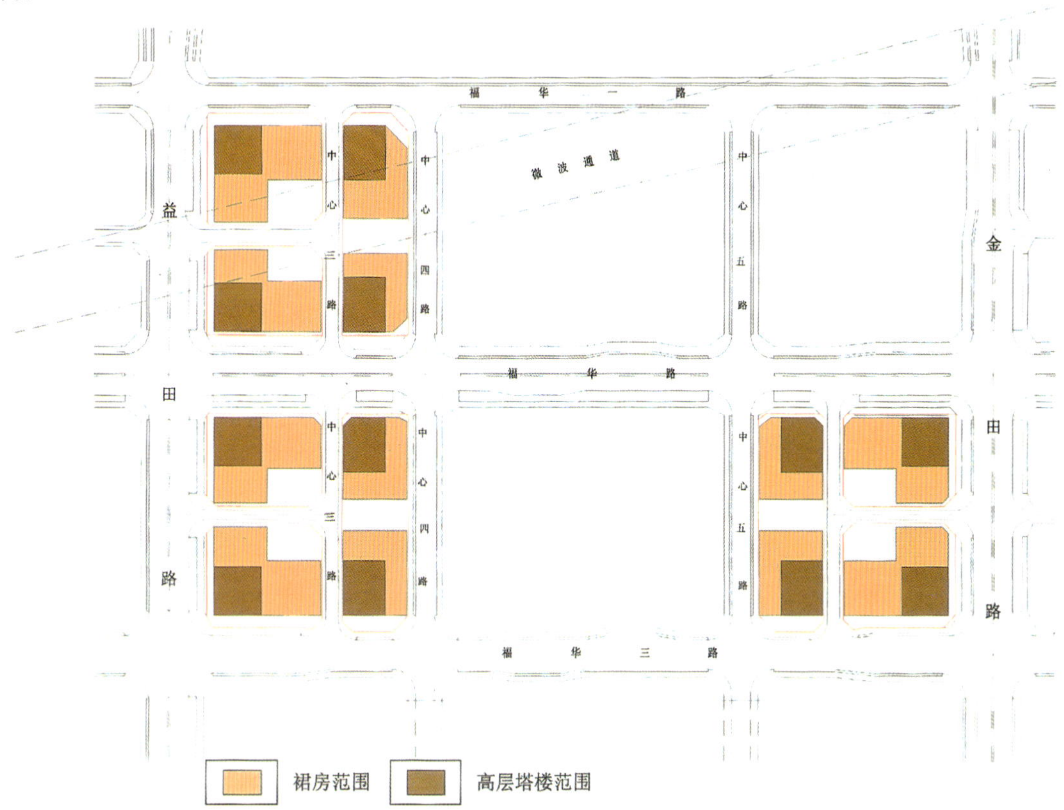

建筑布置示意图

所规定的建筑高度为屋顶高度，处于微波通道内的建筑高度不得超过200m；具体竖向上的划分与变化，见后街墙立面及塔楼的相关设计要求。

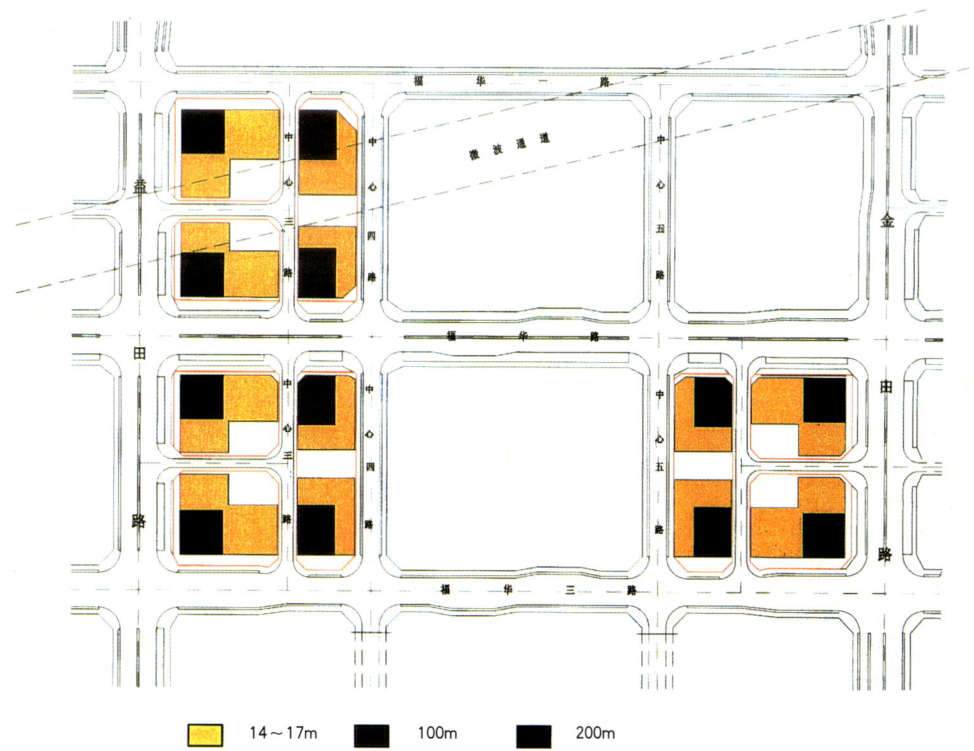

建筑高度分布示意图

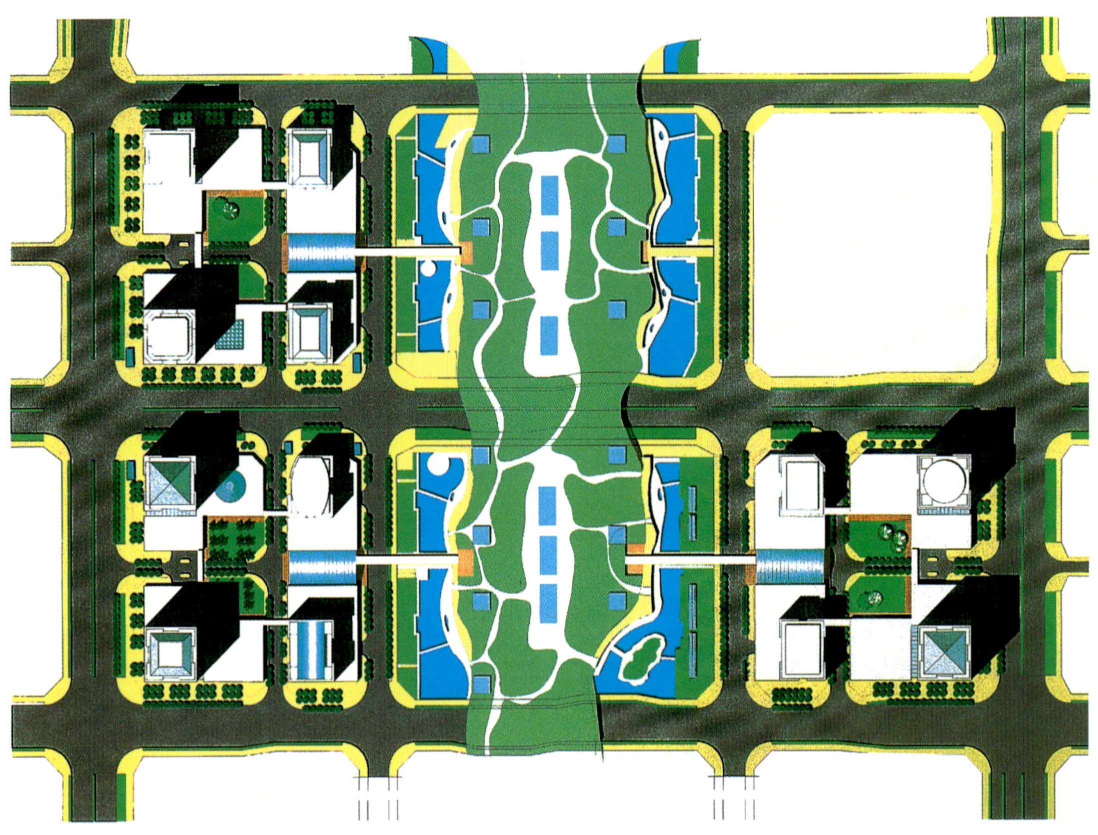

总平面示意图

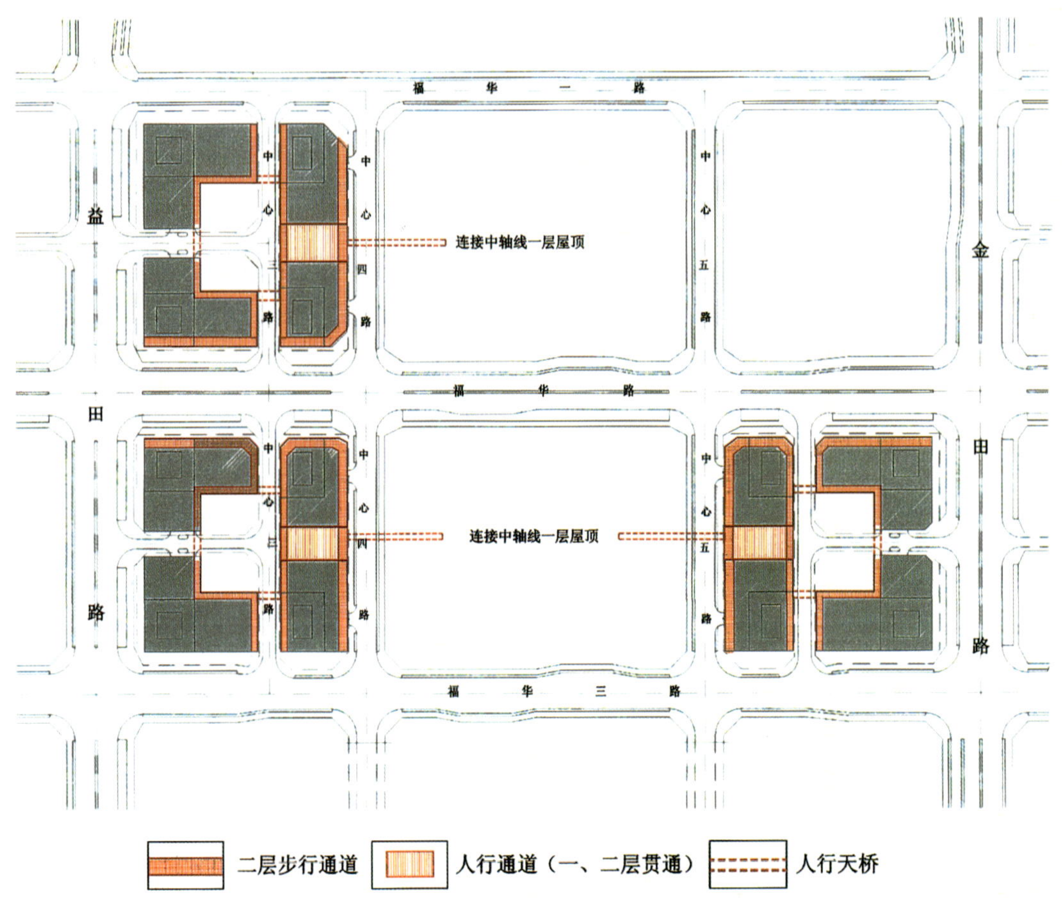

二层人行系统

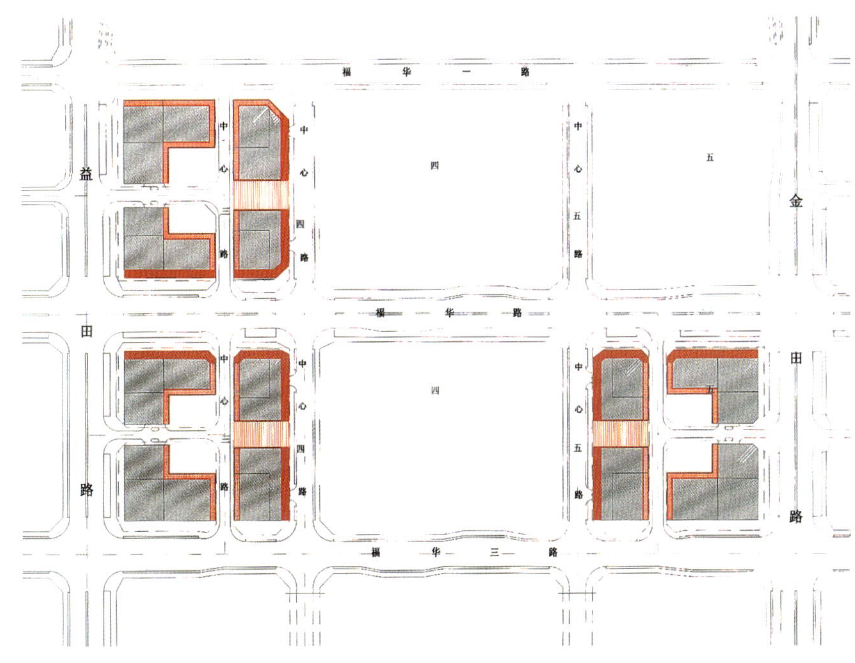

双层骑楼　单层骑楼　人行通道

骑楼与通道

临街骑楼断面示意图

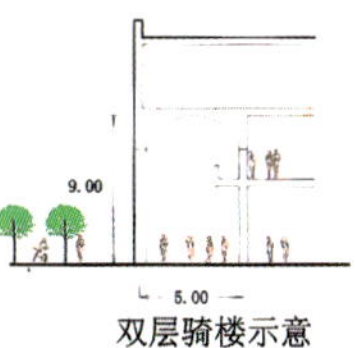

双层骑楼示意

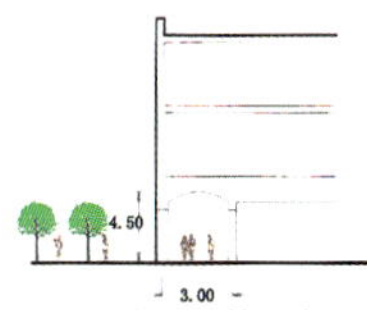

单层骑楼示意

注：本示意图中尺寸均为净尺寸

骑楼是本指引划分、协调建筑与空间界面的基本母题。

骑楼适宜深圳的气候特征，是岭南传统建筑和街道空间的重要标志之一，是使街道气氛活跃、面向行人的一个重要措施，应与户外环境沟通。设置骑楼的地段，骑楼在整个街区必须连续不断，而且应与相邻的人行道连通。

临福华路、中心四路、中心五路设置净宽6.0～8.0m、净高8.0～10.0m的双层整齐连续骑楼；

临地块街坊内南北向街道及广场设置净宽3.0～5.0m、净高4.5～5.0m的单层整齐连续骑楼。

威尼斯圣马克广场四周建筑界面以连廊拱为母题，形成统一、富于节奏韵律感的空间秩序。

现代骑楼实例

在邻南中轴的6–2、7–3、17–1地块中部设置带透明顶棚的人行通道，宽度与其所正对街道至两侧建筑外墙的宽度一致，以达到街坊内广场与南中轴在空间、景观、使用联系上的有机融合；

通道内可设置局部绿化、小品及休闲设施，使行人可在其中驻留。

街墙立面线及高层塔楼设计要求

·建筑基座或低层裙房部分沿福华路、福华一路、福华三路、中心四路、中心五路控制在17m，沿街坊内街道和广场控制在14m。

·高层塔楼自人行道40m高后应后退1.5～3.0m，以形成统一的40.0m高的街墙；

100m塔楼在90m后后退1.5～3.0m；

200m塔楼在其总高度85%～90% 170～180m后后退1.5～3.0m。

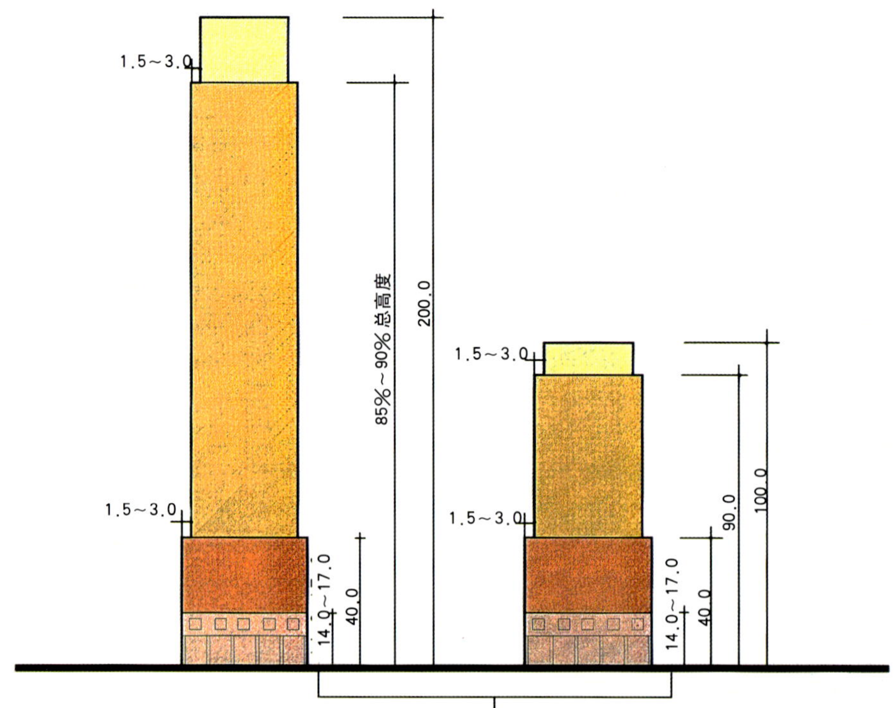

建筑基座或低层部分高度沿福华路、中心四路、中心五路控制在17m
建筑基座或低层部分高度沿地块内开放小广场控制在14m

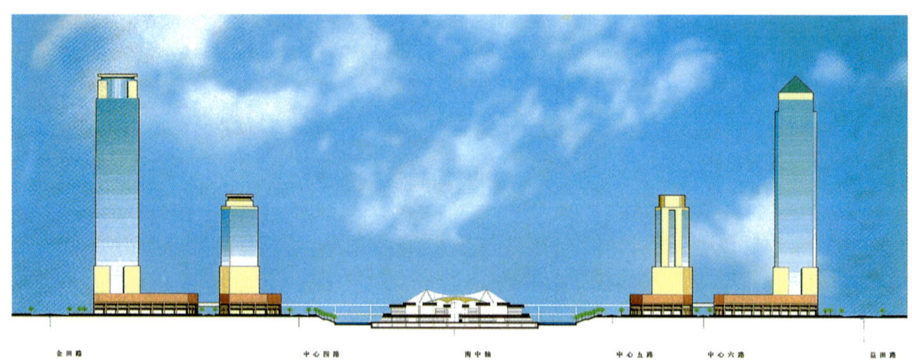

沿福华路立面示意图

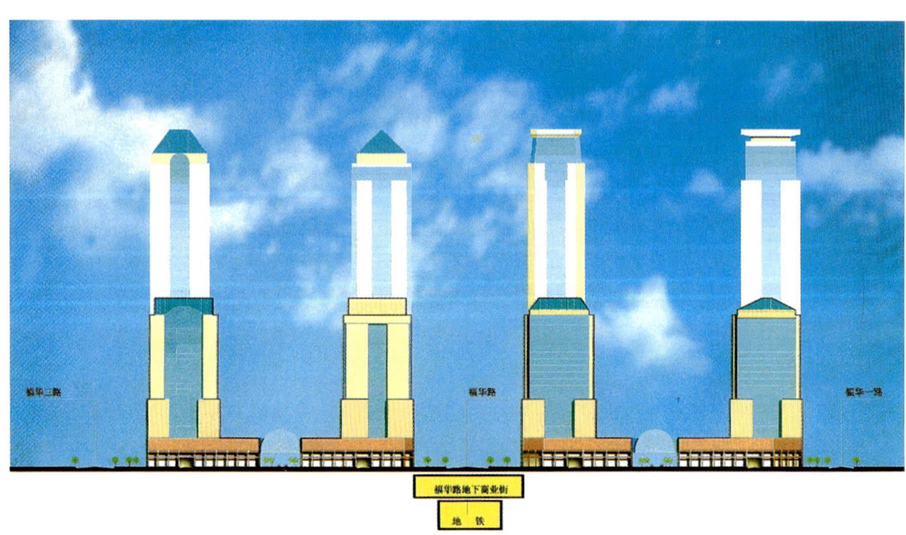

沿中心五路立面示意图

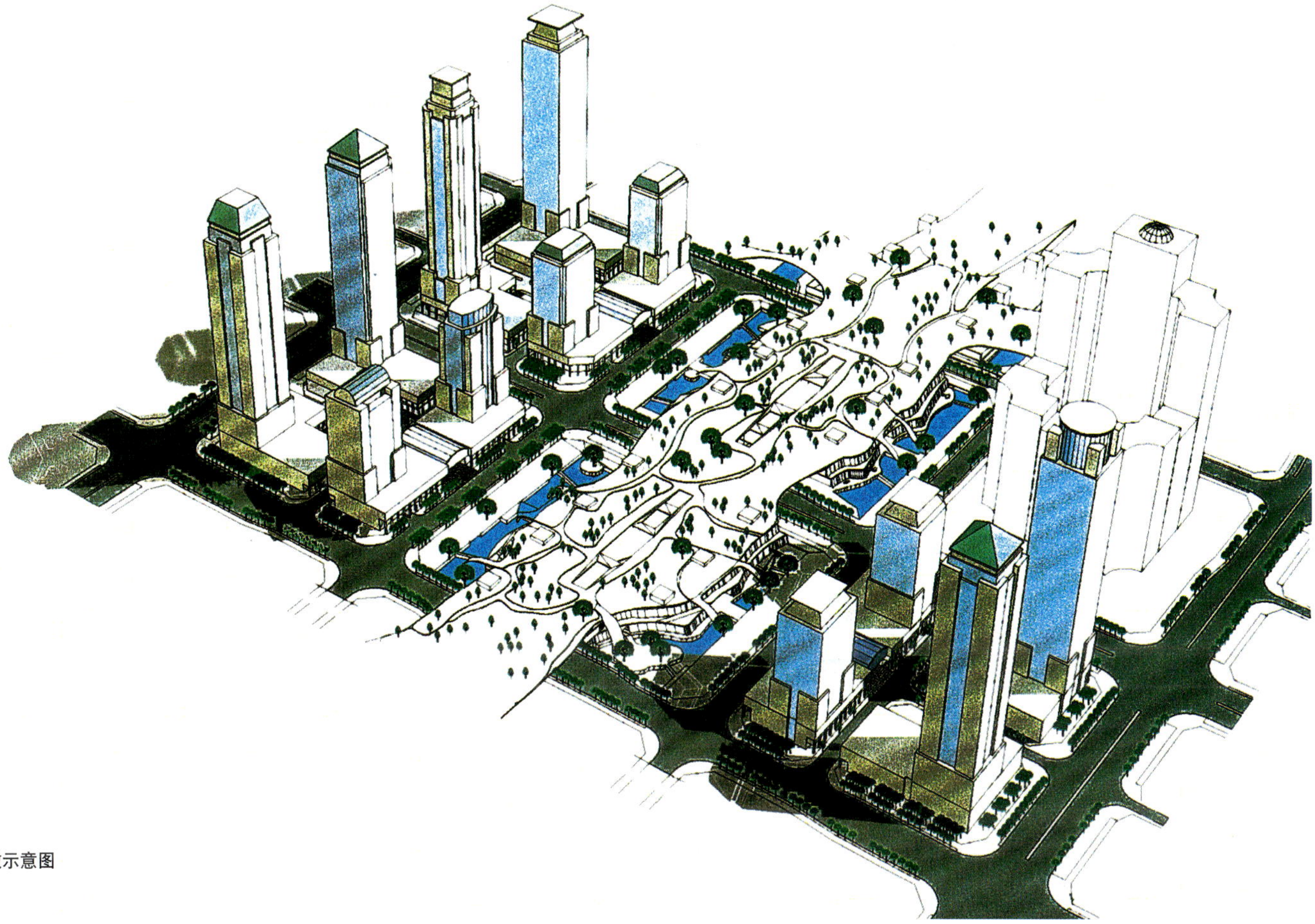

鸟瞰示意图

＊南中轴与福华路构成本指引涉及地块空间序列南北、东西两条主轴。

南中轴在空间结构、景观上将三地块纳入整个中心区城市空间序列。

福华路在交通、使用功能上联系三地块。

＊地块内广场做为街坊是室外活动中心，同时，通过设置人行通道作为过渡空间，使内广场成为南中轴在空间序列、景观上向三地块的扩散与完结。

＊左图中的主要街道和内广场四周将是商业、服务集中地段。

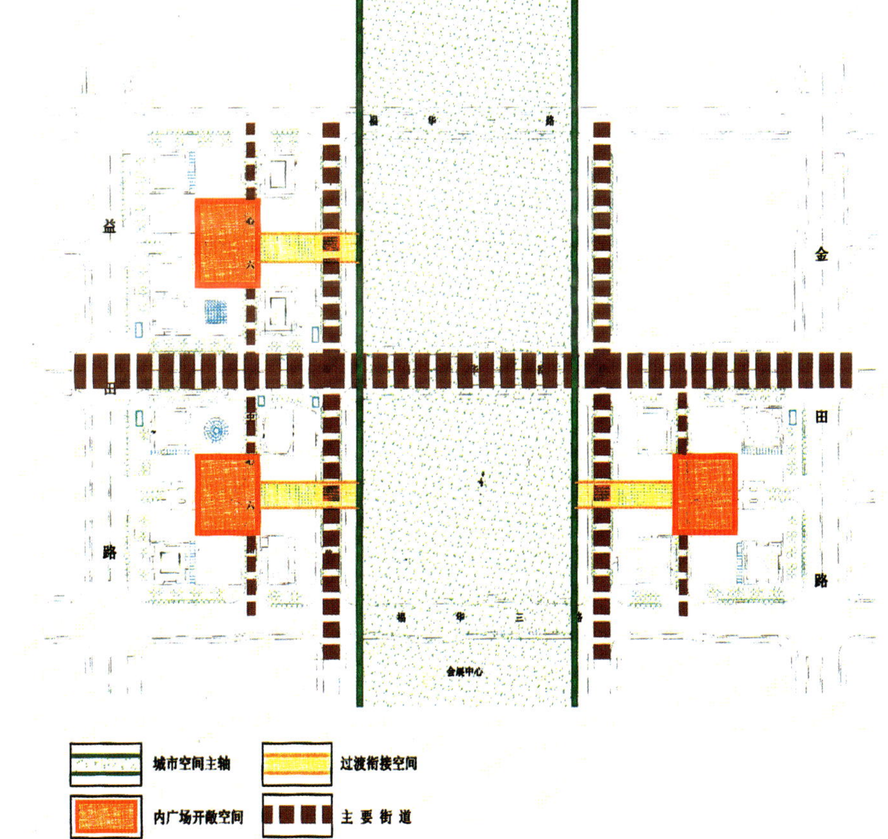

空间序列分析图

＊南中轴的城市主导景观通过人行通道引入街坊，南中轴、人行通道与内广场应一体化考虑，在绿化配置、小品设置以及建筑风格、色彩等各方统一设计、协调。

＊临福华路、中心四路、中心五路建筑界面对于整个中心区景观风貌具有较大影响，应严格按相关规定精心设计。

街坊地块通过一系列“灰空间”——人行通道、骑楼，形成南中轴－人行通道－内广场－骑楼－建筑内部的空间序列。

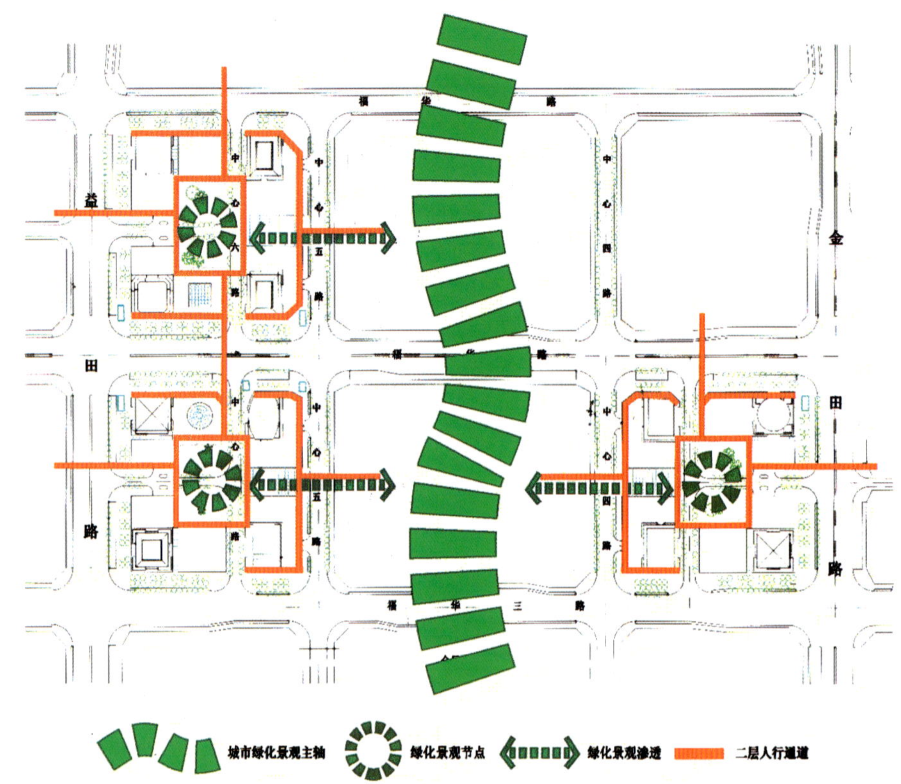

景观绿化分析图

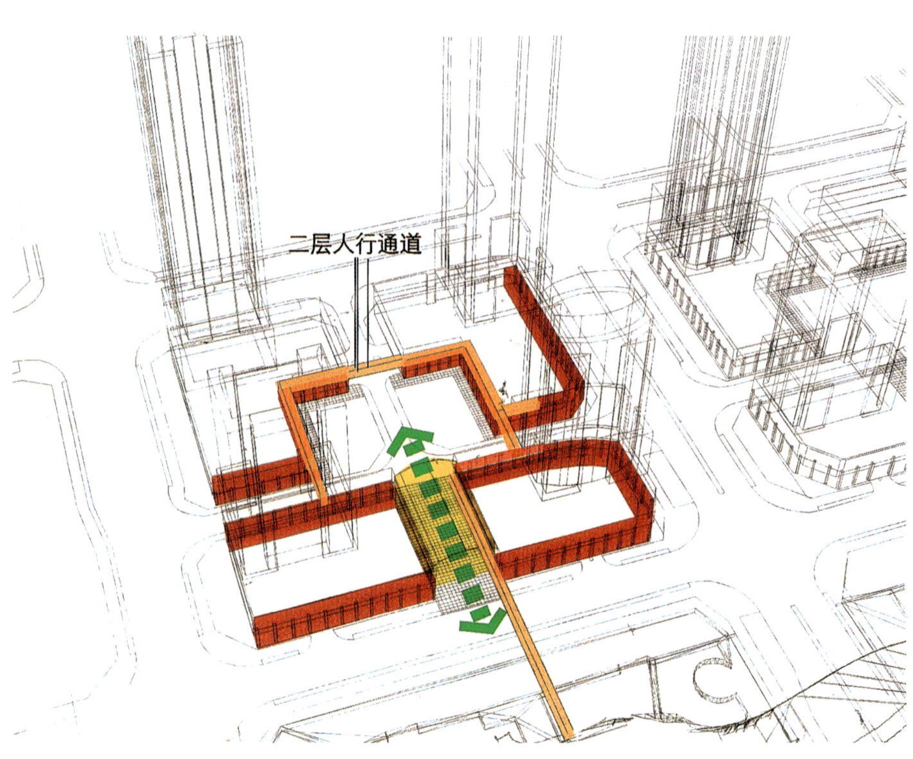

地块空间分析图

八、220kV福华变电站换址可行性研究

(一)项目背景

深圳中心区彩田南路与福华五路西北角20—1—3地块规划有一占地的4 300m²的220kV变电站,中心区开发办认为该地块东侧为彩田南路商业旺区,规划为变电站不利于土地价值的发挥,提出将变电站换址到南边彩田路与滨河大道立交桥匝道中(占地面积约6 000m²(见右图),此建议很快得到主管局领导的赞同。为此,委托广东省电力设计研究院进行该项目换址可行性研究工作。

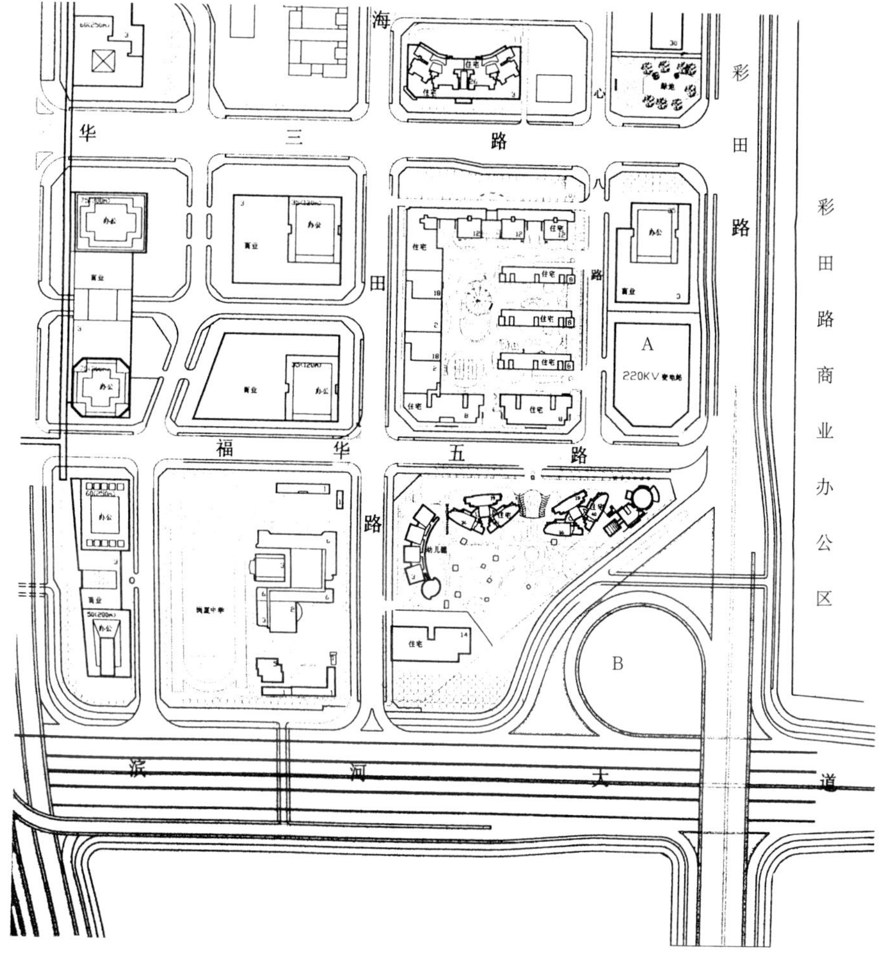

福华变电站地块位置图(A:规划220kv变电站处
B:拟换址建220kv变电站处)

(二)可行性研究成果

(编制单位:广东省电力设计研究院)

总的部分

根据深圳市规划与国土资源局深规土函(2001)302号文"关于委托进行中心区20—1—3地块规划变电站换址可行性研究的函"进行研究,从技术上来研究福华变电站从中心区20—1—3地块换址到滨河大道与彩田立交的西北角匝道中的可行性。

本报告将从以下几个方面研究福华站的情况:

从电力系统上研究福华站的规模及容量;

从变电设计上研究变电站的电气结线及设计;

从土建设计来研究福华站建于匝道内的情况;

福华站电缆进出线的可能性及建筑景观分析;

福化变电站新旧站址投资分析。

土建部分

1 变电站

1.1 站址

1.1.1 站址概况

站址位于深圳福田新市中心区的东侧中部,是彩田路、滨河路立交匝道内的一块绿化地。这是一块直径80m的圆形草地,四周由于立交桥匝道的原因高差为6.5m。

本站原规划站址为现址北面的一块平地,是法定图则中的20—1—3地块,是建户内变电站的理想用地。现换址后变成匝道内的坡地,变电站露出地面部分不宜太高、太多,否则会影响到匝道行车的视线。

1.1.2 水文气象

福华变电站站址处于深圳市市区内,属海洋气候,处于季风区,长夏无冬。5~10月受台风影响,暴雨频率、风向随季节变化。

根据当地水文资料推算,站址百年一遇洪水位为4.54m(珠江基面),相当于(黄海高程)5.126m。本站址是平整的绿化场地,场内高程在黄海高程5.74~9.05m之间,已高于百年一遇洪水位5.126m。

2 变电站形式与站址的关系

220kV户内式福华站一般设计成一幢综合楼建筑,将电气设备全部放在楼内,这样的设计容易得到城市规划部门的接受,因为综合楼建筑容易与周围环境协调,不会破坏城市的景观,如果220kV福华站放在法定图则20—1—3地块,则综合楼会是一幢长58.5m,宽34.2m,高为28.0m的建筑物。现在因为换址到匝道内,起初我们设想的方案是这样的,将综合楼设计成直径为70m的一个圆形建筑物,建筑物高出地面为6.5m,屋顶上露天放六氟化硫组合电器(GIS)设备,二列布置,一列为110kV GIS,一列为220kV GIS。室内5m层高内设置10kV开关柜、电容器、电抗器等其他设备,设备层地下有一层半地下室的电缆层,层高为2.5m。三台主变压器露天设置,三侧用防火墙围住,面向滨河路。这样的方案对变电站来说比较方便而且与普通户内站相似,不须增加投资,运行环境也较理想,但它的问题是在匝道内建一幢6.5m高圆形建筑,而且在其屋顶还有二套高3m的GIS设备,会影响到匝道上行驶车辆的视线,从景观上来讲等于塞死了匝道中的空地,会影响到城市的美观。因此我们考虑了半地下方案,将大部分电器设备房间埋在地下、地面上只有110kV、220kV GIS设备露天,三台变压器露天,三面用防火墙隔开,详见彩色效果图。

3 变电站建筑

本方案是一个直径70m的圆形半地下变电站,除了主变压器、GIS设备放在地面上露天外,其他所有设备放于−5.00m层,设备层上有2.5m高的电缆层。从地面上左右两侧的入口下到−5.00m设备层,设备层内布纵横通道到达每一个设备间。

220kV福华站需建设往东、往南各二条直径1 800mm的电缆管道,分别穿越彩田路、滨河路,做为变电站的电缆出线通道,与变电站内的电缆层接通。电缆管道要采用顶管施工,费用较高。

变电站地下部分的设备房间全部要靠机械来通风,因此地面上会有进风、出风的风机房。

变电站地下部分先要用⌀1 200mm的护壁桩形成一个深八米多的一个基坑,变电站的外墙壁厚为500mm的钢筋混凝土墙壁。变电站外墙的迎水面做卷材防水,混凝土本身为防水混凝土。底板为厚达600mm的钢筋防水混凝土底板,板下有⌀1 200mm抗浮桩,板面刷水泥基防渗材料。底部电缆层处设集水坑排渗漏水。

地面露天GIS设备考虑用汽车吊进入场地安装、检修,平时可以不需要汽车吊。主变压器用平板车经滨河大道运至站址处,直接从道路上拖到主变位就位。

三台主变压器排成一列,由于相互之间的防火间距不够,用8.5m高的防火墙三面隔断,正面敞开,便于主变压器的出入。

4 变电站通风

220kV福华变电站为地下布置的变电站,共设二层,地下一层为设备层,地下二层为电缆层,通风方案简述如下:

福华变电站通风分为四个系统,分别为电缆层、电容器室、电抗器室和10kV室等,四个系统彼此独立,由风机进行机械送、排风。

电缆层通风按防排烟系统设计,设若干个防火分区,排烟风机按每个防火分区分别设置,排烟量按$60m^3/h \cdot m^2$计算,送风量不小于排烟量的50%,排烟风机兼做通风换气用。

地下一层的通风按换气次数每小时不小于10次设计的事故排风系统,送、排风机设于风机房内,由管道接至各房间。

主变压器、GIS设备采用露天布置形式,自然通风。

若福华变电站采用地上户内布置方式,其通风系统可大为简化,可节省通风系统设备及材料的投资约40%。

表1比较未包括由于地下通风系统要求增加的土建费用及通风系统的安装费用。如考虑这些因素,地下变电站的通风系统投资还略有增加。

5 变电站噪音:

因为主变压器放于地面露天,而主变压器本体噪声都会在60多分贝以上,如果放在办公、住宅区域都要进行消声处理,而福华站四周全部是道路,道路上的噪声已经掩盖了变电站的噪声,因此变电站发出的噪声可以不作消声处理。

6 变电站消防

6.1 根据国家标准"建筑设计防火规范"规定福华站的三台露天变压器都要设水喷雾灭火系统,场地上设消火栓,进入地下站的楼梯间设消火栓,所以福华站要设消防泵间,以及贮水量在240吨的消防水池,消防水池及主变事故油池都可以放在匝道西侧的空地上,可以设在地下,地面上种草皮。

站内继保室及所有放置电器设备的房间、区域包括电缆层均设置火灾自动报警系统,信号集中到警传室内。

站内电容器如果采用油浸设备时则要设计七氟丙烷气体灭火装置。

电缆层内根据规定分成若干个防火分区、中间用防火墙分隔,悬挂固定式干粉灭火器。

6.2 福田站在新旧两个站址上相比，户内福田变电站与地下福田变电站在消防设施上基本相同，所以消防投资也应该相等。

福华站电缆进出的情况

变电站地处福田中心的东侧，紧靠彩田路滨河路立交，周围的立交桥及道路早已形成，所以变电站电缆出线的电缆综合沟只能用顶管的方法来施工，以免对周围道路环境造成破坏。

220kV 福华站 110kV 最终出线 12 回、220kV 最终出线 4 回，10kV 最终出线 36 回，所以 220kV 福华站电缆出线穿越彩田路电缆管廊直径为 1 800mm，需 2 根，直线段 60m，工作井有 4 个（其中 2 个为顶进工作井，2 个为接收井）。同样电缆出线穿越滨河路电缆管廊直径为 1 800mm，需要 2 根，直线段 80m（不包括斜线段），工作井有 4 个（其中 2 个为顶进工作井，2 个为接收井）。以上部分工程费用共约 1 100 万元。

福华变电站新旧站址投资分析

1 工程概况：

1.1 深圳市福华220kV变电站旧站址变电站（地上变电站）：

旧站址变电站为拟建一座 5 层现浇混凝土框架、砖砌填充围护、室内主变及 GIS 的地上结构变电站，建筑面积约 6 855m²，建筑体积约 45 906m³，其电缆层采用半地下室设计，铝合金门窗，继保室采用抗静电活动地板。

1.2 深圳市福华220kV变电站新站址变电站（半地下变电站）：新站址变电站设计为半地下变电站，建筑面积约 4 995m²，建筑体积约 18 696m³，共设两层，地下一层为设备层，地下二层为电缆层，露天 ±0.000 层布置主变压器及 GIS 设备，所有外墙均采用混凝土墙，继保室采用抗静电活动地板。

2 分析范围：

此次新旧站投资分析，是建立在只有建筑、通风工程不同，而其他工程、设备投资相同的前提下的分析。这里只对建筑、通风工程进行投资比较。比较结果参见表 2、表 3 和表 4。

3 工程范围：

3.1 深圳市福华220kV变电站旧站址变电站：

未包括基础处理。包括建筑、通风、上下水工程。

方案及投资比较表　　表 1

项　目	地下布置方式	地上户内布置方式	备　注
1.电缆层	机械送排风：通风量按 60m³/h·m² 计算，设备：4 台箱式离心通风机（35 000m³/h），2 台送风机（35 000m³/h），风管约 1 100m²，风口约 15m²。 进排风为混凝土竖井、铝合金百叶窗	机械排风或自然通风：通风量 6 次/h 计算 设备：4～5 台轴流风机，风管约 500m²，风口约 6m² 进排风为铝合金百叶窗	进排风铝合金百叶窗面积相等
2. 电容器室	机械送排风：通风量按发热量计算 设备：2 台箱式离心排风机（15 000m³/h），2 台送风机（15 000m³/h），风管约 140m²，风口约 6m²	机械排风：通风量按发热量计算 设备：4 台轴流风机，风管约 100m²，风口约 5m²	
3.电抗器室	机械送排风：通风量按发热量计算 设备：2 台箱式离心排风机（20 000m³/h），2 台送风机（20 000m³/h），风管约 140m²，风口约 7m²	机械送排风：通风量按发热量计算 设备：4 台轴流风机，风管约 100m²，风口约 6m²	
4.10kV 室等	机械送排风：通风量按 10～15 次/h 计算 设备 2 台箱式离心排风机（25 000m³/h），2 台送风机（15 000m³/h），风管约 140m²，风口约 7m²	机械送排风：通风量按 10～15 次/h 计算 设备：2 台箱式离心排风机（25 000m³/h），2 台送风机（15 000m³/h），风管约 140m²，风口约 7m²	
5.变压器室	自然通风（室外布置）	自然通风（按室外布置考虑）	
6.GIS 室	自然通风（室外布置）	机械送排风：通风量按 4～6 次/h 设计计算 设备：2 台箱式离心排风机（25 000m³/h），2 台轴流送风机，风管约 120m²，风口约 4m²	
7.通风设备投资（万元）	40	22	
8.风管及型钢（万元）	11	7	
9.铝合金风口（万元）	3.5	2.8	
10.通风系统总投资（万元）	54.5	31.8	

3.2 深圳市福华220kV变电站新站址变电站：

包含了 52 根抗浮灌注桩，单根 12m 及建筑、通风、上下水工程。

4 编制依据：

4.1 工程量按设计人员提供的方案图纸计算。

4.2 建筑工程定额按电力工业部综建 [1997] 28 号文颁发的《电力建设工程概算定额》（1996年北京地区价目表），并按粤电定 [2000] 19 号文执行。

4.3 费用标准按《火电、送变电工程

建设预算费用构成及计算标准》及省电力建设定额站有关规定进行计算。

4.4 通风设备价按设计提资单列价。

4.5 材料价差按深圳市2001年7月份信息价计差。

结论

深圳中心区在彩田路、滨河路立交匝道地块建变电站情况：

电力系统方面考虑匝道地块应当建设220kV变电站按3台24万kVA主变规模考虑，中心区20-1-3地块规划变电站换址是可行的。

立交匝道地块建设变电站的形式经分析研究后认为应该以地下变电站的方式布置在地下，220kV福华变电站主要设备三台主变及110kV、220kV GIS设备都在地面露天，这样地下部分最深处仅为-7.5m标高，设备运行层在-5.00m，对运行检修来讲可以创造比较好的条件。变电站外露部分对城市环境影响不是很大。

220kV福华变电站的电缆出线要用顶管法施工电缆管线跨过彩田路、滨河路，费用较大，约须增加400万费用。

从以上情况来看中心区20-1-3地块换成匝道地块建设220kV福华站技术上是可行的，但由于从户内变电站变成地下变电站运行条件改变了，增加了维护通风系统的成本，消防设施相差不大。另外增加了建站的费用，由于要建设一个-7.5m深的基坑及地下室墙，防水会增加土建建设成本，地下变电站方案比地上户内变电站方案增加费用512.43万元。加上电缆出线须增加1 100万元，总共要增加投资近1 620万元。

220kV福华站如果建设在匝道内将来还会有一个防盗和运行安全问题，因为主变、GIS设备露天布置在±0.000层，四周是通透的栏杆围墙，安全保卫工作有一定难度。万一出现交通事故，对变电站的安全运行造成威胁。

另外变电站底层电缆层标高已到-7.50m。自流排水已不可能，要增加排水泵，增加了运行管理上的困难。

220kV深圳市福华变电站新旧站址投资对比表 表2

序号	对比项目	地上形式(旧址)		半地下形式(新址)	
		包含内容	投资(万元)	包含内容	投资(万元)
1	基础处理	未包含		52根直径1 200灌注桩单根深12m作为抗浮桩	91.75
2	开挖、围护工程	普通放坡，开挖并入建筑部分		190根直径1 200灌注桩单根深12m作为挡土墙、开挖回填、外运	482.43
3	建筑工程	基础开挖及基础垫层以上部分建筑工程	686.65	基础垫层以上部分建筑工程	637.63
4	通风、照明、上下水		113.70		78.27
5	通风设备		31.80		54.50
6	合计		832.15		1 344.58

220kV深圳市福华变电站新旧站址单位投资对比表 表3

序号	工程项目	建筑面积(m^2)	建筑体积(m^3)	单位面积造价(元/m^2)	单位体积造价(元/m^3)
1	地上形式(旧址)变电站	6 855	45 906	1 213.9	181.3
2	半地下形式(新址)变电站	4 995	18 696	2 691.8	719.2

深圳市福华220kV变电站新旧站址投资对比表 表4

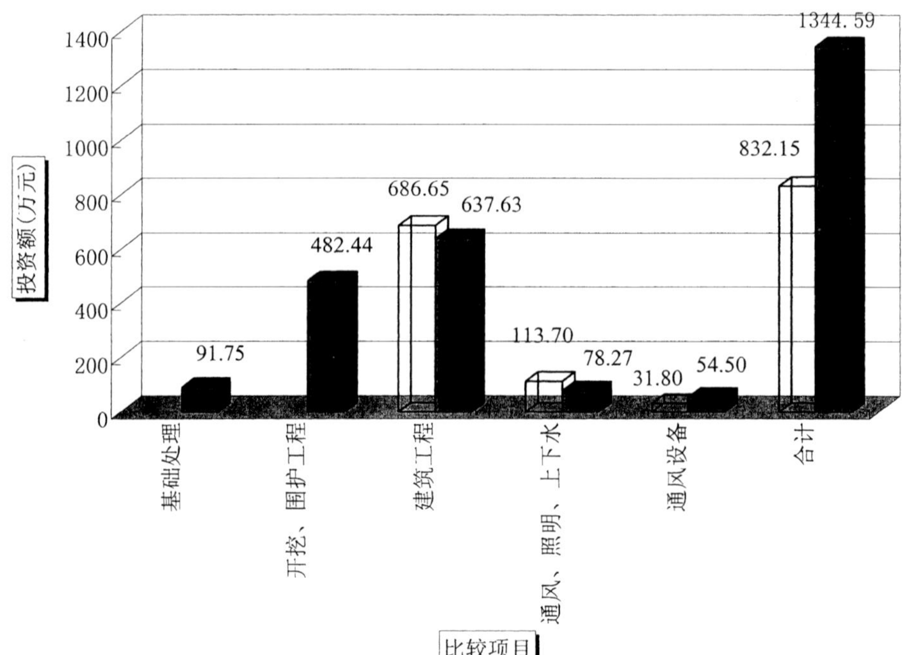

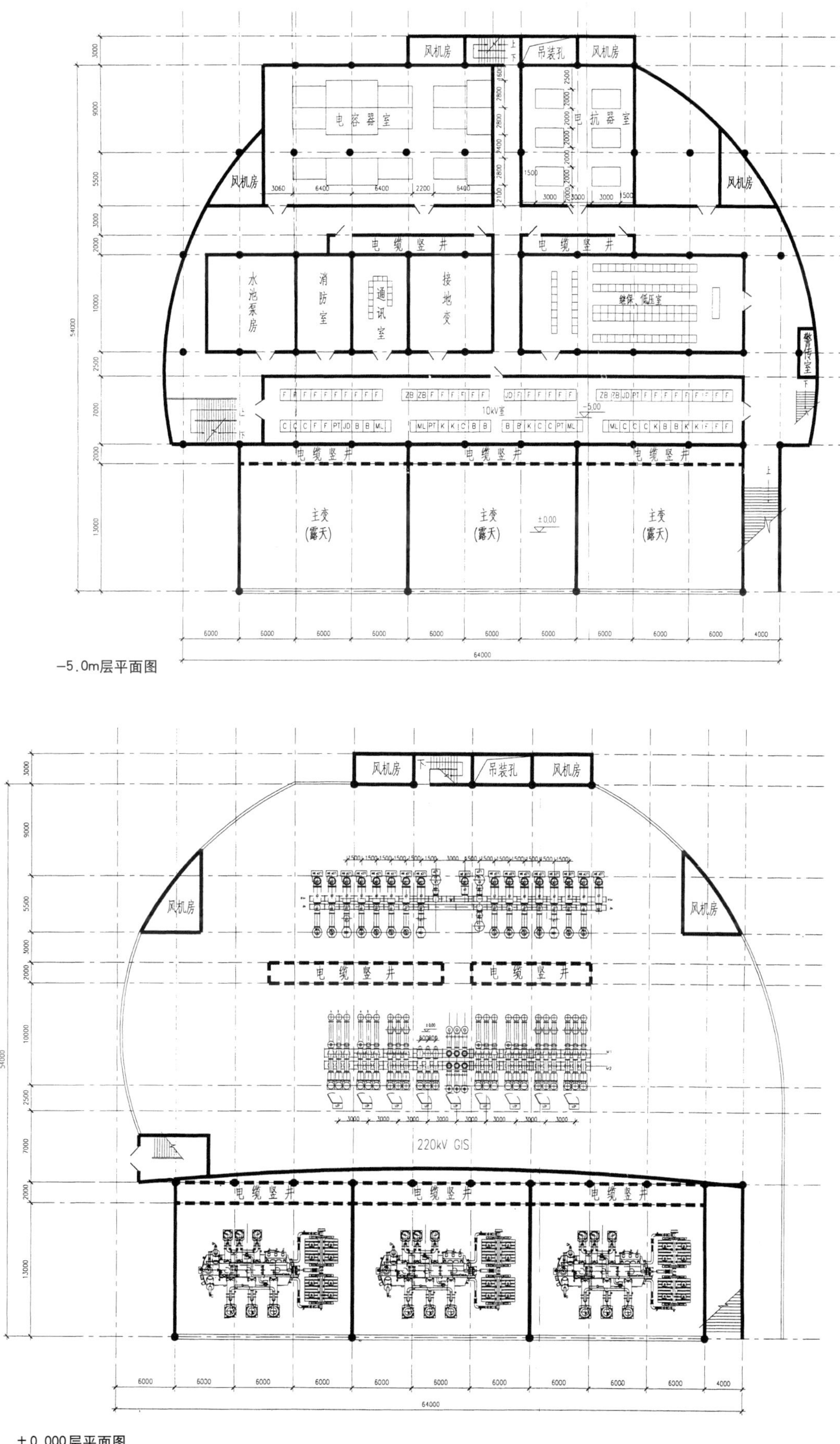

-5.0m层平面图

±0.000层平面图

220KV 福华变电站鸟瞰图

220KV 福华变电站鸟瞰图

（三）福华变电站换址可行性研究成果汇报会议纪要

2002年3月26日召开了中心区20—1—3地块规划变电站换址可行性研究论证会。广东省电力设计研究院完成了"220kV福华变电站换址可行性研究"报告并做了汇报，与会人员进行了充分的讨论，现纪要如下：

1.会议认为，广东省电力设计研究院编制的"220kV福华变电站换址可行性研究"内容详实，结论明确，符合委托书要求。

2.中心区20—1—3地块规划220kV变电站换址到滨河大道与彩田立交匝道绿地中，变电站建筑采取半地下方式布置，对城市景观影响较小；在电力、电气、电缆进出等工程技术和日常运营方面是可行的，建设投资增加约1 620万元人民币；日常运营对周边城市道路交通也影响较小。因此，220kV福华变电站换址技术上是可行的。

3.会议认为，由于变电站主变、GIS设备在室外设置，因防盗和乱扔杂物而带来的安全运行问题比较难以解决，设计部门也提出防犯措施如电围栏报警系统、沿匝道内侧安装玻璃挡板、主变前设高栏栅折叠门等。但利用立交匝道用地设置变电站的方式在国内尚无先例，因此决策在20—1—3地块规划变电站换址前，应就安全运营课题进行调研，广泛征集建议后方能决策。

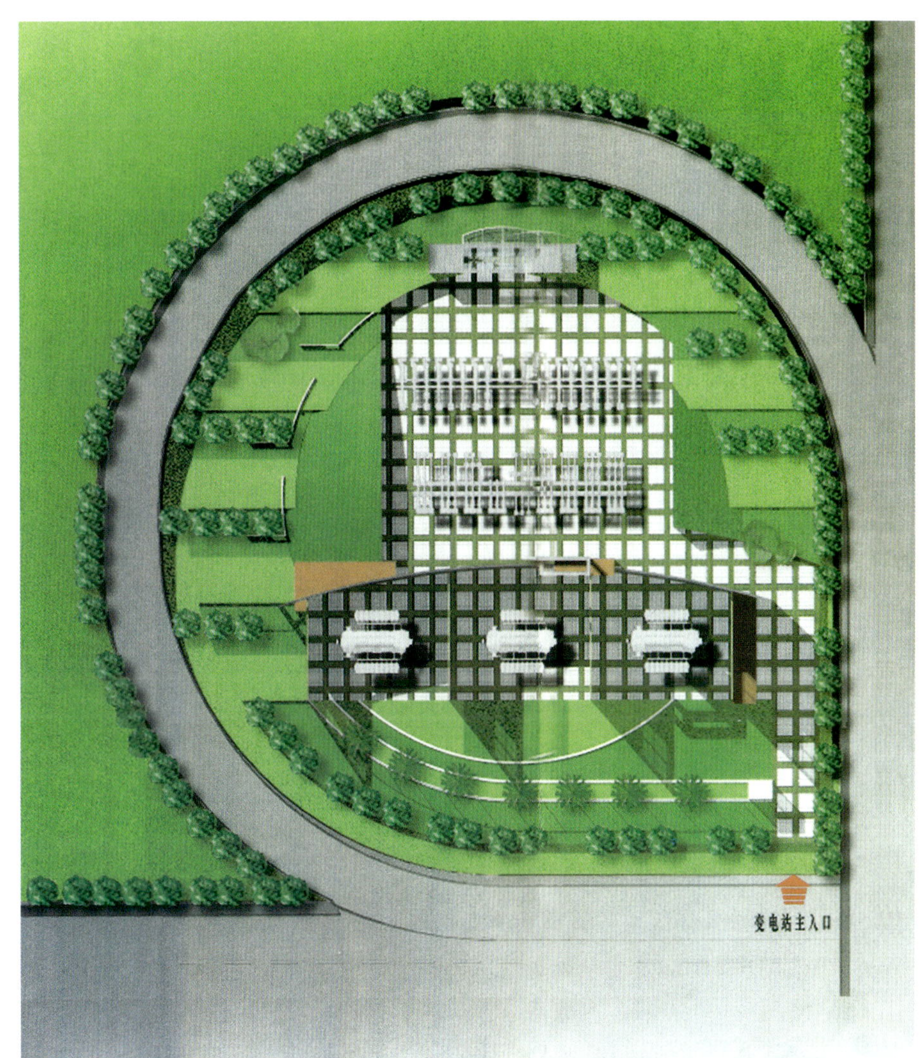

总平面图

立面图

九、计算机仿真技术在中心区城市设计研究及建筑设计管理中的运用

1997年在深圳市中心区现场应用气球勾勒市民中心方案的立体轮廓，使领导和市民直接看到了这一重要建筑的巨大尺度，同时也产生了对其高度和位置的诸多疑问。为了解答这些疑问，进一步研究市民中心与周边建筑和环境的关系，需要借助新的分析手段和表达方式。深圳市规划国土局中心区开发建设办公室（简称中心办）在深入比较电脑动画和计算机实时仿真的优缺点后，决定采用后者作为中心区城市设计分析新的辅助手段。这一尝试产生了良好的效果，计算机实时仿真的直观性和可交互性优势在帮助市领导进行重大项目建设的决策上发挥了作用。做为第一个吃螃蟹者，中心区尝到了应用新技术的甜头，也得到规划界专家的肯定，甚至有幸被推荐到1999年北京世界建筑师大会上加以展示。正是以此为契机，1998年11月，深圳市规划与国土局决定引进软硬件建立仿真系统，以中心区为试点，探索仿真技术在城市设计和建筑设计管理中的运用，使中心区城市设计研究先行一步，跨入了一个全新的领域：计算机城市仿真。4年以来，中心区仿真系统依靠自身的技术力量和社会资源的结合，不断提出使用需求和研究课题，开发出不同计算机平台的仿真系统、漫游和编辑软件，进一步扩大了仿真技术的功能及运用范围。

（一）计算机城市仿真技术简介

1.1 虚拟现实与城市仿真

虚拟现实(Virtual Reality，简称VR)是近年来出现的高新技术。VR是一项综合集成技术，涉及计算机图形学、人机交互技术、传感技术、人工智能等领域，它用计算机生成逼真的三维视、听、嗅觉等感觉，使人做为参与者通过适当装置，自然地对虚拟世界进行体验和交互作用。VR主要有三方面的含义：第一，虚拟现实是借助于计算机生成逼真的实体，"实体"是对于人的感觉(视、听、触、嗅)而言的；第二，用户可以通过人的自然技能与这个环境交互，自然技能是指人的头部转动、眼动、手势等其他人体的动作；第三，虚拟现实往往要借助于一些三维设备和传感设备来完成交互操作。近年来，VR已逐渐从实验室的研究项目走向实际应用。目前在军事、航天、建筑设计、旅游、医疗和文化娱乐及教育方面得到不少应用。在国内，有关VR的项目已经列入计划，VR的研究和应用正在全面展开。

城市仿真(Urban Simulation)是运用虚拟现实技术，将城市现实景观和城市规划中的设计项目制作成三维影像图，以人机交互方式通过步行、驾车、飞行等漫游，从多种不同的视觉位置、角度，对城市景观进行实时漫游。目前城市仿真主要局限在视景仿真范围，对于建筑内部体量的研究、结构研究、空间感的研究尚未达到实用阶段。

深圳市中心区城市仿真系统，是根据现实城市建设的需要，利用其现实的地理信息系统，将城市规划和城市设计人员的设计意愿，以三维的方式，实现实时漫游。系统提供了各种人机交互方式，实现了对不同的建筑报建方案的切换、建筑立面的更改、建筑尺度的拉伸、楼层数的变化和位置的变化。这是一个基于真实的城市建设需要而开发的城市仿真系统，从1999年6月正式投入运行以来，在市民中心尺度研究、中心广场城市设计研究、街区设计的比较研究、会展中心选址研究等大型建设项目上发挥了重要作用。在日常建筑项目报建上，每一个中心区的新报建项目，必须通过仿真系统进行不同方案的比较研究，真正发挥了仿真系统的作用。在系统实际运行过程中，根据城市规划和设计者的要求，不断完善和丰富了现有的仿真系统，使其成为决策不可缺少的手段之一。

城市规划和建筑设计的传统表现手段是利用沙盘模型加效果图，沙盘模型虽具有不可替代的生命力，其缺点是不能够以人的正常视点对建筑物进行详细的观察，特别是对街道、建筑与建筑之间、建筑内部的空间尺度的感受。一些聪明的摄影师，通过采用微型摄影镜头，将模型拍摄后放大，让人们获得较为真实的空间尺度感。随着计算机三维动画技术的发展，许多复杂的模型逐渐被三维动画所取代。效果图和三维动画技术近年来被用来表现城市规划和建筑设计。建筑动画突破沙盘模型地域的限制，以其优美的光影效果，加上故事脚本，被广泛用于宣传。但由于采用固定的漫游路线，对城市规划和城市设计的研究缺乏交互性。

城市仿真具有良好的交互性，提供了任意角度，任意速度的漫游方式，可以非常快速的替换不同的建筑，对城市规划、城市设计提供了多种辅助手段，对建筑与建

深圳市中心区仿真场景

筑之间的关系、建筑与城市景观的关系、建筑内部的体量关系进行详细的研究。由于计算机仿真画面形象直观，为专业人士和非专业人士之间提供了沟通的渠道。仿真采用数字化建模手段，其维护和更新变得非常容易。其缺点是由于受限于计算机的处理能力的影响，建筑细部、光影计算、真实环境的细节等尚存在许多不尽人意之处，所以在深圳市中心区仿真系统建立后，沙盘模型、渲染图、动画并未被取代，仿真系统做为研究城市规划与设计的新手段弥补传统展示手段的不足。

城市仿真在业界也被称为视景仿真(Visual Simulation 简称 VisSim)，与虚拟现实相比较，城市仿真可以不用数据手套、头盔显示器等个人化操作与传感设备，但必须有一个大屏幕的投影系统，充分展示城市空间和建筑体量的空间感。在采用立体投影系统，则对仿真显示输出的流畅提出更高的要求（30帧/S），同时要求有良好的抗锯齿、抗紊叠功能。在采用多台投影系统的视景仿真中，需要处理多台计算机同步显示和投影系统的边缘融合，投影机的色差等。因此，一个良好的视景仿真需要投入较多的资金。

1.2 城市仿真与地理信息系统(GIS)

近年来从事地理信息系统的人员将地理信息系统提升为数字化城市的概念，城市仿真所依赖的仍然是最为基础的地理信息数据。地形地貌的等高线、卫星影像、航空影像以及文化特征属性数据，区域性数据如湖泊、海岸线、森林、沙漠，线性数据如：道路、河流、铁路、行道树、栅栏，点状数据如建筑、地铁站、公交车站、变电站、建筑小品、街心公园等。可以说城市仿真是以GIS为基础的三维影像系统。

视景仿真不可能完全表现现实世界的所有细节。通常人们最喜欢用视景仿真来展示消失了的或者未来设想中的景象。城市仿真主要用于对城市的现状和基于现状所规划的未来景象。其目的是为了人们进一步研究城市的空间关系和功能。地理信息系统提供精确的地形数据给视景仿真系统生成三维地形模型，卫星影像和航空影像为仿真系统提供了真实的纹理贴图。Multigen-Paradigm公司推出的基于ArcView的SideBuilder软件，充分展示了城市仿真与GIS的结合。

（二）国内外城市仿真技术概况

在60年代初期，美国就有人开始从事虚拟现实(Virtual Reality VR)技术的研究，重点开发带有传感器的视频设备，以实现人机交互系统。70年代由Even & Sutherland公司开始引入计算机作为场景图像生成设备，从此发展出计算机虚拟现实的运用。Silicon Graphic Inc.公司为图形图像处理投入了大量的研究，其最主要贡献是制定了开发图形系统的运用程序标准(Application Program Interface) OpenGL。同时为视景仿真实时漫游提供了一套Performer。许多用于城市仿真的软件，借助于Performer进行二次开发，使视景仿真的开发变得容易。Multigen-Paradigm、Coryphaeus等软件均以Performer为基础，进行二次开发，起初开始用于飞行模拟训练，后来被扩展到视景仿真，也就是我们现在所说的城市仿真。.

2.1 美国加州的虚拟洛杉矶(Virtual Los Angeles)

虚拟洛杉矶是美国加利福尼亚大学洛杉矶分校（UCLA）的一个科研与运用相结合的项目。该项目始于1994年，利用军事飞行仿真和虚拟现实技术，结合相关航空照片和街景录像的三维模型制作的仿真。制作精细到植物、建筑物的窗口、外墙的纹理等。

虚拟洛杉矶项目计划覆盖面积将超过10 000平方英里，视景包括从洛杉矶盆地的卫星影像到街道景观，精确到建筑物的窗口、外墙的纹理等。总数据量将超过1TB(1 000GB)，整个计划用5年的时间完成。目前已十多个独立地区的模型，每个模型覆盖的面积约1～15平方英里。

虚拟洛杉矶项目作为洛杉矶大学的科研项目，涉及的领域包括CAD、GIS、DATABASE三个方面的内容，利用仿真作为手段，将三者通过他们开发的虚拟世界数据服务器(Virtual World Data Server)，采用空间分布式异构数据形式存储，实现了在仿真中实时地对GIS、CAD和对象属性的查询。

洛杉矶大学的城市仿真项目并不局限于计算机技术的研究。该项目将仿真系统做为城市规划和建设的重要手段，特别是对加州Pico Union地区在地震破坏的重建工作进行仿真。这些工作包括毁坏的建筑物数量，需要改造的街道、绿地、房屋等。城市规划与设计人员通过仿真模型和地理信息数据，对重建的城区进行重新规划与设计。同时将新的数据存入计算机系统，实现了信息系统的良性循环。

洛杉矶城市仿真项目

虚拟洛杉矶的仿真项目是当今城市仿真系统中最成功、也是最为复杂的系统。在制作洛杉矶大学医院的仿真系统中，详细到可以对建筑内部的每一个层面进行漫游，同时利用他们自己开发的虚拟世界数据服务器，将每个建筑墙体、天花板等对象与数据库中存储的工程设计图纸、对象属性相关联，用户可以步行到任何空间，用鼠标点击墙面或天花板就能得到平面设计图及相应的属性数据。

2.2 费城城市模型(ModelCity Philadelphia)

费城城市模型是由美国Bentley公司利用MicroStation和MicroStation MasterPiece软件和Bentley公司开发的软件工具，在1996年开始制作，计划在2000年前完成。目前已完成费城中心区35个街区，包括市政厅、自由广场、宾夕法尼亚议会中心等。该项目主要特点是将整个费城的模型通过ModelServer服务器，以VRML数据格式，让城市设计人员通过Internet浏览器，对城市三维景观进行直接地漫游。费城模型不仅包括地上建筑，同时提供精确可视的三维地下管线系统。这大大方便了对城市地下管网系统的维护和更新。因此该项目获得美国建筑师学会(AIA)高度评价。

费城城市模型有丰富的三维城市景观和人造结构模型，这些模型表现出令人向往的费城都市。由Bentley公司提供的ModelServer PublisherTM，通过Internet，任何人可以享受到实时费城旅游的体验。通过Internet，建筑师围绕城市景观设计，可对真实的城市景观进行分析，考虑建筑物之间的相互关系，解决了在委托设计项目时缺乏资料的问题，获得精确的土地和建筑结构方面的资料信息。

2.3 国内城市仿真系统的运用

1999年当深圳市中心区城市仿真系统进行公开招标时，能够提供完整解决方案的开发商非常有限。如今随着国内许多开发商在借助国外软件或自行开发，制作了许许多多视景或城市仿真项目。城市仿真技术不再神秘并逐渐走向普及。

（三）中心区城市仿真系统地引进和开发

早在1994年的深圳房地产交易会上，Coryphaeus软件代理商为了推销其公司的产品，利用Coryphaeus软件为规划中的深圳市中心区制作了两条街景，由于受限于硬件设备，场景制作过于简单，并未引起人们太多的关注。1998年6月为了研究深圳市中心区主体建筑市民中心的体量大小和位置，以及主体建筑与周边的关系，深圳市规划国土局领导建议采用计算机作为城市设计研究的辅助手段，对市民中心及其周边建筑进行详细研究，中心办详细比较电脑动画和电脑实时仿真的优缺点后，决定采用计算机可交互性作为城市规划和城市设计的手段，对中心区主体建筑进行了详细的比较研究，解决了市民中心的体量大小和位置。城市仿真第一次发挥了它的作用，同时也获得决策者和城市规划人员的重视。

1998年11月局领导正式决定建立一套仿真系统，由主管建筑审批部门、局信息中心和中心办共同引进开发城市仿真系统，先在中心区实施，待技术成熟后用于深圳市的建筑报建审批，中心区仿真项目从此拉开序幕。

由于计算机用于城市仿真在国内尚无先例，但用于飞行模拟的视景仿真可以借鉴。国内用于视景仿真软件主要有两种，Coryphaeus和Multigen，我局邀请国内有关专家进行论证，专家们认为两种软件均可用于城市仿真系统的开发，考虑到中心区仿真项目必须由开发商首先完成一期工程，建议由两家软件代理商用其所代理的软件制作中心区模型。Coryphaeus代理商凭借对自身软件的熟悉，顺利完成几个主要场景的建模和漫游。Coryphaeus被选为中心区仿真系统的开发软件。

3.1 硬件平台的选择

Coryphaeus运行的硬件平台为SGI Onyx Infinite Reality 2 (IR2)，配置4个MIPS R10000处理器，1G内存，两块

费城城市模型

64MB 的纹理内存与双通道显示发生器，操作系统为 IRIX 6.5，并配置 C++ 开发环境和 Performer2.2。投影系统采用 BarcoReality 8200 LCD 投影机。分辨率为 1 280X1 024，支持最高分辨率为 1 920X1 200。亮度为 1 200lm。

3.2 软件的选择

3.2.1 Coryphaeus 仿真软件

Coryphaeus 公司成立于 1989 年。主要从事飞行仿真软件的开发。其中城市仿真系统套件，从地形、地貌、建模漫游均由该公司独立开发完成。2000 年公司转向到协同虚拟制造软件开发，公司也更名为 Centricsoftware Co.，从此不再推出新版的城市仿真软件。

Coryphaeus 软件采用国际工业标准而开发。例如，符合 X/Motif 和 ANSI C 的工业标准。同时它选择开放与非专用的数据库格式以达到共享数据和标准化。Coryphaeus还采用最新的GUI用户图象接口设计。主要模块有：

3.2.1.1 三维建模系统 Designer's Workbench（DWB）

Designer's Workbench（DWB）是集三维模型、景物和仪表图形显示为一体的建模工具。该软件具有图形化定义动画，所有建模工作均在单一集成环境下进行。

模型创建：提供众多的基本实体元素和用户自定义元素，并包含编辑功能，使用户能构造简单的建筑物。

特性编辑：提供光、色彩、纹理、材质、音响和线型的编辑和调色功能，以便用户获得逼真的视觉效果。

定义景物动态：用户可自行定义景物在演示时的各种动态特性。如采用视频纹理，显示海水波浪等。

细化等级（Level of Detail）：景物按着视点距离拉远而自动更换更简单的景物模型代替，大大省了计算机在距离拉远的时候计算复杂景物的时间。

景物数据库结构：以树状结构方法存存储景物数据，使用户可将各中景物相同部分取出做为模型库之用。

3.2.1.2 三维地形建模系统Easy Terrain（Easy T）

Easy T是一个交互的、自动的地形及其特性生成系统，采用Easy T创建和编辑地形，这些地形模型可用于实时窗外场景，座舱显示的地形基础，模拟的环境以及真实世界的地球空间场景。

Easy T 支持大区域的数据库，允许观察者操作和合并多区域、大区域的数据库。另外，各部分之间，各细化等级（LOD）之间以及所有地形文件之间均能确保正确边界粘接。Easy T 能以交互或批处理的形式建立地形的地貌或地球空间纹理，图像生成器能优化 Easy T 所建的数据库。

Easy T 采用了 Delaunay 算法，用于地形和地貌特性拼接的多边形处理中。扩展的三维模型和纹理库能使用户用“点击和拖动”的操作迅速开发数据库。Easy T 用一个二维／三维的“点击和拖动”界面在地形面上实现交互式的定们三维特性。一个全面的、多细化等级的模型库是建立在 DFAD 标准基础上。

3.2.1.3 视景模拟系统 Easy Scene（ES）

EasyScene是一个高性能视景系统，是专门为实时图像生成和交互式回放而设计。EasyScene 容易使用且无需编程。它能使软件开发人员快速地设计，配置和控制视景系统，从而实现要求的交互式、实时三维环境的应用。

基于SGI Performer之上的EasyScene是一个全交互式的、全面的视景系统，同样EasyScene的设计目的是让用户能够迅速选择不同的方案。但不要求用户有 Performer 和视景模拟的经验。无计算机经验的用户可以通过扩展图形用户界面创建高逼真度的模拟项目，对有计算机经验的用户在开发他们自己的视景系统时，可以用EasyScene的API作为起点。随后用Open GL，C，C++ 或 Performer 程序进行开发。ES 支持详细纹理（Detail Texture）技术，当视点由远变近时，视景的纹理亦因此而自动由低解像度升到高解像度显示。当中过程流畅自然，令仿真过程更加逼真。

3.2.2 Multigen-Paradigm 软件

MultiGen-Paradigm 公司成立于 1986 年，公司专门为视景仿真、虚拟现实应用开发者提供建模（Creator）和实时漫游（Vega）两部分软件。由于 MultiGen 公司成立较早，在三维几何建模方面获得广泛使用。世界上大型工业制造业均使用该公司的产品，如波音、福特、通用、美国国防部等。洛杉矶大学的城市仿真系统就是利用 MultiGen 建模的基础上开发成功的。该项目负责人 Jepson 认为，虚拟洛杉矶项目的成功取决于 MultiGen 产品所具有的灵活性和高效性。由 Multigen 公司制定的 OpenFlight 数据格式，被认为是业界的标准，许多软件如 Performer、Coryphaeus、OpenGVS、Vtree等都提供读取OpenFlight格式的转换工具。

3.2.2.1 Creator 和 Creator Pro 建模工具

MultiGen Creator 运行平台为 Windows NT/2000/98 及 SGI IRIX 6.2，其生成数据格式为 OpenFlight。OpenFlight 采用几何层次结构和节点（数据库头层次、组、物体、面等）属性来描述三维物体，允许用户直接对层次结构和节点进行操作，保证从大型数据库到物体单个顶点的精确控制。OpenFlight 提供了 API，用户可以扩展原有的功能和算法，开发自定义的数据库实体，以满足特别的需求。

Creator采用多边形建模、矢量建模，模型变形工具及随机分布工具；数据库层次结构（面、体、组等）创建、属性查询及编辑；Mesh 节点（紧密多边形结构）创建；数据库组织、优化选项；用多个调色版（Palettes）对色彩、纹理和多种贴图方式、材质、灯光、红外效果、三维声音进行定制及有效管理；八层纹理的混合贴图，对纹理属性、显示效果的精确控制，细节层次（LOD）创建及渐变（Morphing）效果；关节自由度(DOFs)设定，公告板(Billboard)创建；简单动画、开关效果创建；实例（Instances）创建及外部参考（External References）引入等功能。

在实际建模中人们发现尽管Creator具有建模所需要的通用工具，但人们更多选择 3ds max 和 Maya 等工具进行细部建模，通过转换工具转换为OpenFlight格式，在利用 Creator 进行局部修改。如纹理帖图、多边形的合并、多层纹理的设置以及灯光、材质、渲染等处理。特别是Creator提供了Road Pro工具，可以非常方便的将行道树、路灯、栅栏等景物置入场景中。

Creator 所提供某些的功能，在 Vega 中并不一定能够实现，如 Creator 提供了多层纹理的贴图处理，但在 Vega 中并不能够显示多层贴图效果，必须由用户自己写 API，渲染正确的多层纹理贴图。在制作红绿灯变换效果时，Creator 提供了简单的动画开关效果，但开和关的时间没有控制参数，无法使用，只能用API进行纹理的切换，实现根据实际情况的交通信号灯的变换。

Creator Pro提供了地形表面生成工具，

能够依据一些标准的数据源，快速、精确地生成大面积地形。如NIMA DTED（Digital Terrain Elevation Data，数字地形高层数据）、USGS DEM(Digital Elevation Model format)及其他标准地形数据，转化为Creator标准的DED（Digital Elevation Data）数据，并可以仅选择部分区域进行处理；也可以利用二维图片（RGB、RGBA、INT格式）的灰度信息，生成简单的DED数据。

Creator Pro的地形工具用户界面缺乏直观，操作不如Terrex公司的Terra Vista。Terra Vista可以快速准确的将DEM数据、影像数据、文化属性数据引入，生成OpenFlight格式文件，同时完成LOD的处理。

3.2.2.2 Vega实时场景漫游

Vega作为视景仿真漫游软件，可以运行在SGI IRIX操作系统和Windows系统，并支持多进程环境（MP）和单进程环境，并具有图形化用户接口LynX。LynX可以在不需要编写程序代码或重新编译的情况下，通过改变应用参数来对场景进行预览用户界面进行设置，比单纯的SDK编程较为容易使用。系统同时提供API，供开发人员根据特殊要求进行C语言的编程。Vega还提供了许多特殊模块，如特效中的三维烟火、爆炸导弹尾迹、光点跟踪，大规模地形数据库管理，海洋模块、动态仪表、分布交互式仿真等。

Vega早期版本是基于SGI Performer开发的，在新出的版本Vega Prime中不再使用Performer，由于SGI的Performer不断的升级，在Irix环境下的Vega并没有随Perfomer的升级开发新的版本，因此Performer的许多新的功能无法利用。基于Windows版的Vega Prime运行效率与CG2Vtree相比，不如Vtree平滑流畅。

3.3 中心区城市仿真的实现与自我开发

中心区城市仿真主要经过仿真实现和自我开发两个阶段。第一阶段主要满足于准确的地形地貌和建筑模型，第二阶段是根据仿真运用过程中提出的许多新的要求进行逐步完善。

3.3.1 地形地貌的建模

地形地貌做为存在现实世界的真实景观，为了精确的反映中心区及其周边的建筑，利用数字高程模型建立三维几何网格，利用航空影像作为纹理贴图，生成OpenFlight格式。由于地形数据源精细程度的不同，在中心区范围内采用1m等高线作为三维地貌的基础，中心区之外采用5m等高线，并设置多级LOD使系统运行更为平滑。

对于地形内的大量文化属性，如河流、湖泊、道路、建筑等，利用ArcInfo输出Shape格式，进行进一步的编辑生成有效的模型。由于系统需要以驾车或步行模式进行漫游，通用的道路处理软件达不到细致的表现力，必须人为进行修补或重建。重建的内容包括路面、路牙、人行道、绿篱等。与道路相关的还有公交站，路标路牌、红绿灯等。细部刻画越深，场景越丰富，仿真越逼真。

道路及行道树和路灯密切相关，利用Multigen可以快速生成行道树和路灯。通常只需设置道路两旁的行道树和灯杆的间距，由Multigen通过外部引用的方式，集成到Flight文件中。行道树采用Billboard的效果要比十字交叉树的效果要好，但需要消耗较多的CPU资源。

3.3.2 建筑建模

城市仿真内的每一个建筑模型及其周边环境必须能够真实的反映建筑师们的设计意图。通常由建筑设计单位提供相关的三维模型，多以AutoCAD、3ds max、FormZ、Lightwave等格式提供。通过转换软件将其转为容易操作Aliaswavefront Maya格式进

高新技术交易会场景

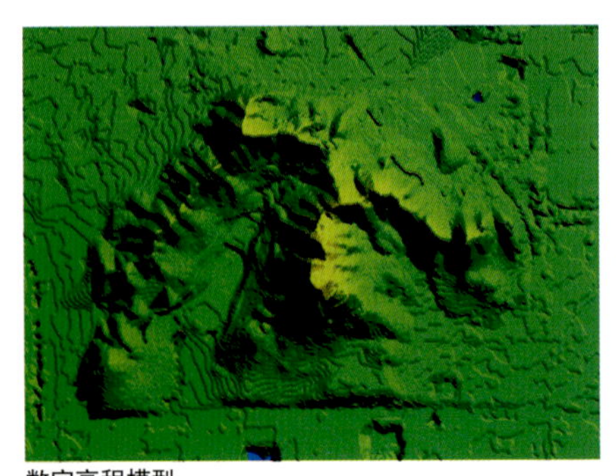

数字高程模型

航空影像图

带纹理贴图的三维地形模型

行进一步的简化和修改，最后将其存为仿真系统可以接受的DWB格式或OpenFlight格式，将其存放到漫游引擎中，实现仿真的漫游。

模型制作的精细程度直接影响漫游的效果。但过于复杂的模型可能造成系统无法承受过大的计算量，使整个漫游画面达不到16帧/S。造成画面不连续，在大银幕投影中容易让人眩晕。通常减少模型的多边形并尽量采用贴图纹理取代复杂的多边形。对于建筑内部半开放空间，细致的建模能够很好的展示空间感。通常需要将建筑与周边的关系如建筑的主要出入口、草地、花坛、标志牌等细部进行简要制作，使步行漫游建筑时场景更为逼真。

3.3.3 特效处理

仿真中的特效包括烟雾、光照、喷泉、流水、云彩以及与建筑关系较为密切的扶手电梯、霓虹灯、带有视频纹理的广告牌等。大部分软件如Multigen、Vtree提供了烟雾、光照、爆炸、雨雪等特效，部分可以通过变换的方式如将粒子特效转换为喷泉，移动物体变为云彩。流水、运行中的扶梯采用拖动纹理进行处理。

3.4 仿真系统的开发

为了让仿真系统服务于城市规划和城市设计，让仿真的参与者依据现实的感受，原有仿真漫游引擎的漫游控制方式不能够满足要求，必须利用仿真漫游引擎提供的API进行进一步的开发。

3.4.1 对建筑对象的控制和实时编辑

中心区城市仿真系统在实际运用中，不断根据城市规划人员的要求进行完善。特别是在漫游中实现对建筑模型对象的拾取，包括整体对象，对象的纹理、多边形、顶点等局部拾取，实现了对建筑物的拉伸、移位、旋转、缩放。对顶点和纹理的拾取，实现的对建筑层数变化等较为底层的控制。许多建模工具中使用的如复制、镜像等都可以在实时漫游中实现，基本上满足了城市设计的要求。

3.4.2 漫游控制

漫游控制决定仿真演示的效果，特别在地形高低起伏变化时，保持正确的视点，观察场景可以产生更为真实的感觉。漫游控制主要有步行模式、驾车模式、飞行模式，通常漫游软件均提供了这三种模式。我们根据自身的要求，开发了较小空间的步行模式，如步入扶手电梯的控制，室内空间的步行模式，这种与普通的地面漫游模式存在精细控制和碰撞检测的差别。

另外一种由OpenGL提供的Pick模式的演示方式。Pick是对建筑对象的拾取，将拾取到的对象做为屏幕的中心点，通过缩放、旋转对建筑物进行不同角度的观察。由于只是采用缩放、旋转，不需要计算漫游的步长，使画面平滑顺畅，在建筑方案报建审批时，对各种不同的报建方案的比较非常直观便捷。

（四）电脑仿真在城市设计研究中的运用实例

4.1 市民中心尺度和位置比较研究

1997年市民中心方案研究过程中，通过现场气球模拟建筑轮廓，很多领导和市民对建筑高度及与深南路的距离提出了疑问。中心区尝试应用仿真系统，实时动态的研究不同高度和位置的建筑方案与深南大道、莲花山的关系，最终直观和有说服力地得到以下结论：原设计方案建筑高度略显平缓，大屋顶提高10m更为适宜；建筑距离深南路约300m，有足够的空间作为广场，建筑后退1～2个街区甚至布置到莲花山上的方案通过仿真比较都没有现有位置合适。提高屋顶10m的建议最终也为建筑师所接受，为这一独特建筑的进一步完善做出了贡献。这次研究也对规划中的水晶岛的尺度提出了调整建议，原有88m高的水晶岛概念方案在仿真环境中被清楚地观察到过于庞大并对市民中心产生遮挡，缩小一半（44m高）之后与周围环境的关系则相对和谐的多。

4.2 中心广场城市设计研究

中心广场由深南路南北两个广场组成，如何使南北两个广场形成统一的整体并有合理方便的联系，这一直是历次广场设计没有圆满解决的问题。为了配合市规划院进行的中心广场研究，城市仿真系统也应用到其中。通过各种角度和视线的分析，研究建议市民中心前方的市民广场可适当升起并通过天桥/平台的形式跨越深南路与水晶岛和南广场相联系，同时在中心广场的整体和局部反复运用已经在市民中心中出现的“天圆地方”的主题，既使广场整体得到统一，又使广场超大空间得到进一步的细分以得到宜人的尺度。该仿真成果在2000年11月分别向吴良镛、周干峙、齐康三位院士进行了汇报和咨询，并得到基本的肯定。吴良镛先生还建议市民广场升起后与市民中心建筑配合起来，“可参考中国传统建筑中月台的设计手法”。

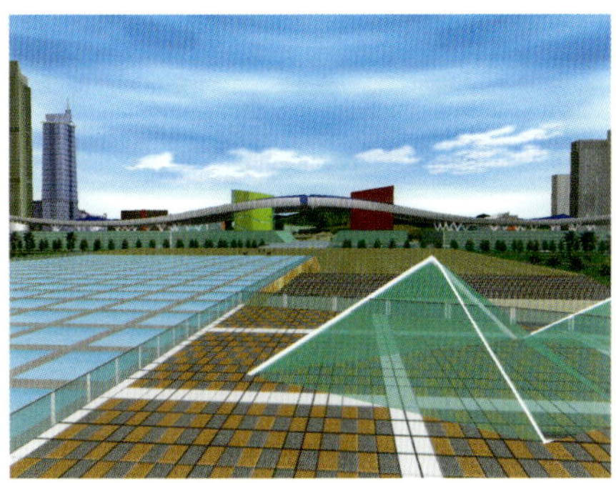

不同屋顶高度与莲花山关系的比较

原方案与屋顶提高10m后的体量和比例之比较

4.3 建筑设计评标中的应用。

中心区仿真系统在建筑设计评标中也得到很好的应用。中心区项目的设计投标机构被要求提供设计方案的电子模型和立面的纹理贴图材料，由中心办的仿真系统的工作人员进行加工处理，放到中心区的仿真环境中，并编写软件使不同方案可以通过一个热键进行切换。评标时评委可以通过仿真系统观察不同方案在中心区环境中的效果。评委可以要求从街道、建筑物上、空中等等的任意位置和角度对不同方案加以比较，这种同一环境之下可以任意观察和比较不同方案的工具，是对传统建筑模型和表现图的超越，为设计评标能从城市空间环境角度评价建筑提供了直观和有益的手段。

4.4 街区设计的比较研究

通过SOM设计公司所进行的22、23-1地块城市设计，中心区对街区和街道空间城市设计的认识得到了重视和提高，并着手对原有缺乏深入城市设计分析而提出的设计要点进行调整，其中比较典型的是对位于深南大道北侧深圳海关及凤凰卫视两个项目的用地及设计要点所进行的调整。由于涉及用地单位的切身利益，为了提供直观和有说服力的分析，仿真系统成为必不可少的工具。通过对不同土地划分方式、不同容积率和建筑退让导致的街区内部及街道空间效果的比较，中心办成功说服用地机构将土地缩小、容积率提高、沿道路布置建筑已形成统一街墙、开辟社区内小公园，为中心区能形成良好的街区街道空间做出了贡献。

岗厦村位于中心区规划范围内的城中村。由于早期原居民的住宅缺乏良好的规划，村内环境和规划建设中的中心区有很大的差别。市政府决定以岗厦村改造作为深圳市城中村改造的样板，探讨旧村改造的方案。为了使仿真系统能够用于旧村改造的研究，第一步是将整个岗厦村的现状进行三维建模。

岗厦村共有500多栋建筑，其中绝大多数位居民自建的楼房。楼与楼之间非常密集，通常称为握手楼。仿真制作最为困难是图片的拍摄。为了使纹理真实，通常采用广角或移轴镜头进行局部拍摄。在制作模型需要大量的图片拼接、对位。模型多边形数目根据需要进行细化处理，如阳台、屋顶造型、雨篷。目前初步完成建筑

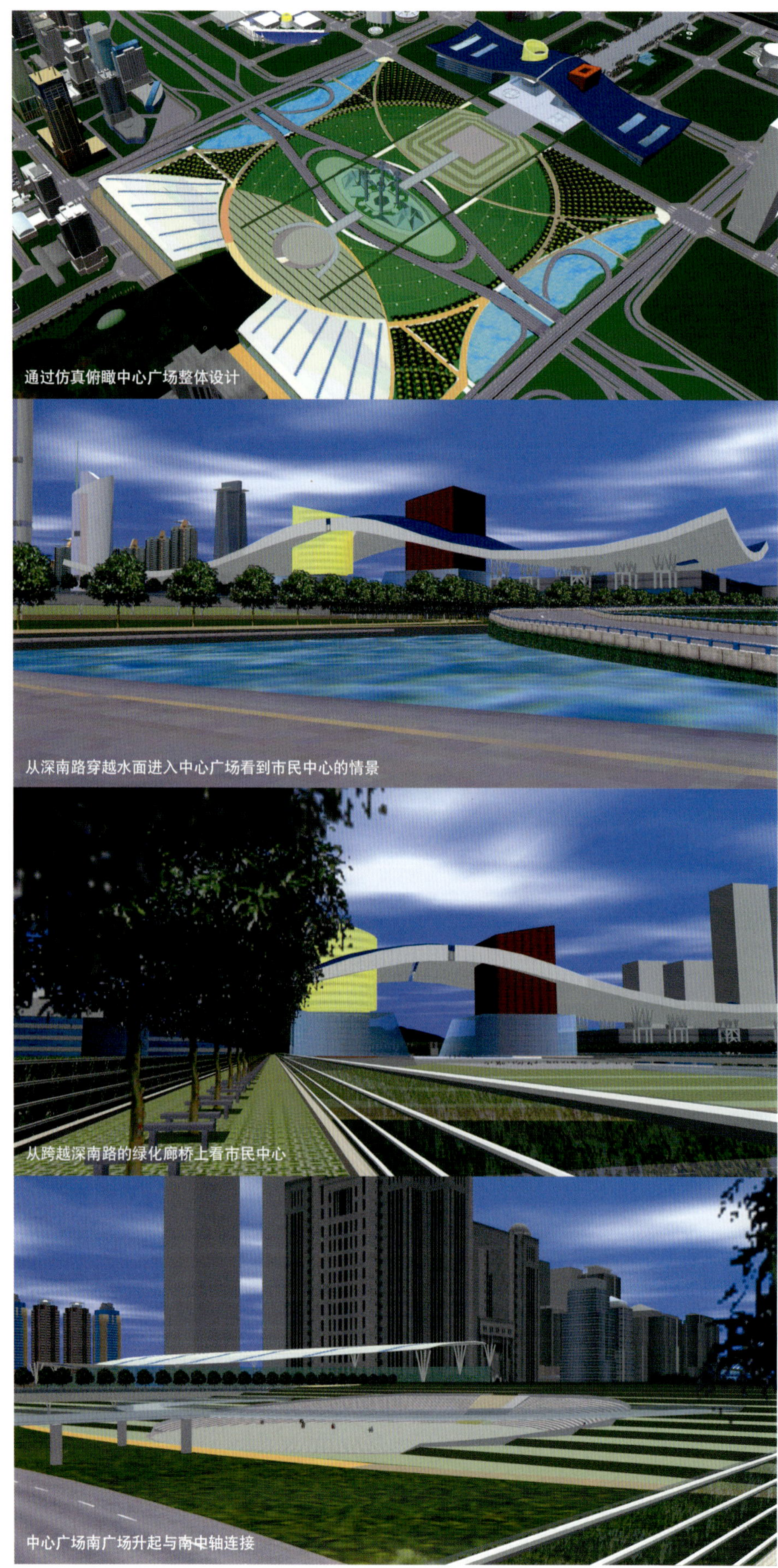

通过仿真俯瞰中心广场整体设计

从深南路穿越水面进入中心广场看到市民中心的情景

从跨越深南路的绿化廊桥上看市民中心

中心广场南广场升起与南中轴连接

建模，共采集2万多张照片，模型中纹理贴图达1GB，整个漫游画面看上去非常真实有趣。下一步将对村内环境进行真实制作，包括道路、广告牌、围墙以及居民部分日常生活的某些局部场景。

（五）仿真近期规划和未来发展

在1998年，当我们对计算机城市仿真进行可行性研究时，开放性的城市仿真技术仅局限于大型高性能的计算机系统，软件也局限在Unix平台。经过近几年的发展，PC机的性能大幅度提高，使城市仿真技术逐渐被人们熟悉，并开始逐渐普及。同时人们开发出基于PC平台的高性能专用图形系统，如Quantum 3D和E&S SimFusion，填补了SGI Onyx系列超级计算机与PC机之间的空白。可提供开发的软件从早期的Coryphaeus和Multigen到现在的Vega、OpenGVS、Vtree等Unix和Windows平台。鉴于许多图形硬件生产厂家对OpenGL的支持，许多公司自行开发视景仿真系统。随着Internet的快速发展，基于Java环境的开发平台更被人们看好，部分网站提供制作非常精良的虚拟漫游场景。

深圳市规划与国土资源局已完成仿真系统的开发，下一步主要向普及和高端两个方向发展。普及的目的是让城市规划和城市设计专业人员充分利用城市仿真系统，分析设计城市建筑与建筑关系，建筑与周边的环境关系，并作为成果汇报、公众展示的重要手段。高端的主要目标向仿真场景的逼真感努力，设备展示手段向沉浸感方向发展，建立一套基于高性能图形计算机系统的环幕立体投影系统。

深圳中心区仿真系统经过3年的开发，得到各界的关心和帮助，特别应当感谢那些从事计算机视景仿真软件开发与销售的人员。他们不但从国外引进了仿真软件，在他们进行推销软件的同时，用通俗易懂的画面普及了计算机仿真知识，让我们从外行步入到虚拟现实的世界中。

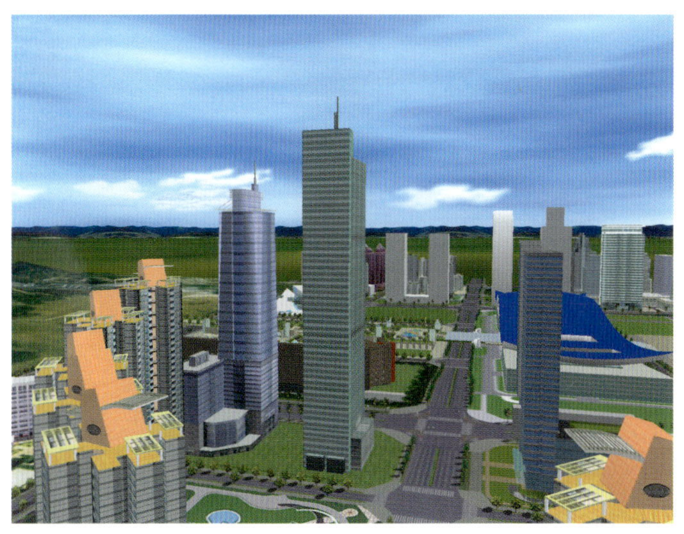

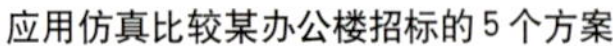
应用仿真比较某办公楼招标的5个方案

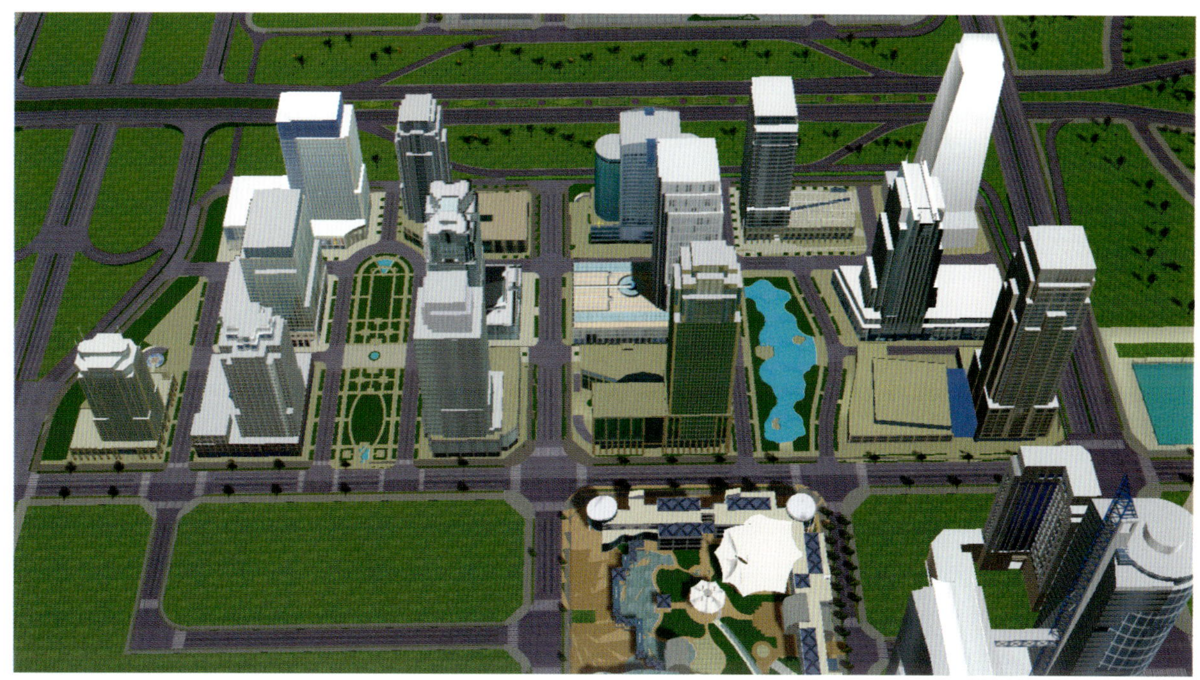

仿真为项目评标提供整体的城市环境

航天大厦 4 个方案在中心区仿真环境中的比较

大地块、低容积率、建筑随意布置在用地中心所形成的街区和街道空间效果

地块细分、容积率提高、沿道路布置建筑已形成统一墙、开辟社区小公园之后形成的街区和街道的空间效果

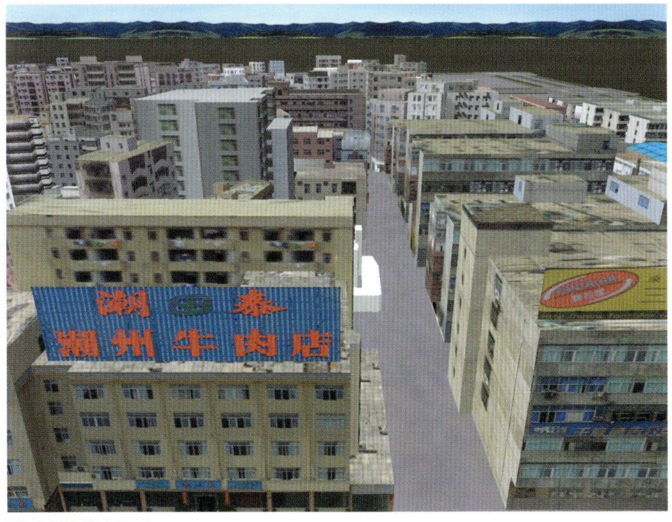

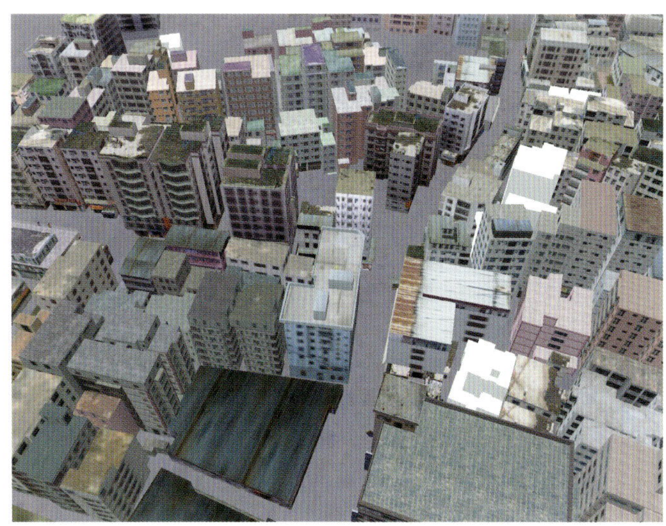

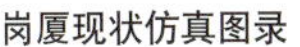
岗厦现状仿真图录

计划实施的中心区仿真演示系统

十.莲花山公园山顶广场环境设计

1.1997年基本建成山顶广场

莲花山公园位于中心区北侧，构成中心区的绿色背景，山高100m，使背山面海的中心区更具有地理位置的优势。

莲花山公园占地194hm^2，在保持莲花山自然清新的前提下适当整理及配套，并于1997年5月完成山顶广场的设计和施工，使之成为向公众全天侯开放的休闲广场。山顶广场面积4000多平方米，具有眺望中心区和周边建成区的最开阔视野，吸引公众前往参观浏览。

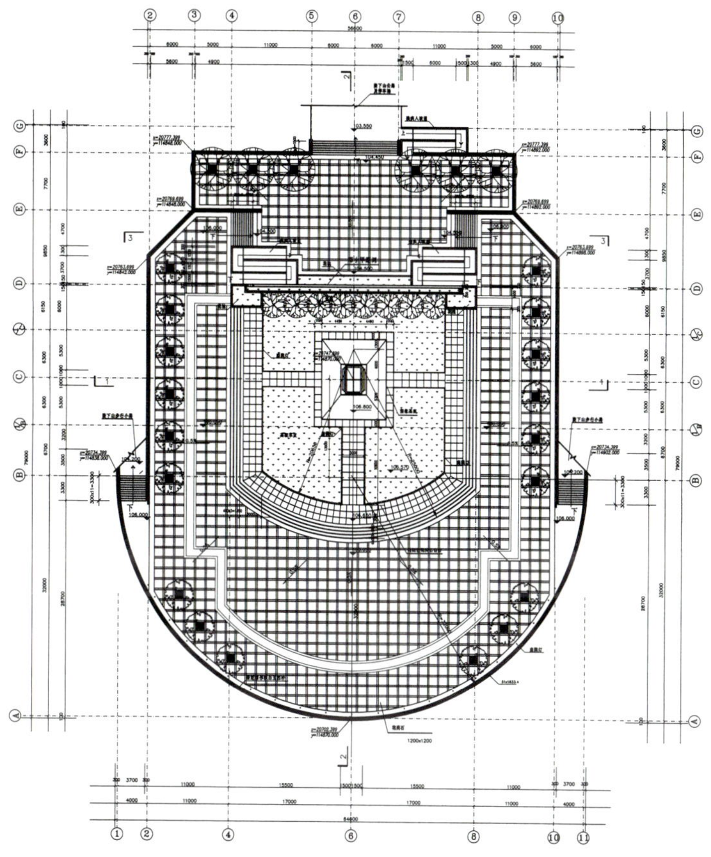

平面图

2000年环境设计调整前

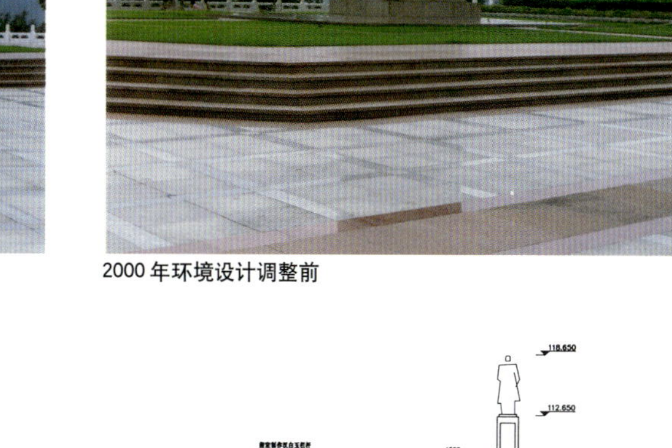

2000年环境设计调整前

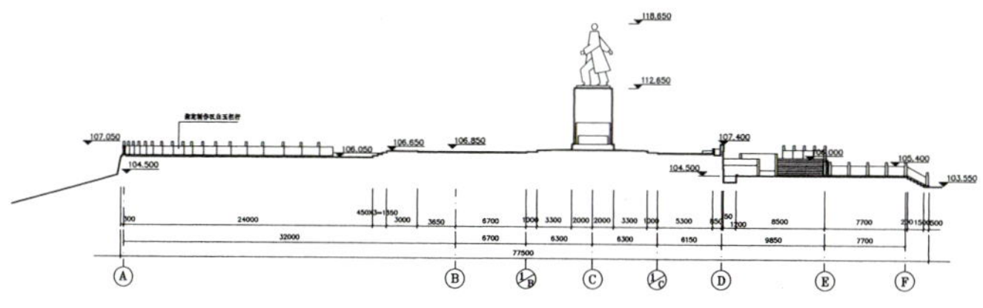

剖面图

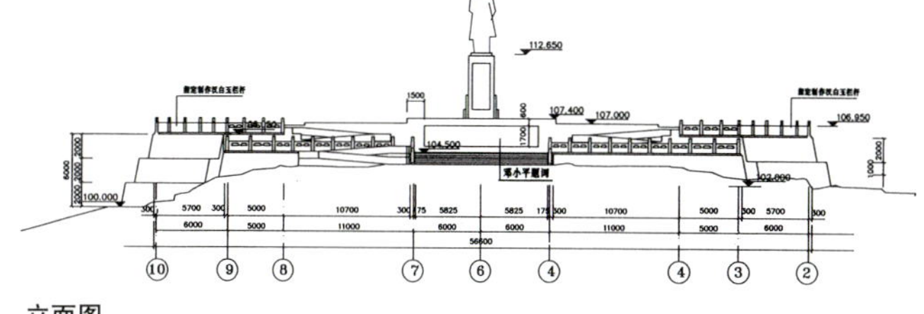

立面图

2.2000年山顶广场环境设计方案

自1997年起，山顶广场已经成为观看中心区及周围建成区的最佳视点。2000年8月，为了完善山顶广场环境设计，为树立邓小平塑像做好准备，深圳市规划与国土资源局特邀费晓华、孟建民、冯越强、刘晓都、赵晓钧5名深圳市青年建筑师（分别代表5个设计单位）参加方案设计（实际收到6个方案）。经深圳市政府会议研究决定选用深圳市城市规划设计院的方案为实施方案。2000年10月顺利完成了山顶广场的现场环境施工，11月正式树立了塑像。

深圳市城市规划设计院（中标方案）

费晓华

方案创意说明

这是一尊动感极强的纪念性雕塑，表现小平雷厉风行、脚踏实地、深入基层，勇往直前的气概。

配合雕塑的主题，运用含蓄的手法，易于领会的具体形象，对主体的含义进行补充和深化。坎坷的经历并未阻碍小平的前进，相反更磨练了他的意志。

石块是前进道路上的障碍，也是水中的石头——"摸着石头过河嘛"。

雕像与基座组成的这种三角形构图，既有稳定感，又有向前的冲势，又避免了雕像走也基座的感觉。

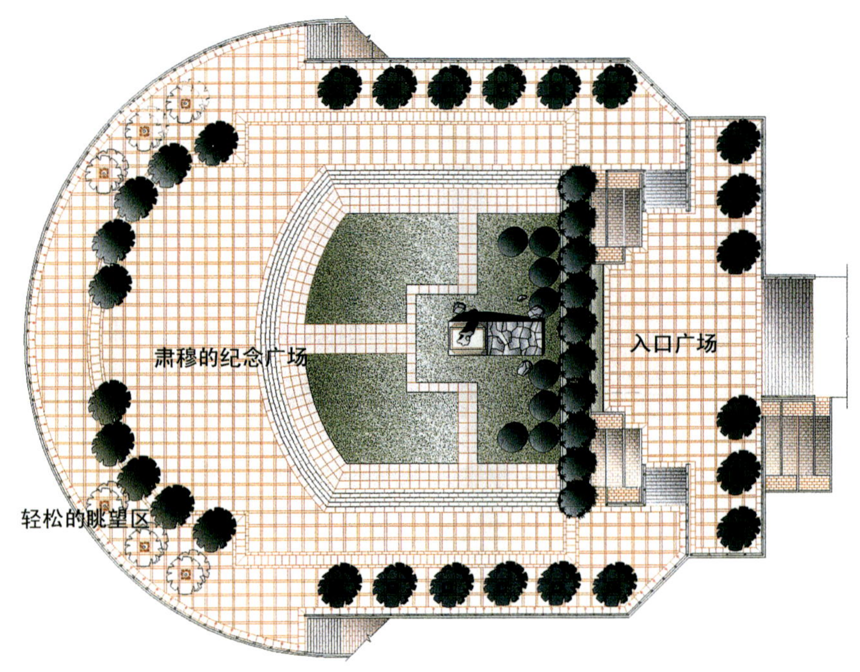

总平面图

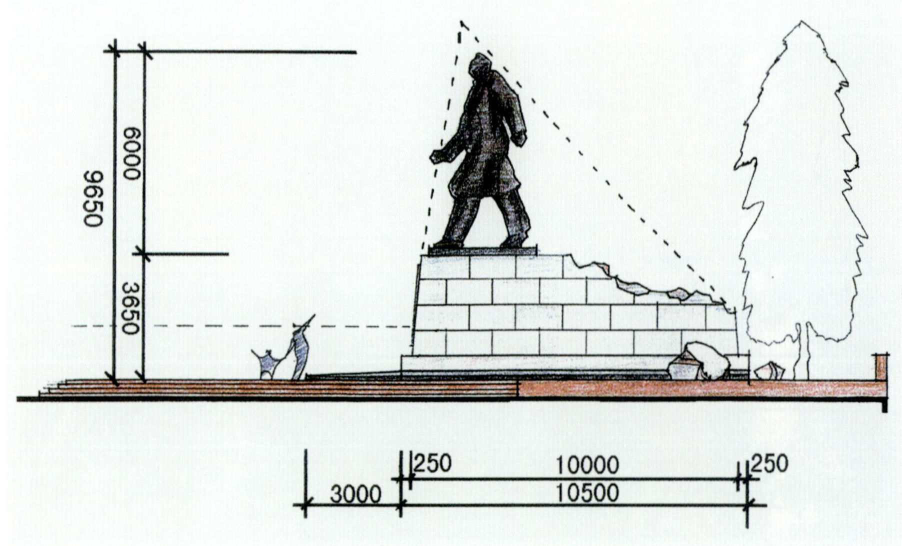

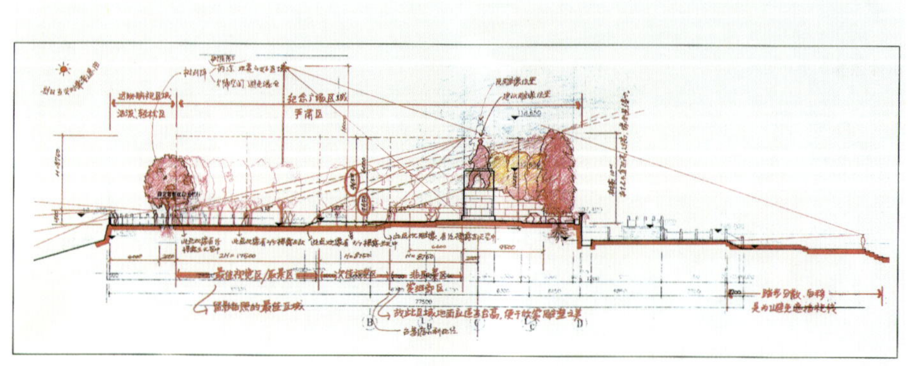

视线分析与像高的确定（纵剖面）　基座高：3.65m

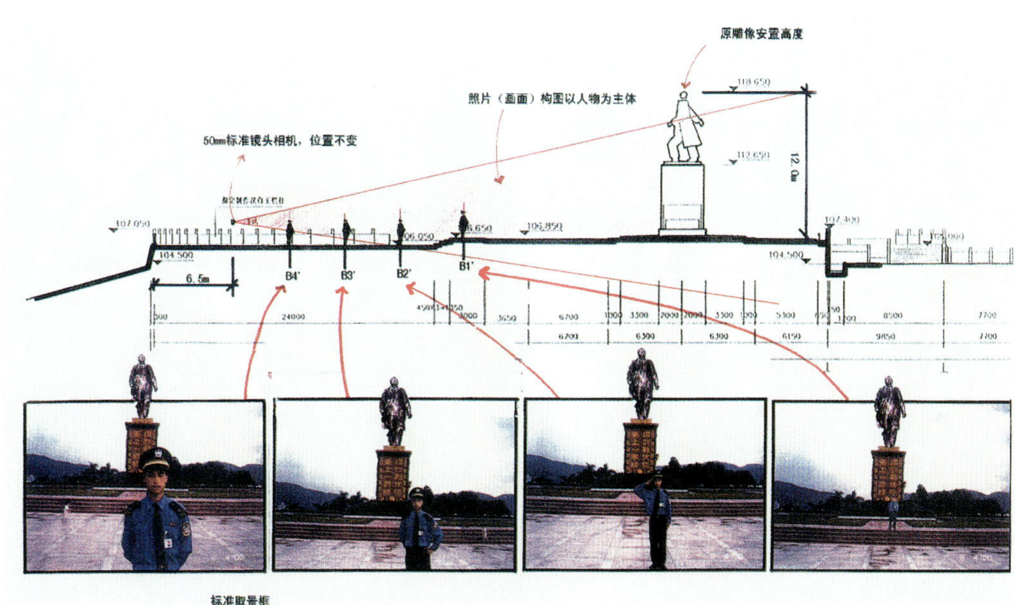

原雕像基座与广场分析(纵剖面 1)

参考结论：

1. 当按图示条件操作时，雕像的上部不在取景框内；

2. 在广场内主要位置上要获取理想的普通标准画面，雕像亦需降低基座高度。

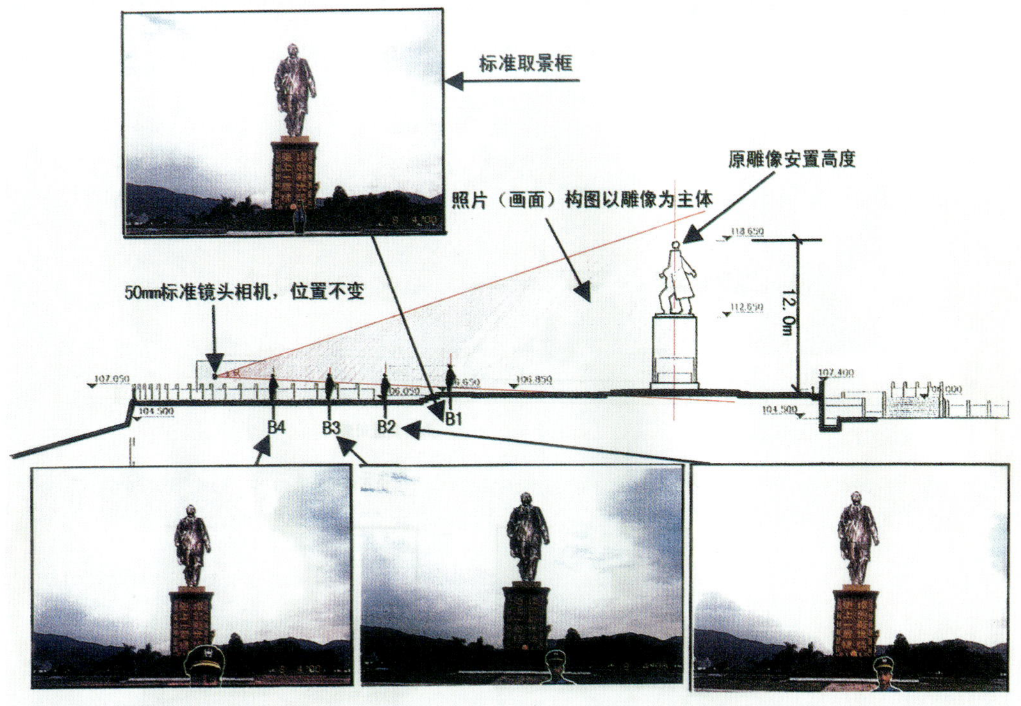

原雕像基座与广场分析(纵剖面 2)

参考结论：

1. 按图示条件操作，构图以雕像为主体时，人像不全，达不到留影的目的；

2. 在广场上大部分位置要获取理想的留影照片，同时将人物与雕像收入画面，必须将雕像的基座降低高度。

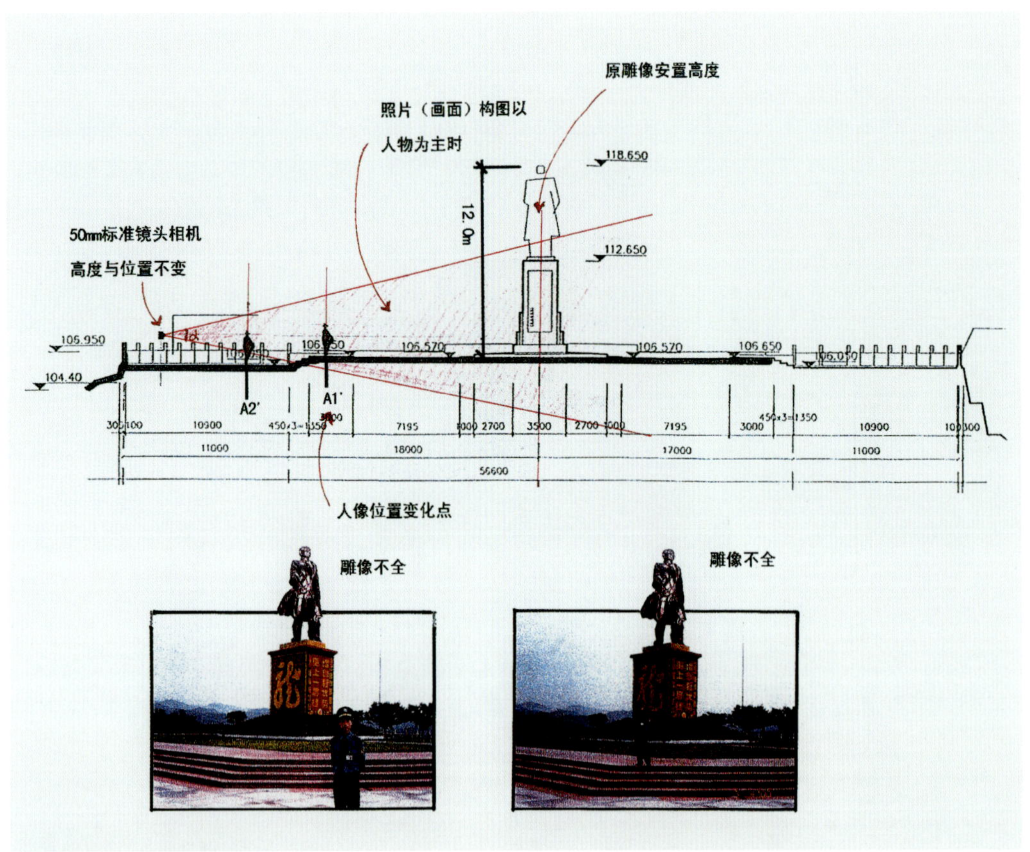

原雕像基座与广场分析(横剖面1)

参考结论：

1.按图示条件操作，雕像突出画面；

2.在广场侧面要获取理想的留影照片，同时将人物与雕像收入画面，必须将雕像的基座降低高度。

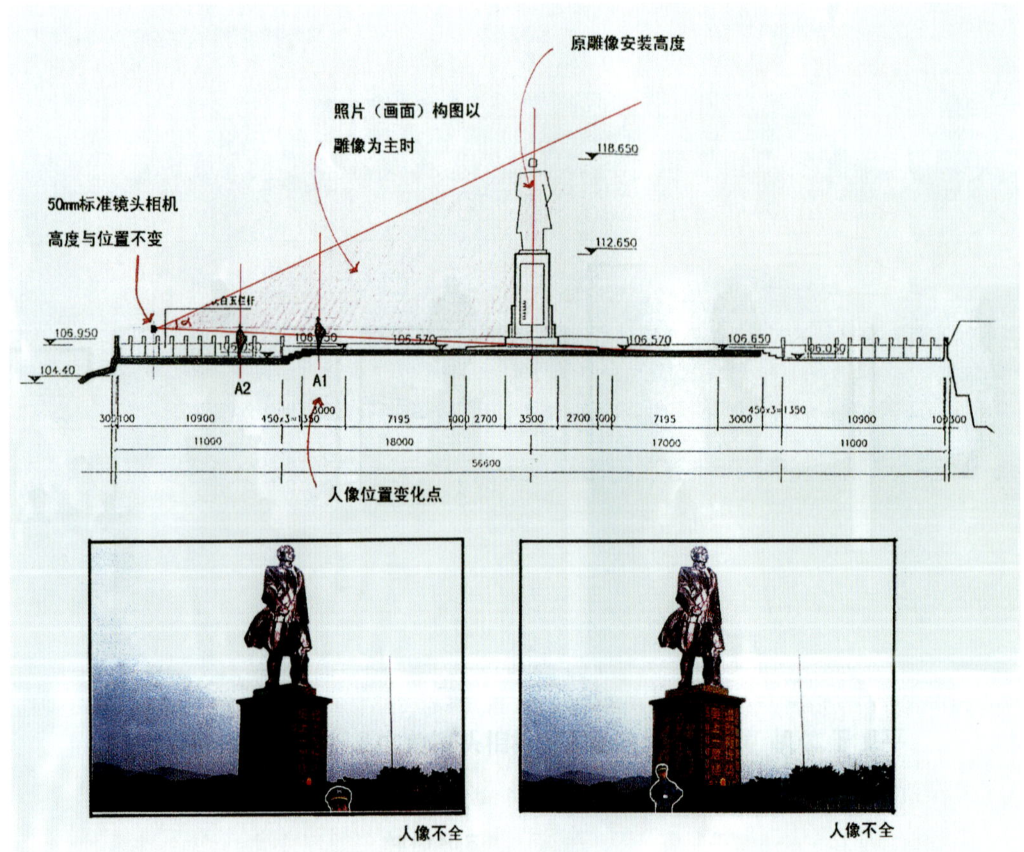

原雕像基座与广场分析(横剖面2)

参考结论：

雕像高度需降低。

法国欧博建筑与城市规划设计公司

冯越强

方案一　设计说明

构思引导　伟人雕像所赋予莲花山广场的特殊意义；

莲花山广场周边环境中对其由远及近的景观视线尺度分析

伟人雕像基座及其环境尺度研究

设计原则　相对外部环境：维护莲花山完整的山体轮廓线，强化其作为深圳新中心区生态景观背景的作用。

相对广场本身：伟人并不是超越于凡人之上，而是融合于人们生活之中，面对亲和民意的伟人风采，敬仰之心自然而生。

设计想法　将伟人雕像沿南北轴线向北平移，并取消原有基座，因此消除在深南路沿线和新市民中心以及周边场地等处有可能产生的视线误区。基座的取消，使伟人更贴近于人们的生活，表达也亲民的内涵。沿广场周边增加种植了与雕像同高的常绿乔木，维护了山体天际轮廓线的完整性。

基于伟人雕像赋予广场的特殊意义，整个广场布局简洁、庄重、大方，而细部处理又兼顾人们的休闲、参观等行为内容，体现出一定的活泼性、尺度亲切性以及伟人生前所倡导的时代感，整个广场强化了南北中心轴线，从北至南，每个长方形水池底的文字分别记录了深圳在不同改革开放时期的光辉业绩。整个广场透视效果喻示着伟人从岁月的长河中走来(远处山体的喻示)，昨天、今天、明天，永远都在激励人们。

伟人雕像背后的题字墙沿南北中心轴线向北平移，以保证从后山入口角度线看到题字的全貌，在原先题字墙面的位置布置了一面玻璃墙，墙上记录着伟人的业绩，同时作为雕像背面视线的遮挡以及正面视线的背景。玻璃墙的做法有三种形式：夹心幻影膜玻璃(以上二者从北面看犹如一堵有主题的墙；从南边看，则为通透玻璃墙)；幻影膜贴面玻璃；透明玻璃刻字。

广场内部效果图

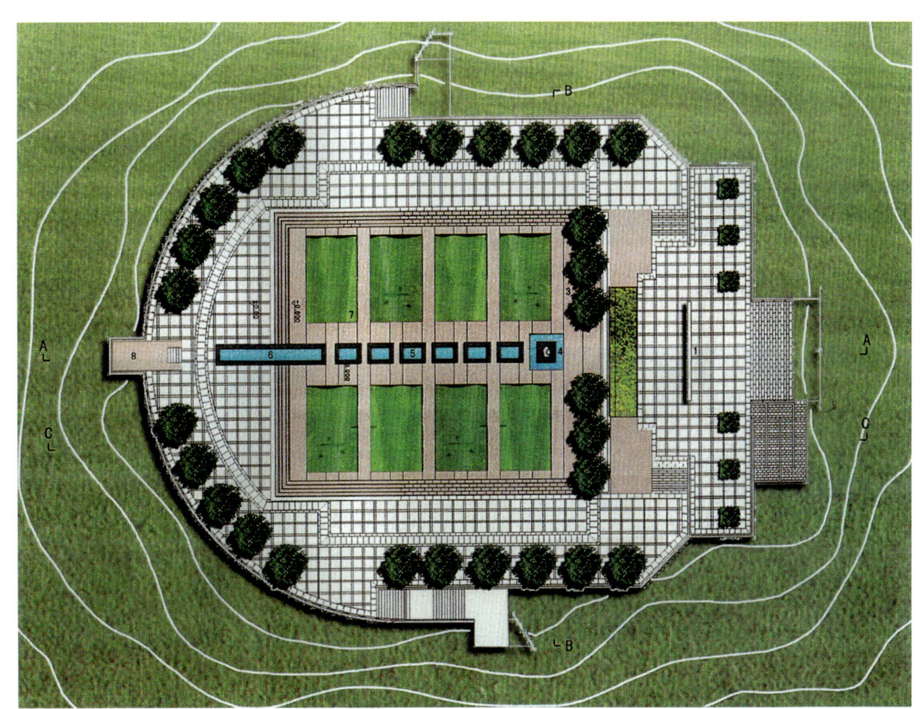

总平面图

1.石墙，原先题字墙面移到此处
2.原先题字墙面，右边调整为灌木绿化斜坡，左边增设玻璃题字板
3.新增植乔木
4.雕塑及周边环绕水池
5.浅水池及池底题字
6.浅水池及池底题字
7.曲面草坪
8.景观平台

A-A 剖面

方案二　设计说明

在莲花山广场现有基地上修建一座类似蜡人馆式的人物纪念馆，除纪念邓小平同志外，同时也将曾经对深圳市建设做出重大贡献的先辈人物的雕像、纪念物品置于其中，以供后代缅怀。

纪念馆的建筑风格贴近自然，以土生建筑形式为主，其内部围合绿色庭院，院内正中布置已有的邓小平雕像并种植大树，建筑内外树木枝连叶密，共同形成莲花山优美的绿色天际轮廓线，纪念馆静静地掩映在山林美丽之中，庄重、质朴而真实……。

纪念馆南面设计了宽阔观景平台，以供人们眺望深圳新中心区的壮丽景色。

近景效果图

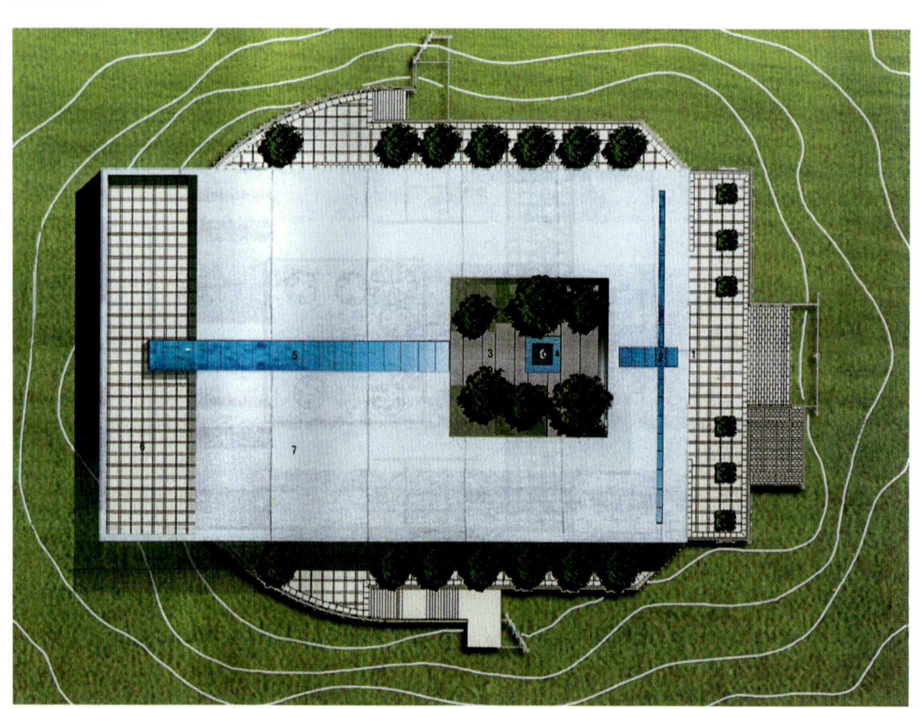

总平面图

1.题字墙面　3.内庭院　5.天窗　7.天然石材屋顶
2.天窗　4.伟人雕像及周边环绕水池　6.景观平台

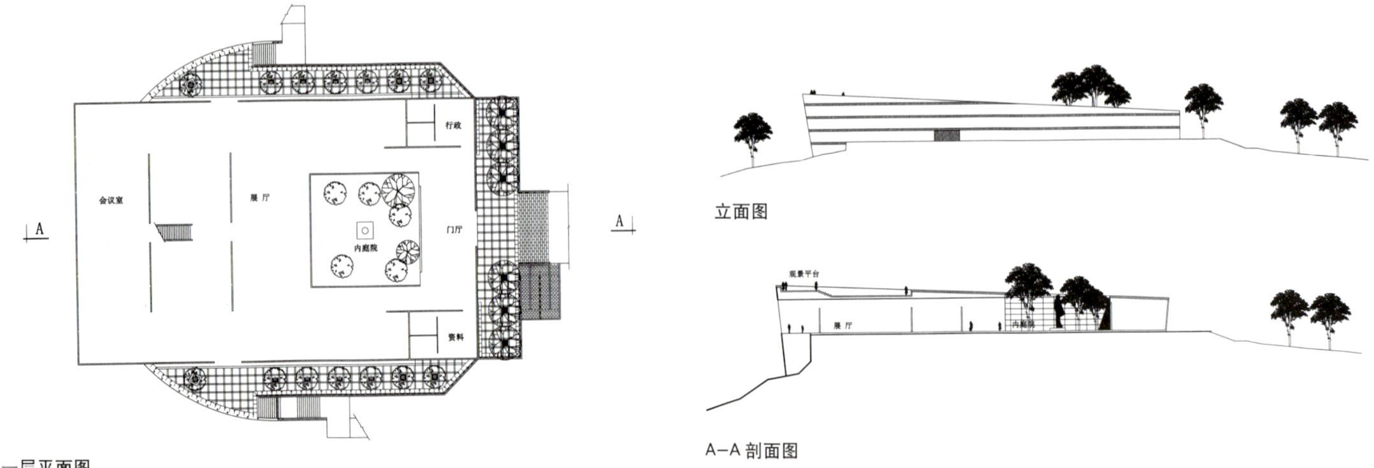

一层平面图

立面图

A—A 剖面图

深圳市建筑设计总院 SADI 建筑工作室

孟建民

莲花山公园山顶广场环境设计说明

■存在问题

根据对原规划设计图及现场实景勘探分析，认为原规划设计存在问题如下：

1.山顶广场空间层次不够丰富，雕像与周围环境关系缺乏环境对雕像的哄托氛围；

2.贵宾流线是从雕像后背方向进入广场，其进程中雕像背对贵宾视景不当；

3.雕像与基座比例关系及基座本身比例关系失当，基座缺乏力度与稳定感，建材选材亦显浮华。

■设计原则

1.以雕像为中心，从环境设计入手创造雕像与广场的整合氛围；

2.精心推敲雕像与基座及基座本身的比例关系，改善广场视觉中心的视觉质量与环境；

3.尽量保持原有设计的总体布局，对环境改造不搞大动作，仅作局部的必要性调整。

■设计手法

1.哄托广场中心雕像，创造环境整体氛围。

原雕像与基座比例关系为1：1，从视觉效果上是不妥的，其原因在于1：1的比例勿略雕像与基本的主次关系，使之看上去缺乏生动感。

山顶广场向内的视景中心即为邓小平先生的巨型雕像，为了突出雕像在广场上的中心地位及视景效果，本方案将踏步之上原有的平地面微微隆起，同时将其绿化与硬地的构形关系设计成以雕像基座为中心的放射形，以扩展雕像在广场环境中的空间张力，增强雕像在广场中作为视景中心的设计效果。

为了进一步哄托雕像的中心氛围，本方案又在基座后部设计一道微弯向心低矮围墙，通过与雕像基座高大与低矮横向与竖向的对比，来突出雕像在广场环境地位与重要。

2.分析中心雕像周边视线关系，改善贵宾流线视景效果。

根据山顶广场原规划布局，一般主要人流是通过南向正面登山到达广场的，而贵宾则是通过乘车到达山顶的贵宾下车后需通过广场后部的台级步入广场，在其整个流线进程中，雕像背对贵宾，视景效果不理想，因此本方案通过对广场后部环境及步道进行必要的调整，如将邓小平先生的题词向北移(原布局离雕像太近，在上台阶前仅能看到题词的一半)，空出绿化用地，通过种植树木以遮挡雕像背对贵宾视线，从而改善贵宾流线进程中的视景效果。

3.调整雕像基座关系，细化基座形式与线角

而本方案在保持雕像原有尺度及基座原有标高的基础上，通过局部处理，如微隆地面，加宽加厚基座尺寸，并将基座设计成微显梯形的稳重形式，细化基座线角来改善雕像与基座的比例关系与整体的协调性，同时在基座的材料亦选择稳定、持久与富有纪念性的建材与色彩。

4.尊重原有规划设计，降低投资造价与成本。

本方案设计是对原规划设计进行深化与细化的过程，改善广场环境在现实中存在的问题，而不是“大动作”对原规划设计进行修改。以雕像基座为例，本方案在保持原基座的位置与标高，仅是对基座进行细部改造，而不是重新建设，其他方面的环境设计亦坚持这一原则，这样的局部改造，即提升了广场环境质量，又节省了建设时间与投资。

广场总平面图

正立面图

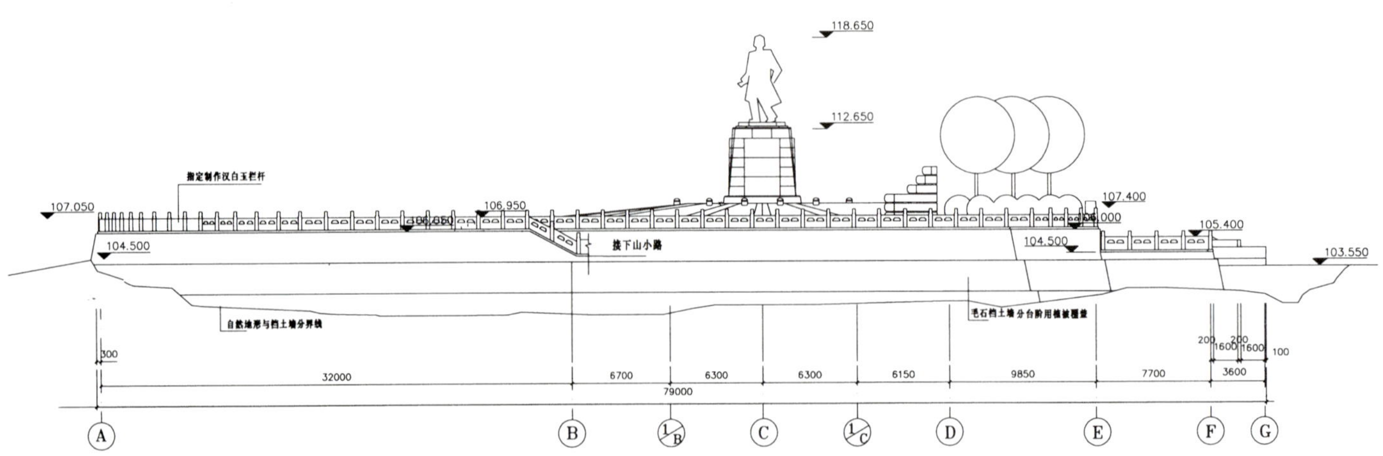

立面图

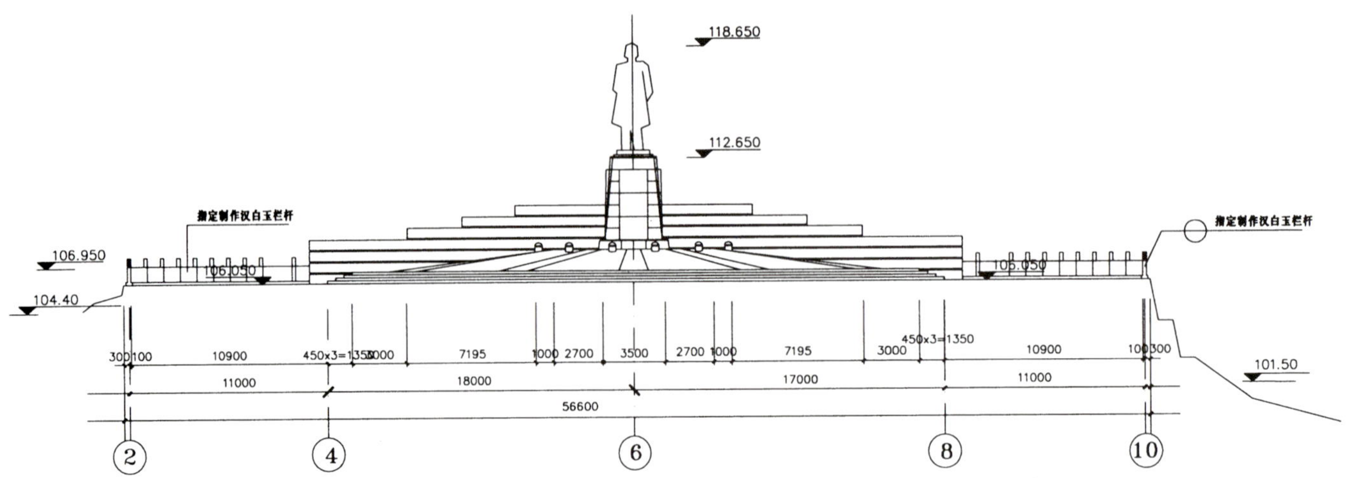

1-1 剖面图

都市国际设计公司

刘晓都

莲花山广场改造方案说明：

1.本方案为初步概念设计。一些细部和技术问题有待考虑完善。

2.参观流线组织：现状主要参观人流从背后进入，并从两侧绕上平台，不够正式。本方案建议进入人流直接进入下层通过地下通道从轴线上走上平台，而后从两侧绕下。

3.雕像位置总体考虑：原雕像置于6m高基座上，比较孤立，尺度上也与莲花山不相配。建议将中心平台部分整体升高2m，留出下层空间，并将雕塑置于1m高的台阶之上，在平台上的参观人可以清晰地看见雕塑的全貌。

4.整体环境考虑纪念性和市民化。建议增加下层空间。中间为通道，两侧为贵宾休息、展示、小卖部和公共厕所。相应上层设一半环围廊做北朝南，将使雕像形成一个依托，并遮挡背面进入人流马上看见雕像背面的视线。廊内可考虑放置历史照片、题词等。

雕塑前置一半圆形莲花池，养植睡莲和金鱼。中轴线上设一桥形通道，架在莲花池上，直达雕像，使雕像有向前迈步的余地，并隐喻道路宽广之意。

以围廊为基座设计三块三角形构筑物，指向雕像中心，目的是扩大体量，完成山形并起遮挡风雨的作用。构筑物为钢骨架，外挂透光大理石板和半透明玻璃，结构内部灯光照明（见下图实例）。构筑物背面刻小平题词（提高位置）。

平台层平面

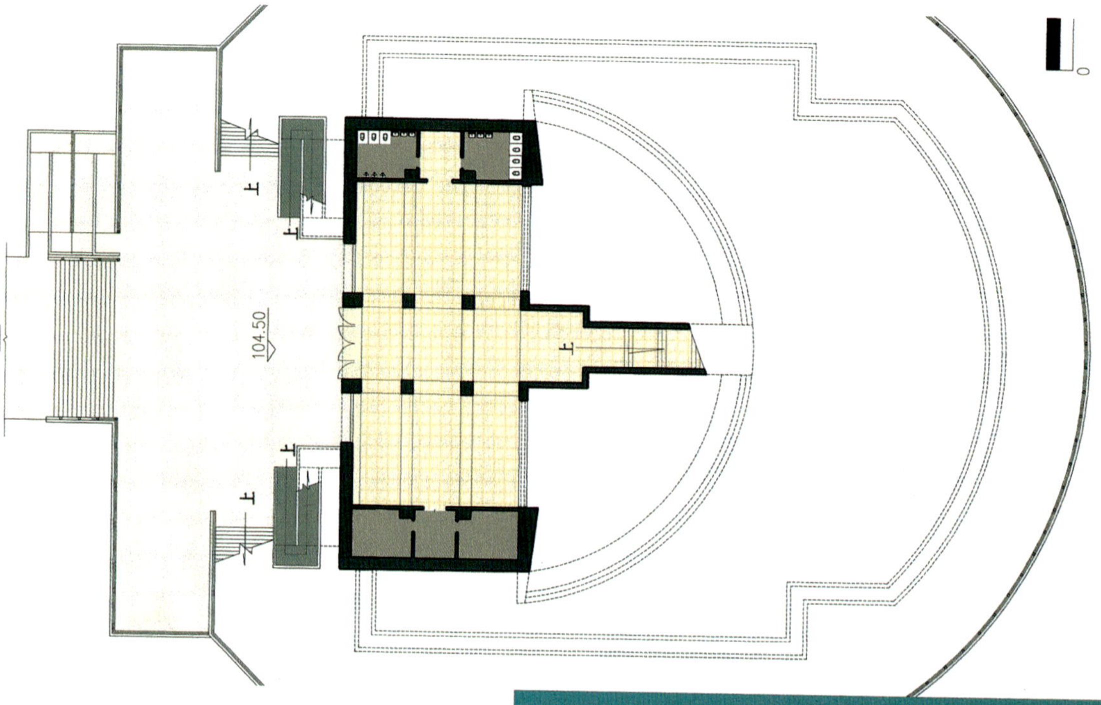

平面图

剖面图

透视图

3、实施方案的环境设计特点

(1)外部环境的整体和谐：维持莲花山完整的山体轮廓线，在周围只见山顶广场，不见塑像本身，更强化了莲花山作为中心区生态景观背景的作用。

(2)塑像与广场整体和谐：通过理性的视觉设计分析，确定了基座的合适尺度，便于缅怀瞻仰和留影，使山顶广场的观光活动和纪念活动非常自然地衔接。

(3)塑像与基座整体和谐：宽厚的花岗石基座及其周围斜坡草地，给塑像形成了一个稳固坚实的基座，呼应哄托了呈步行姿态的塑像。基座高3.68m，由斜坡草地和乳白色花岗岩长方形基座组成。

(4)塑像背景为三排高大呈塔形状的绿色常青的龙柏树，塑像北侧为一片长13m、北面高4.35m(南面高2.2m)的红色花岗岩石墙。石墙北面刻有邓小平1984年1月视察深圳时的题词"深圳的发展和经验证明，我们建立经济特区的政策是正确的"；石墙南面为：我是中国人民的儿子。我深情地爱着我的祖国和人民。

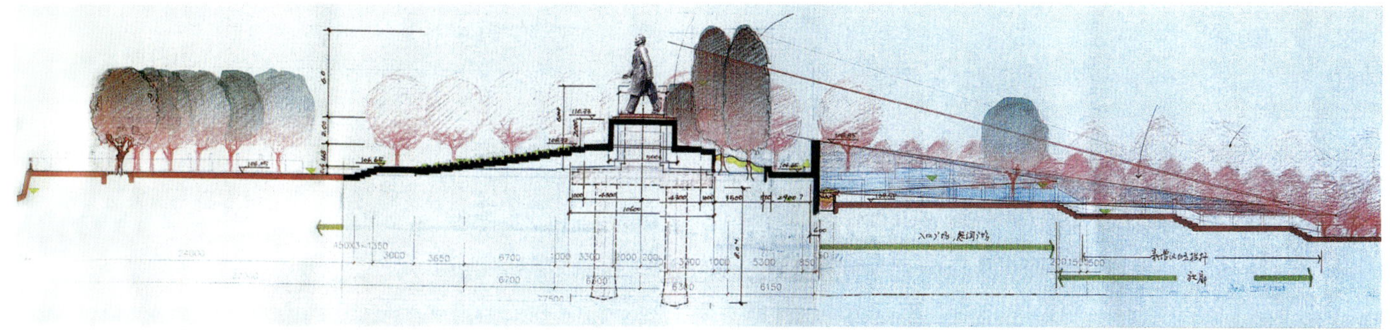

剖面图

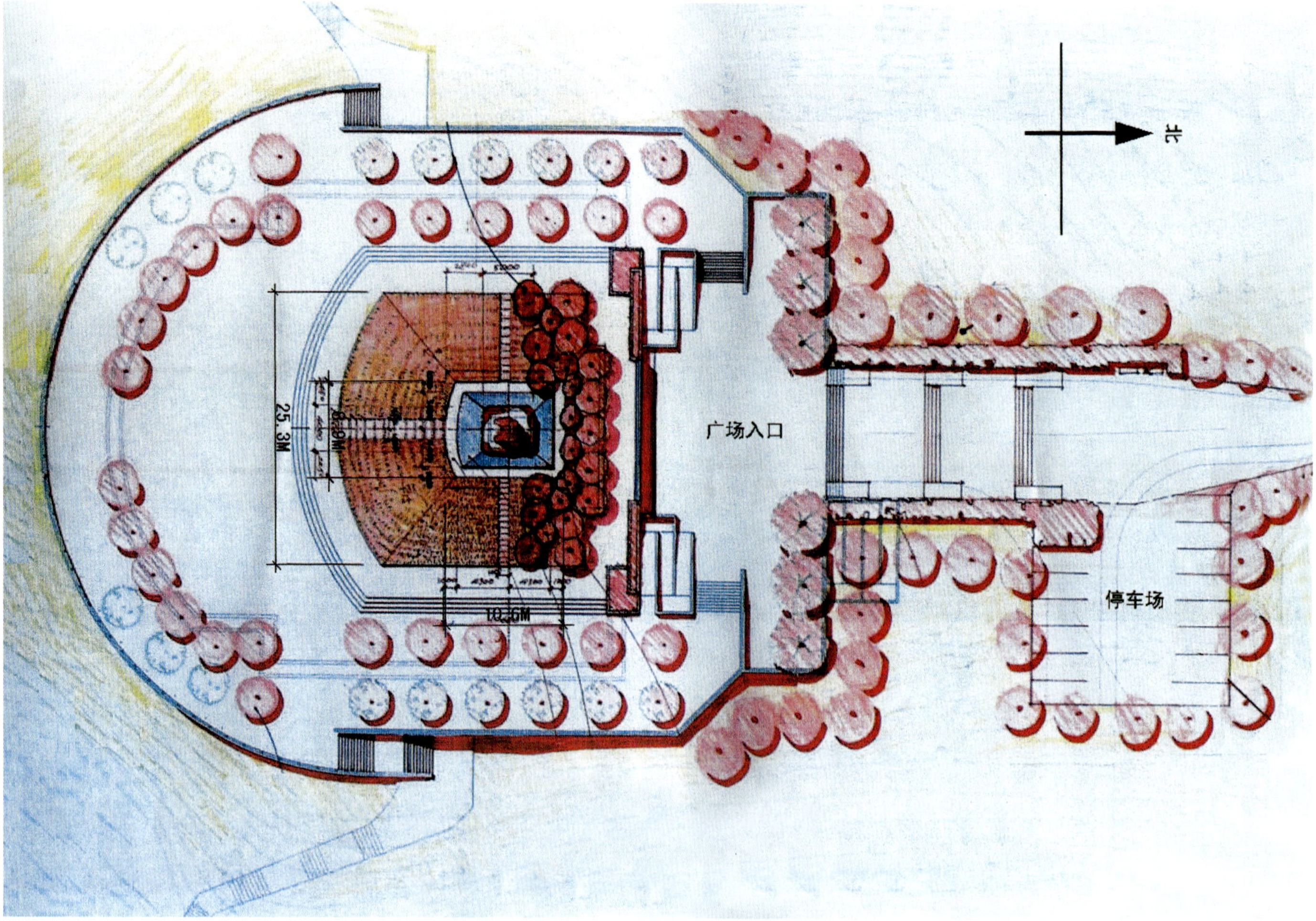
北
广场入口
停车场
25.3M
10.3M

平面图

9680
6000
3680
2000
5000
1000
4300
4300
1000
2900
3000

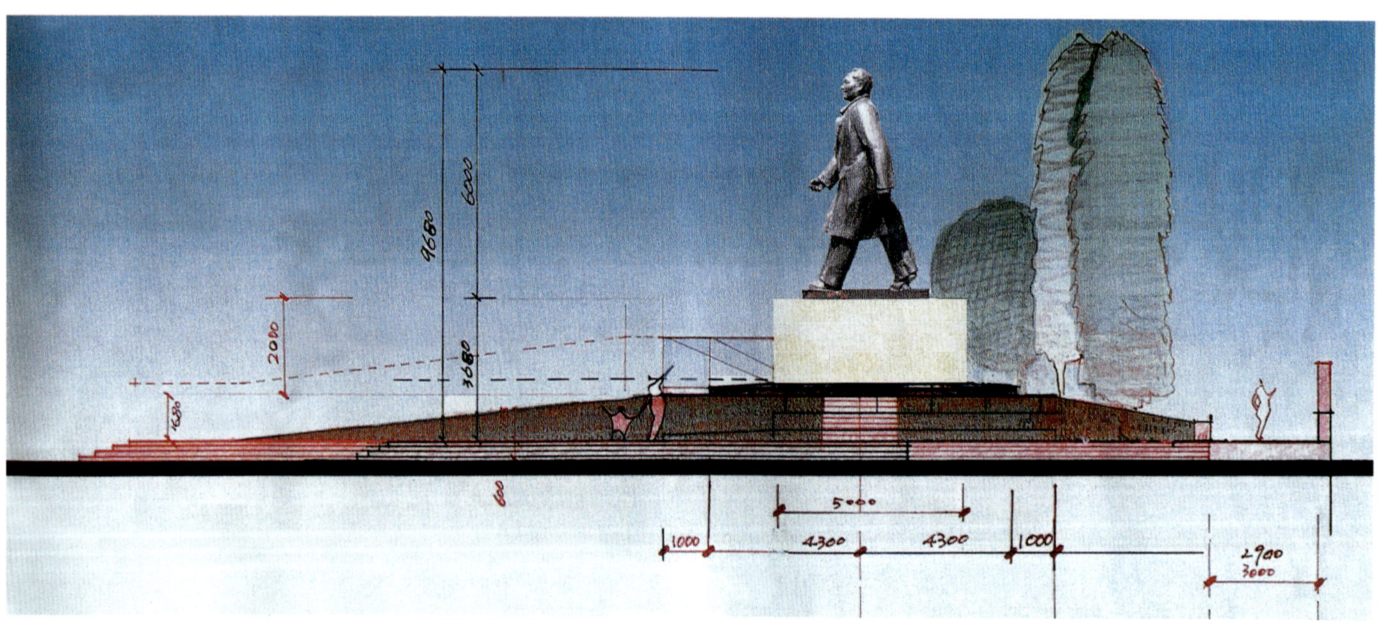

立面图

十一、岗厦村河园地区改造规划研究

（一）研究报告1

设计单位：深圳市城市规划设计研究院

设计时间：1998年11月

1.背景分析

1.1城市发展背景：城市发展规律决定了城中村的改造与更新将成为深圳市新的增长热点。

深圳市自特区成立以来，城市化水平不断提高。到目前为止。随着经济增长及城市基础设施的日益完善，周边城区的城市化发展仍有一定潜力。但从城市化的普遍规律看，当城市发展到一定规模时，其内部旧城的更新及农村城市化将成为新的增长热点。对深圳而言，城中村的改造和发展已经成为社会及政府的关注焦点。部分旧村，如泥岗、下沙等先后进行了成片的或局部的改造与规划。积累了一定的经验。因此对处于城市核心区的岗厦村进行改造研究顺应城市发展要求。

1.2区位背景：中心区特殊的地位对其周边旧村形象与环境提出了极高要求。区位条件好、基础设施差的岗厦村有待改造。

深圳市中心区作为未来城市核心区，唯一集金融、商贸、信息、文化、会展及行政于一体的城市商务中心和行政文化中心，是未来深圳的城市形象代表。其周边旧村的发展与更新将直接影响中心区空间结构的变化，进而影响深圳作为国际性城市的形象。

本次规划研究的对象岗厦村河园地区正位于中心区内。这一区位条件决定了其改造发展对中心区的深远影响。

为保持中心区城市景观在风格上的协调及新区旧村之间界面处空间结构的过渡与延续，岗厦村需要改造。

1.3现状背景：岗厦村混乱的环境与中心区形象要求相去甚远。同时，与村经济发展水平及村民文化生活需求也不相符。

近年来，中心区优越的区位条件吸引了大量人口，给岗厦村房屋出租市场带来了繁荣。受经济推动力影响，为更多地获取租金，村民频繁扩建、滥建住宅，占用了大量绿地及公共用地，致使岗厦村存在诸多问题。如：土地构成不合理，居住及工业用地超标，绿化、道路、广场、公建用地严重不足；建筑密度及容积率过高，住宅间距过小，房屋布局凌乱，道路狭窄；基础设施不足，市政设施落后；环境及人口问题突出，大量暂住及"三无人员"涌入，治安环境差……等等。这些一方面与中心区城市形象要求相去甚远，另一方面与村经济发展水平及村民文化生活需求也不符。

1.4市场背景：目前岗厦村土地功能的市场转换时机尚未成熟，现时改造难度太大。

岗厦村周边城市干道（彩田路、福华路）的修建导致数次村民住宅拆迁安置。由于缺乏行之有效的拆迁政策，且政府执法力度不足，加之基层管理部门在旧改中参与经营，与村股份公司发生利益冲突，致使每次拆迁都以政府反复划地、高额赔偿为代价，无形中更加促进村民"建房热"。空地越划越少，楼越建越高，加大了旧村的改建难度。

此外，深圳市房地产销售市场目前正处低迷、徘徊期，房屋结构过剩及有价无市现象较为严重。从市场经济角度看，中心区高地价及岗厦村的大拆迁量决定了岗厦村土地功能的市场置换时机尚未成熟，若现时改造，需要较多的政府干预和极大的经济投入，从这一层面看，岗厦村改造任务十分艰巨。

1.5管理背景：研究在前，规划先行。

中心区的开发即将拉开帷幕，地铁工程将于年内动工，同时，岗厦综合片区内已划拨红线地块的业主们正积极申报设计要点。从已批出的地块看，普遍存在配套不足，容积率偏高的现象。如21–3–2地块的福地大厦（原彩龙城）容积率11.0（正在建设），14–2地块用地（正在申报要点，改办公为住宅）拟定容积率为7。为了能从较大范围内提出合理的土地开发强度，保障足够的基础配套设施，本着研究在前，规划先行的原则，市国土局中心办委托我院进行岗厦村旧改规划。

此外，由于该村建设历史及土地利用状况极为复杂，在《中心区法定图则》（深福田01–01）中，为避免规划的盲目性和不切实际，将这一地区暂时划出，留作专题研究，即是本次规划的直接动因。

2.规划范围

岗厦村位于深圳市福田区中部，属特区核心地带的旧村之一。该村以彩田路为界分河园、娄园两部分，因河园地区位于

岗厦村河园地区综合改造规划

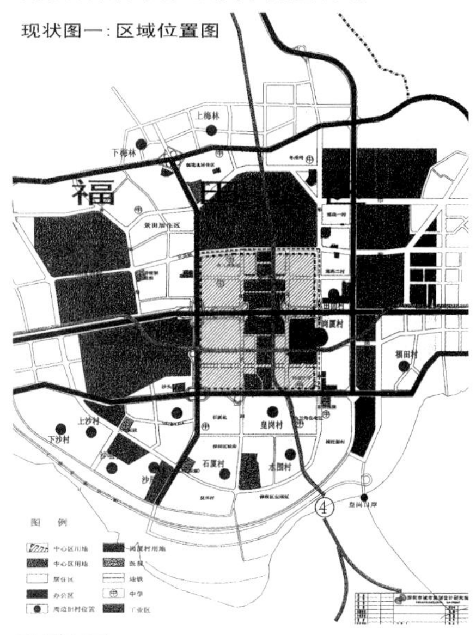

区域位置图

深圳市中心区内，区位条件的重要性决定了其改造发展对中心区乃至深圳市的影响。

岗厦综合改造片区（以下简称本片区）包括岗厦村河园地区及其周边用地，东、南、西、北分别以彩田路、福华三路、金田路、深南大道辅道的中轴线为界。总规划范围36.1hm²。

其中：15–5、18–2、18–3、18–5、18–6、21–1–3、21–2–1、21–2–3、21–2–4、21–3–2地块为已划红线或已建设用地。合计面积73394.3m²（含支路面积）。

18–4、14地块为政府控制用地。合计面积37 966.6m²（含支路面积）。

15–1、15–2、15–3、15–4地块为岗厦村所有，但政府控制其土地性质的用地。合计面积26 563.4m²（含支路面积）。

福华路、海田路及周边道路用地共计133 163.4m²。

真正属于旧村，尚未划定红线的居住用地仅18–1、21–3–1、21–2–4、21–1–1、21–1–2地块。合计面积89 912.3m²。

3.上一层次规划内容

《深圳市中心区法定图则》（深福田01–01）将岗厦综合改造片区单列。其土地开发强度及公建配套的指标留待本次规划确定。但对本片区主要路网及土地使用性质有所限定。

3.1土地利用规划

本片区土地使用性质参照中心区法定图则《总图图册》中的《中心区土地利用

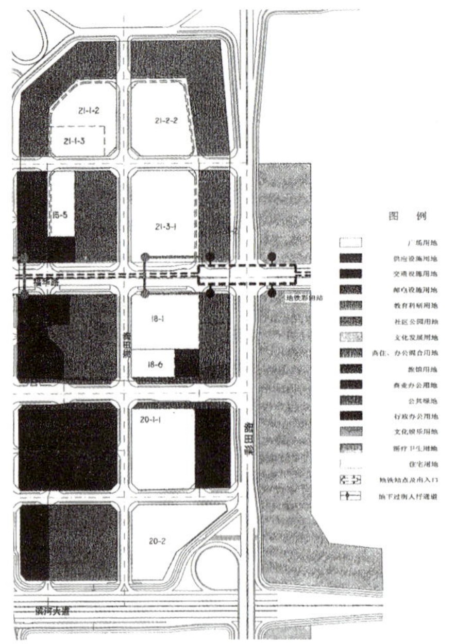
用地功能关系图

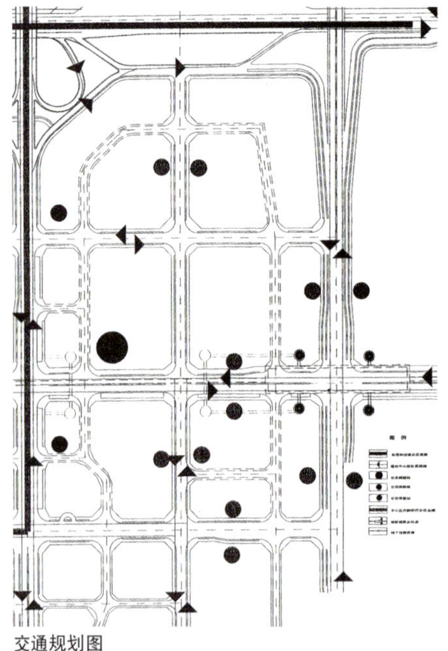
交通规划图

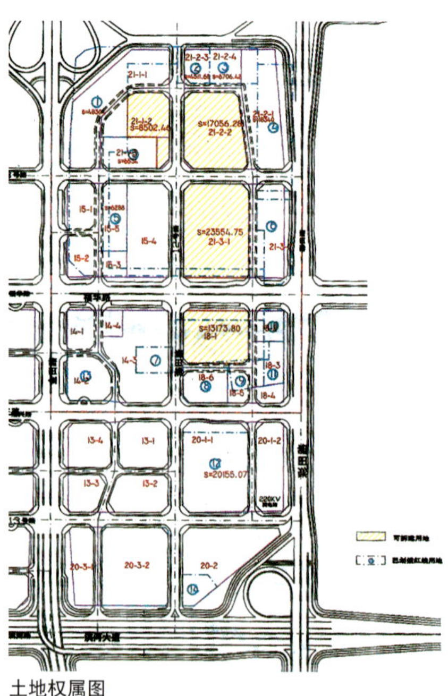
土地权属图

规划图》(公开展示稿)。沿金田路、彩田路两侧地块为商务办公区，14—3、15—4地块为社区公园，在中心区法定图则南片区图表中，对各地块性质未作明确表示，沿深南路一侧地块可以考虑办公、商住混合，两个社区公园可以部分作为本片区社区中心，但14—1、14—2、15—1、15—2四个地块应当作为商务办公区。此外14—3地块为110kV变电站用地，15—3地块为公交枢纽站。但目前14—2地块正在申报的设计要点中60%为居住，总容积率7。

3.2 道路交通规划

3.2.1 主干道系统

本片区周边有四条城市干道：深南路、彩田路、福华三路、金田路(均已建成)，此外穿越本片区的城市干道有横向的福华路(在建，宽64m)、福华一路(未建，宽29m)及纵向的海田路(未建，宽29m)。

3.2.2 支路系统

依据深圳市交通研究中心编制的中心区交通规划，本片区内有一不定位单向环形支路，在法定图则中，该支路以虚线表示，其走向与宽度可视改造情况确定。

3.3.3 公共交通系统

本片区设一处公交枢纽站，位于15—3地块，占地约3 000m²。

公交线路：城市干道均设有公交线路(深南路、福华路、福华一、三路、彩田路、金田路)。

公交停靠站：本片区设8处，沿彩田路、金田路、海田路各两站，福华路及福华三路各一站。

地铁：深圳市地铁一号线经由福华路岗厦段，穿越本片区并在东西两侧设岗厦站、会展中心站。

4.土地权属

与本片区相关的已划红线的历史用地共13块，其中规划区内12块，区外1块。具体位置及详细情况见图及表一（注：此图表不作为确认土地权属的依据)。

5.旧村现状

5.1 人口状况

5.1.1 本村范围内人口

岗厦村人口主要包括常住人口和暂住人口。

其中：户籍常住人口：370户，1120人(含持深港两地户籍的居民)

暂住人口：主要为出租屋内居民，人口构成复杂，人数较难统计。据岗厦村居委会统计的在册暂住人口数为3827人(截止日期1997底)。由于"三无"人员多未登计，此数据与实际人数有较大出入。据现场调查，村民住宅面积约281 000m²，一般民宅出租率约60%，以出租屋三房一厅80m²，平均入住6人计，人均居住面积13m²，约有暂住人口1.02万人。

5.1.2 周边居住用地人口

14—3地块：福田区机关事业单位干部住宅楼：128户，约448人(户均3.5人计)。

14—2地块：从正在申办的要点看，将有9 520m²住宅，19 039m²公寓，共计28 559m²居住面积。约95套住宅(户均100m²，3.5人计)476套公寓(户均40m²，2.5人计)，约有人口1 522人。

18—6地块：皇岗村拟建住宅用地，预计容积率5，总建筑面积约3万m²，假设居住占50%，则有1.5万m²住宅，约150户，525人。

21—1—3：已建成的华夏新城，共计270户，约945人。

21—2—3：原岗厦大厦。从新设计要点看，有38 500m²住宅面积，约有人口1 347人。

21—3—2：福地大厦(原彩龙城)，总建筑面积11万m²，已建住宅448套，拟建住宅448套，合计人口3136人。

以上地块共容纳人口约7 923人。

此外，20—1—1地块新城花园：总居住住户约704户、2464人。(规划区外)，由于以上各地块面积较小，几乎无公建配套(综合市场、社区中心、小学、独立式幼托等)。事实上将增加岗厦范围内的配套压力。

表一：岗厦综合改造片区土地权属一览表（注：本表内容不作为确认土地权属的依据）

编号	所在地块号	宗地号	红线号	红线名称	合同号	建设情况	现用地单位	原红线面积(m^2)	有效面积(m^2)	备注
1	21-1-1 15-1 15-2 15-3	B119-1	91-196（兰线）	福田区建设局负责岗厦拆迁安置用地	未签	未建	岗厦村	48304	30188	91年市政府统一划给福田区建设局122 382.09m^2用地，作为统征岗厦村(中心区外)3 600亩地，以及旧村发展，彩田路、福华路及周边商业街拆迁的安置改造用地。其中河园地区约有6万m^2用地，这是其中的一部分。现被岗厦村以建岗厦食街及临时住宅等手段占用
2	21-2-3	B119-1	1998中心区-004	岗厦村拆迁安置用地	未签	临建	岗厦村	4511.68	3794.2	福田区建设局负责岗厦村拆迁安置地，兰线已转为红线。拟建办公楼
3	21-2-4	B119-1	93补-087	岗厦大厦用地	未签	未建	岗厦村	6706.4	6706.4	原岗厦实业股份公司综合办公楼用地，现正申请变更设计要点，将原15%的写字楼面积改为住宅。新分配比例为：商业30%，住宅70%，总建筑面积55 000m^2
4	21-2-1	B119-1	原91-196	福田区建设局负责岗厦拆迁安置用地	未签	未建	锦峰公司	18340	9200	与编号1同，后由福田旧改办转给锦峰公司负责开发，拟建住宅
5(北)	21-1-3	B119-42	94补-063(01)	福田区建设局负责岗厦拆迁安置用地	95-036	已建一幢34层住宅	福田旧改办	6534	6534	拆迁彩田路岗厦段的安置地，91年划拨，当时国土局、区建设局、旧改办均与村里有过合约，后全部转为福田区旧改办统一改造。因原红线与规划8号路(老福荣路)冲突，94年重新划定红线，分南北两片，拟建4幢高层住宅，其中仅北片签定土地使用合同，免地价。现已建成一幢一梯八户，34层的(华厦新城)住宅楼。其中三分之二赔给岗厦村，三分之一出售，另一栋楼因拆迁问题不能落实。原合同要求98年底需全部完工
5(南)	15-5	B119-43	94补-063(02)	福田区建设局负责岗厦拆迁安置用地	未签	未建现为空地	福田旧改办	6288	6288	
6	21-3-2	B119-34	92补-088	福田区房地产开发公司建设用地		在建	福田区房地产开发公司	10930		福地厦(原名彩龙城)，属拆迁彩田路、岗厦村的补偿用地，市政府统一划给区政府，与编号1同。后区政府因经费原因委托区房地产开发公司开发。规划四栋高层塔楼，其中两栋已建成。另两栋正申办更改设计要点，将办公改为公寓
7	14-3	B119-3	90-028	福田区机关事业干部职工住宅	93-065	建成	福田区房管局	3650	3650	福田区房管局征用，自建机关事业单位干部职工住房，建成两栋8层条式住宅128户
8	18-6		D95-014	皇岗实业股份公司发展用地		厂房(旧)	皇岗村	6024.3	6024.3	原皇岗村工业用地，因与规划12号路、福华路(原福兴路)冲突，95年重新调整红线。用地号8 500 165，面积由原4 312m^2调为6 024.3m^2，作为皇岗村发展用地，将来海田路(现河园路)，该路段拆迁时不另作补偿
9	18-5	B119-2	91-067	深圳路灯管理所上步路路灯维修基地	88-109(91年11月修改)	建成(旧)	深圳路灯管理所	3472.7	372.7	路灯管理所办公住宅及维修基地。91年签订土地使用合同，(该地块不能转让和参与房地产经营)。该红线与中心区法定图则规划路网相冲突，需重新调整红线
10	18-2	B119-32	91-209	华艺设计顾问公司办公用地	92-140	建成(新)		2440	2440	现已改性质为酒店，即新落成的景轩酒店
11	18-3	B119-15	90-163	深圳昌盛贸易公司办公用地	023-024	地建	昌盛贸易公司	2988.8	2988.8	昌盛公司自用综合楼。建筑面积23 900m^2
12	2-1-1	D96-008		岗厦实业股份公司福华路拆迁安置地		在建	岗厦村辛利达公司	20155.06	20155.1	福华路拆迁安置地，由原14号地块调至20-1-1地块，正施工，为多层及小高层住宅区，岗厦村与深圳辛利达公司合作建房，总建筑面积约13 000m^2，在本规划区以外
13	14-2	B119-0079	1998中心区-008	新星实业公司商业、办公用地	未签	未建	深圳新星实业发展有限公司	6799.8	6799.8	正在申办设计要点，拟定比例为：商业20%，9 520m^2；办公20%，9 520m^2；住宅20%，9 520m^2；公寓40%，19 039m^2；总建筑面积47 599m^2

5.2 土地利用状况

岗厦村土地利用状况详见下表二：

表二

序号	用地名称	用地面积（公顷）	百分比（%）
1	村民住宅用地	7.0	19.4
2	工业用地	2.7	7.5
3	商住混合用地	3.7	10.2
4	办公用地	0.8	2.2
5	城市普通住宅用地	2.1	5.8
6	道路用地	12.2	33.8
7	空地(多为已划红线用地)	7.6	21.1
8	绿地	0.0	0.0
9	教育设施用地(小学、幼托)	无单独用地	0.0
总 用 地		36.1	100.0

土地利用现状图

由上表可看出，该土地构成以村民居住为主。而公建设施、绿地，道路用地指标与《深圳市城市规划标准与准则》的要求差距较大。

5.3 建筑状况

从建筑使用功能分，主要包括集体产业及村民住宅两大类。

集体产业主要为岗厦实业责任有限公司所属物业，共计39幢。

其中：岗厦食街：12600m²

商场：2945m²（建筑底层）

菜场（1栋）：1600m²

电影院（1栋）：2000m²

居委会（独立占地）：2000m²

厂房及办公：38100m²

单身公寓：26500m²

房管局职工宿舍12000m²（不属岗厦所有）

合计：总建筑面积112800m²

此外，有部分简易砖房及铁皮房，多为仓库，面积未计。

5.3.2 村民私宅

根据最新测绘地形图，（河园路东1998年测，河园路西1996年测）及现场调查，本片区北有村民住宅约400栋，除去砖房及简易房不计，总建筑面积约281000m²。详情如表三。

5.4 基础设施

5.4.1 教育设施

本片区内无中学、小学及独立占地的幼托。现有岗厦中学在岗厦村以南250m的20-3-2地块。岗厦小学及幼托在彩田路以东的娄园地区。本片区内仅有几个私立幼儿园，设于民宅内，均无独立占地，环境及条件均较差。

岗厦中学及小学情况见表四。

5.4.2 管理及文娱设施

现状有一栋“文华楼”为村民娱乐中心（2565m²）另有一迷你电影院，位于一栋5层建筑的底层，有效面积400m²。

5.5 市政状况

5.5.1 给排水

(1)给排水现状

表三：岗厦村民住宅情况一览表

建筑层数	总栋数	百分比	备　注
3层以下	36栋	9%	多准备重建
4层住宅	102栋	25.5%	多准备重建
5层住宅	78栋	19.5%	部分准备加建
6层住宅	49栋	12.25%	部分准备加建
7层住宅	77栋	19.25%	新建
8层以上	43栋	10.75%	新建
层数未知者	15栋	3.75%	在建、多为8层以上

注：现场同时在建或扩建住宅共51栋。

表四：岗厦相邻近地区中小学情况：

名称	所在位置	用地面积（m²）	建筑面积（m²）	班级数（个）	学生人数（人）	教职工人数（人）	专任教师数（人）
岗厦中学	中心区20-3-3地区	20149	10010	12	449	19	18
岗厦小学	彩田路以东福华路北彩虹新都东侧	9623	6500	20	974	39	32

注：资料来源：《福田农村城市化地域现状调研报告》。

本片区内现状地面标高在4.2～8.5m，较周围市政道路低一米左右，前几年曾受洪水侵害。区内现状排水为雨污合流，河园路由北向南建成Dn800排水管，穿越福华路由海田路至滨河路入皇岗河；福华路以河园路为界东西两段分别附设Dy1350、Dy800雨水管道；区内其它道路排水多以街边明沟或暗沟合流制排水。区内供水主要靠村委由周围市政给水管道引入Dg200、Dg150接口，用水单位和村民自行接入的方式解决。目前岗厦村河园地区平均月用水量1.7万m^3/月。

(2)存在的主要问题

①区内给水管道的敷设缺乏统一的规划建设，市政消火栓的数量及洪水管道的口径不能满足消防供水的要求，树枝状的给水管线供水的安全性和可靠性低。

②现状排水管道虽解决了区内雨水排水问题，但其排水体制不能满足《深圳市城市总体规划》对排水体制的要求。亦不利于区内及皇岗河环境的改善。

③区内给排水市政设施(如阀门井、检查井、雨水口等)严重缺乏，不利于路面及建筑排水，也不利于给排水设施的维修管理。

5.5.2电力电讯

(1)电力现状

①本片区周围的市政道路即彩田路、福华三路、金田路和深南大道已经形成，正在施工的福华路穿越本规划片区，这些道路均已形成电力缆沟；

②本片区内已形成的其余道路均不具备电力电缆沟；

③本片区内现状的110kv用电由110kV/10kV的福田变电站提供；

④ 10kV电源进线和380V/220V至各建筑物的电源线路均为架空方式敷设。

(2)电信现状

①本片区周围的市政道路即彩田路、福华三路、金田路和深南大道已经形成，正在施工的福华路穿越本规划片区，这些道路均已形成电信管道；

②本片区内已形成的其余道路均不具备电信管道；

③本片区的市话线由皇岗机楼提供；

④片区内的电话线路全部采用架空方式敷设。

5.5.3煤气

本片区外围的彩田路全段及金田路局部有已通气的市政燃气干管。区内无管道煤气，村民现用液化气。

5.6 环境状况

近年来，由于建筑的迅速增多及外来人员的大量涌入，至使岗厦村环境问题日益突出。无绿地、建筑过密、多数地段消防车不能进入，管线裸露，日照通风条件极差，到处是工地。拥挤、嘲杂、混乱、危险成为岗厦村的环境特征，其环境状况亟待改进。

6、问题的提出

6.1 导致岗厦村目前状况的矛盾根源

旧村问题在深圳具有一定普遍性，这种局面的产生有着深刻的社会根源。

从岗厦村建村至今，在其漫长的演变发展过程中，曾经有过优美的环境，平静温馨的乡村氛围。从现状局部地区的建筑布局中，还能依稀辨出部分旧时风貌。然而，近十多年来，伴随开放政策而来的强大的市场推动力，导致了旧村急剧的城市化。这点从岗厦村每两年一测的地形图的比较中可以强烈感受到。同时，法制及管理模式在从计划经济向市场经济的转型过程中出现了难以避免的诸多遗漏，带来了一系列的社会问题。象岗厦村等城中旧村的畸形发展即是一例。分析其矛盾，可有以下方面：

6.1.1利益趋动力与现代城市文明的矛盾。

前者是疯狂的、无序的，为追逐利益，可以使尽手段。而后者却需要约束，需要以牺牲局部利益来换取整体利益的平衡。

6.1.2计划经济体制下旧的管理模式与通过市场来配置资源的先进的管理模式间的矛盾。

岗厦村的土地均未进入市场，致使该村现有土地难以通过市场调节达到平衡。

6.1.3现有管理力度及现有法制环境与理想的城市环境所必须的法制环境间的差距。

仅福华路、彩田路岗厦段的道路拆迁就有过多次土地赔偿：1、2、3、4、6、12号历史用地(详见现状土地权属表)及娄园地区的部分用地均属拆迁赔偿用地，现分属多家单位及合作公司。尽管有关政策规定，村民违章建房不予赔偿，但从实际拆迁情况看，几乎是全赔。

6.2 实现一个理想规划的可能路径

要达到合理的容积率、合理的公建配置及空间环境，有三条可能路径：

6.2.1以强有力的管理为前提，全部拆除重建。

这是最理想化的方案，实现这种人为的改造需以社会法制环境为保障。它所需的现实条件主要有：

①现状尚未开发，被各家单位占用的土地(1、2、3、4、5号历史用地)能否全部或部分收回，纳入拆迁平衡用地？

②村民所建违章住宅(国家政策规定每户民宅不超过240m^2，岗厦村村民多数有2幢住宅，每幢平均超过700m^2)全部拆除后，能否不赔，若赔偿，赔偿比例为多少？

从现行政策执行情况看，第①条的土地尽管都属拆迁安置用地，但全部收归几乎不可能，若局部收回或参与拆迁平衡，则需管理部门的大力配合。第②条对村民违章建筑的拆赔比例也有待研究。国家政策是不赔，从村内股份公司了解，福华路拆迁赔偿比超过50%(由村股份公司负责赔偿并在实行建设控制的情况下)，但从国土局福田分局了解到，从国家实际投入看，几乎是全赔。

6.2.2维持现状，遵循市场经济规律，通过市场引导，促使村民住宅出租市场逐渐萎缩，达到土地功能的自然置换。

这一过程将十分缓慢。我国在相当长一段时间内，社会发展层次还是多种多样，需求市场也相当复杂，低层次的居住环境不可能在短时间内消失，这样一个漫长的过程将对深圳向国际化城市发展的进程起着极其消极的负面影响。但单从经济学角度看，这一条路最合理。

6.2.3逐步疏导，逐步改造。

相对而言，这是一条较为现实的途径，其条件是：先期政府投入，政策倾斜，逐步改造，滚动开发。这也将是漫长而艰巨的过程，同时需要一定的启动资金。

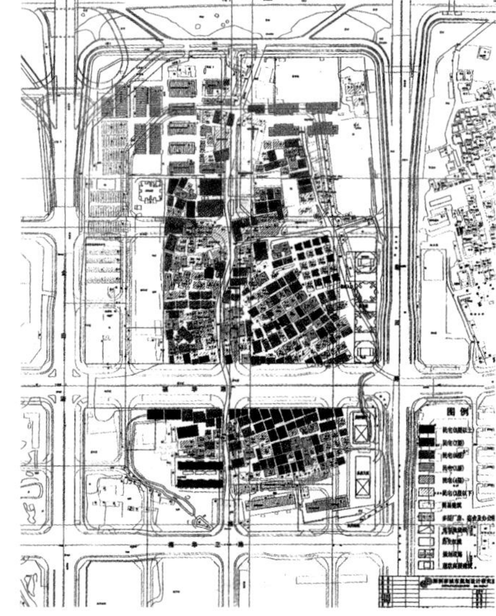

岗厦村河园地区综合改造规划建筑状况分析图

根据岗厦村的现状建设情况和周围环境条件，我们提出两种改造策略——逐步改造策略和整体改造策略以及基于上述策略的三个比较方案。方案一是以逐步改造策略为基本思路，方案二和方案三以整体改造策略为基本思路。

7.逐步改造策略

逐步改造策略即利用城市自身结构的弹性和市场的调节作用，采取针对性的引导政策和综合整治措施，逐步调整，降低现状容积率和密度，推动岗厦村不断自我调节、自我完善，使其发展(包括空间环境、市政环境、社会环境、居民意识等)逐渐与城市整体环境相协调，同时其自身的社区结构和风貌也得到延续性发展的策略。

逐步改造策略的实现必须配合以下具体的管理和规划对策：

1.加强行政、管理和经济手段的控制，解决私房违章、局面失控的问题；

逐步改造策略成败的关键在于农民违章建房问题能否解决。如果任由现状情况继续发展，势必带来更为严重的城市问题。但是，违章建房问题必须依靠各级政府、各有关主管部门以及村股份公司的多方努力。市政府曾就此问题出台过多项政策和有关通知，在管理方面也有过较成功的时期。如能按市政府(1986)411号令的要求，从市政府到街道办各级政府组织起来，各部门合作行动，规划、公安、工商、银行、房管、水电一起行动，下大力气、严格执法，必然能够堵住违章的出路。

2.加强土地审批管理，为岗厦村改造保留应有的缓冲和发展空间；

近年来，规划部门为了岗厦村的拆迁改造，曾多次划拨土地给有关部门，但由于种种原因，部分土地已挪做他用。如果这种情况继续发展，岗厦村将失去改造的缓冲空间。因此，加强对该片区土地的审批和监管，是实施岗厦村综合改造的必要条件。

3.改造规划应以市政设施改造为主线，采取由外及里、由易及难的模式。

影响村民生活最直接的因素是市政设施的不完善，因此逐步改造策略应首先彻底解决市政设施的配套完善问题，再由外及里、由易及难地调整土地利用方式和空间形态。

8.整体改造策略

整体改造策略即利用外部资金的力量，按照城市居住社区的空间结构形态和环境要求，以高效集约的土地利用方式，对岗厦村进行整体拆除、整体置换的方式。

整体改造策略涉及环境空间以至社会结构的变迁、重组，其实现必须考虑以下几个方面的问题：

1.环境容量的适度化问题；

2.空间形态的集合化问题；

3.土地利用的集约化问题；

4.运做方式的市场化问题；

该策略的实现在于市场资金的直接介入，在改造过程中政府可以通过确定并协助实行适宜的拆赔政策、提供减免地价的优惠等方法，以使开发商因适当的收益而获得参与改造的动力，同时还能有效控制土地利用的强度。

由于岗厦村现状建筑普遍违章，个别建筑高达9层。如果完全按照市政府(1986)411号令的精神，每户只承认240m²，改造将会很难进行，但是如果全部承认并原地赔偿，又将大大超过环境的承受能力。参考福华路拆迁的经验，我们建议采用每户240m²全部赔偿、超出部分按50%赔偿的比例。

9.三个改造方案的比较

9.1方案一——协调发展的"都市村庄"

9.1.1总体构思

本方案以保护并延续社区地方风貌和社会文化结构为基本出发点，将体现"都市村庄"特色的街区和街道以积极方式保留，逐步引导和改造，同时对现状较松散凌乱的街区进行一次性改造。

将农民住宅密集改造难度大的地块基本保留，打通外围道路，逐步疏通内部通道，解决市政配套设施，整理适宜的绿化和疏散通道。通过适宜政策的推动和强有力管理的长期约束，使之以渐进的方式向地方特色的多层中密度住宅区过渡。

将农民住宅较少，以村集体物业为主的地块进行一次性改造成集合型城市居住区，该改造区内应提供必要的公共配套设施，解决原地拆迁居民及保留地块拆迁居民的安置。

将河园路保留，并进行适宜的拓宽改造，形成体现社区风貌特色的商业街。

9.1.2经济估算

为合理确定土地开发强度，对本方案进行经济估算如下：

拆迁安置费用

本方案需拆除建筑面积及补偿方式如下表：

业主	建筑类别	面积(m²)	户数(户)	补偿方式
房管局	职工住宅	12 000	128/448	拆赔比1：1.1
岗厦实业股份公司	食街	12 600	——	现金补偿
	商场	2 945	——	还建
	菜场	1 600	——	还建
	影院	2 000	——	还建
	居委会	2 000	——	还建100m²，现金补偿1 900m²
	厂房及办公	38 100	——	还建20 000m²，现金补偿18 100m²
	单身公寓	26 500	——	现金补偿
村民	住宅	111 000	158/442	240m²/户全赔，超出部分按50%计。
合计		208 745	286/890	

拆迁费=拆除建筑面积×60元/m²=208 745×60=12 524 700(1252.5万元)

安置费=286户×3 000元/月×24月=20 592 000(2 059.2万元)

补偿费=补偿面积×480元/m²=(12 600+1 900+18 100+26 500)×480=28 368 000(2 836.8万元)

土地费用

假设岗厦村和旧改办用地均参与改造平衡，其用地均免地价，但应交市政配套费。

配套费=拟规划住宅用地×460元/m²+拟规划办公用地×1800无/m²=13 741.2×460+2 905.5×1 800=65 830 852(6 583.1万元)

土建成本

住宅面积以高层为主，设单位造价为2 200元/m²。

配套公建根据人口粗略估算为：小学一所，建筑面积5 400m²；幼托2所建筑面积5 000m²；商业服务约23 000m²；共计33 400m²。设单位造价为1 500元/m²⑥。

办公建筑为高层，设单位造价为2 000元/m²⑥。

利息

从动工至预售，开发方须投入30%左右启动资金，假设从银行贷款，期限二年，年利率9%。

住宅利息：$2\,200\times30\%\times9\%\times2\approx$ 120元/m²

配套利息：$1\,500\times30\%\times9\%\times2\approx$ 80元/m²

办公利息：$2\,000\times30\%\times9\%\times2\approx$ 110元/m²

拆迁、安置、补偿及土地费用利息：$(1\,252.5+2\,059.2+2\,836.8+6\,583.1)\times30\%\times9\%\times2=687.59$万元)

不可预见费设定为土建成本的3%。

住宅部分：$2\,200\times3\%\approx65$元/m²

配套部分：$1\,500\times3\%\approx45$元/m²

办公部分：$2\,000\times3\%\approx60$元/m²

销售成本设为销售额的2%。

营业税为销售价格的5%。

所得税为利润的15%。

商品房售价：参考华厦新城平均售价为6 500元/m²，考虑环境改善因素，假设本区商品房平均售价为6 800元/m²。

赔偿面积

假设拆除农民住宅的合法部分(240m²)赔以多层住宅，拆赔比1:1，超出部分按50%计，赔以高层住宅，拆赔比1:1.1；原房管局住宅赔以高层住宅，拆赔比1:1.1。则赔偿面积$=12\,000\times1.1+158\times240+158\times(702-240)\times50\%\times1.1=13\,200+37\,920+40\,148=91\,268\approx91\,270\text{m}^2$

2.11 计算方法

设合理利润率不大于20%，利润为A，总成本为B，规划住宅面积为S。

则利润率=A/B ≤ 20%

A=[(S−赔偿面积)×售价×(1−营业税−销售成本)−拆迁费−安置费−赔偿费−土地费−利息−S×(土建成本+利息+不可预见费)−配套面积×(土建成本+利息+不可预见费)+办公面积×(土建成本+利息+不可预见费)]×(1−所得税)

B=拆迁费+安置费+补偿费+地价+利息+S×(土建成本+利息+不可预见费)−配套面积×(土建成本+利息+不可预见费)+办公面积×(土建成本+利息+不可预见费)]

具体计算如下：

$$20\%\geqslant\frac{[(S-91270)\times6800\times(1-5\%-2\%)-127316000-6875000-S\times(2200+120+65)-33400\times(1500+80+45)-20000(2000+110+60)]\times(1-15\%)}{127\,316\,000+6\,875\,000+S\times(2\,200+120+65)+33\,400\times(1\,500+80+45)+20\,000(2\,000+110+60)}$$

$$S\leqslant256\,000\text{m}^2$$

注释：

①拆迁办经验数据。

②拆迁期间居民暂时租房住，月租费。

③设定改造期限为24个月。

④市政府(1991)225号令。

⑤市政府(1991)134号令。

⑥根据《深圳建设工程工程价格信息》推算的简化数据。

考虑到不定因素的影响，我们设参与改造平衡区内新建住宅面积约为260 000m²。

9.1.3 规划结构

本方案将现状河园路保留并适当拓宽，作为社区生活性道路，并在布局上以该道路为核心，串联起社区主要公共服务设施和保留的农民住宅区及沿街小型特色商铺；保留原中心区规划的内部环路，并以该环路组织社区内部机动车交通。

在体形结构上，沿社区周边布置高层商住和办公等，内环路以内以多层住宅和保留农民住宅为主，构成外高内低的对比关系，在环境风貌上，形成"都市村庄"的意象。

社区整体结构表现为内轴(生活轴)外环(交通环)，内低外高的特征。

9.1.4 土地利用规划

根据现状土地利用和权属情况及中心区规划要求，可将规划范围分为参与拆迁平衡的用地和其他用地。

其他用地包括在建的福地大厦用地(21−3−2，商住混合)、景轩酒店用地(18−2，商业)、昌盛大厦用地(18−3，办公综合)，以及已建成的华厦新城用地(15−3，居住)；18−4地块为保留街角绿地，原路灯大厦用地(18−5)和皇岗实业股份公司用地(18−6)经调整红线后，其用地性质分别为办公和居住；沿金田路的15−1、15−2、14−1、14−2规划为办公及商业混合用地。15−6为交通设施用地(公交枢纽站)，14−4为供应设施(110kV变电站)，14−3为公共绿地(社区公园)。以上用地合计70526.8m²。

本方案将参与拆迁平衡的用地规划如下：沿彩田路、深南大道和金田路为高层商住和住宅以及部分办公用(21−1−1、21−2−1、21−2−2、21−2−3)，规划内环路以内，主要为原农民住宅集中区域(21−2−4)，基本保留15−5地块原申请的用地性质，规划为高层住宅用地，但要求附加幼托一所，并将15−4地块划为该幼托的活动场地。以河园路为核心，规划小学一所(21−1−2)、社区服务中心(包括肉菜市场、商业服务、医疗卫生和管理等)(21−2−6)、文体活动场地(15−7)。

详见规划用地统计表1。

规划用地统计表1

编号	项目		用地代码	用地面积(m²)	所占比例(%)
1	住宅区用地		——	201482.8	55.8
1-1	居住用地		R	125271.1	34.7
	其中	二类居住用地	R2	32034.8	
		三类居住用地	R3	29192.4	
		五类居住用地	R5	64043.9	
1-2	配套设施用地		R6	20109.7	5.6
1-3	住宅区道路用地		R7	53517.2	14.8
1-4	住宅区绿地		R8	2584.8	0.7
2	其它用地		——	159881.2	44.2
2-1	旅馆业用地		C4	2737.4	0.8
2-2	商业性办公用地		C5	21979.6	6.1
2-3	行政办公用地		G/IC1	6455.1	1.8
2-4	供应设施		U1	2378.9	0.7
2-5	交通设施用地		U2	2458.5	0.7
2-6	公共绿地		G1	21198.4	5.9
2-7	道路用地		S1	102673.3	28.4
规划区总用地			——	361364.0	100.0

9.1.5 规模容量

建筑容量

本方案规划总建筑面积845 200m²，总容积率2.34；居住用地容积率4.67。具体建筑面积分配详见表2。

表2

建筑类别		建筑面积(m²)	百分比(%)
住宅		585 000	
其中	高层住宅	375 000	
	多层住宅	40 000	
	独户住宅	170 000	
文化教育		10 400	
其中	小学	5 400	
	幼托	5 000	
商业综合		38 000	
办公		170 000	
酒店及其他		40 000	
公交管理		300	
变电站		1 500	
合计		845 200	100%

人口规模

1)房管局住宅常住人口128户，共448人。

2)岗厦村常住人口1120人，户籍户数为370户，按住宅栋数计400户(含香港籍村民住宅)。

3)现状保留农民住宅242栋，共计170 000m²，平均每栋702m²。根据市政府[1986] 411号令规定：农村私人建房，三人以下住户，其建筑面积不得超过150m²；三人以下住户，其建筑面积不得超过240m²。我们设定每户村民自用面积为240m²，多余部分用于出租，租屋人口由出租屋面积推算如下：

出租屋面积=242栋×(702−240)=111 804m²

可居住户数=111 804 ÷ 80m²/户=1 398户

可居住人口=1 398户×3人/户=4 194人

4)规划拆除村民住宅158栋，计111 000m²，户均702m²。拆除的村民住宅超出240m²部分按50%计补偿高层住宅，仍设该部分面积用于出租。则：

出租屋面积=158户×(702−240)×50%×1.1=40 148m²

可居住户数=40 148÷100m²/户=401户

可居住人口=401×3人/户=1 203人

5)参与改造平衡用地新建住宅面积260 000m²，扣除赔偿面积为260 000−240×158−(702−240)×158×50%×1.1−12 000×1.1=168 732m²，可居住户数1 687户，可居住人口5 905人。

6)其他用地内人口

皇岗村用地新建住宅面积30 000m²，可居住户数300户，可居住人口1 050人。

现状已建住宅(华厦新城)26 400m²，264户，在建住宅(福地大厦)39 093m²，416户。合计65 493m²，共680户，居住人口2 380人。

以上各项合计得到规划区总住户数为4 994户，总居住人口16 300人，约1.6万人。

9.1.6 道路交通规划

道路系统

规划道路结构特征为外环内轴，区内交通性干道，各组团机动车出入口皆开向环路，以拓宽河园路为居住区生活性干道，外套环路为以城市干道福华路为界，北区东西南北共有五个机动车道出口，南区共有四个出入口通向干道级城市道路。规划道路断面分别为：

小区干道：机动车出入口道路4+12+4=20m

环路3+10.5+3=16.5m

河园路3+6+3=12m

小区支路：组团间道路7m，6m

交通组织：河园路上限制除公交车以外的其他通过性交通，实行双向组织；

为减少对城市干道交叉口的影响，环路与福华路的交叉口实施右进右出。

静态交通：规划区内机动车停车由高层住宅地下车库解决。

9.1.7 公共配套设施规划

考虑到保留农民住宅中租屋人口密度较高，且主要为不带眷人口，公建配套指标可适当降低，本方案规划小学1处，幼托3处(其中1处独立占地)，集中设置社区服务中心1处(包括肉菜市场、其他商店、社区管理、医卫服务等)。

9.1.8 城市设计要求

9.1.9 分期实施计划。

本方案分期实施计划建议如下：

1)外围高层住宅的建设；

条件：上交(留出)一定比例住宅安置拆迁农民。

2)多层住宅区及社区服务中心、小学的建设；

全部赔偿农民住宅。

3)保留农民住宅区的整理：

先拆出图示分隔道路和小型绿地，远期逐步实现每2 000m^{2}用地的防火间距要求。

4)外围商业办公按具体情况实施。

9.2 方案二——高密度开发的城市型住区

9.2.1 规划构思

由开发商介入，股份公司协作，采用整体改造策略，将岗厦村现有建筑全部拆除，遵循中心区规划的总体布局要求，按高层和中高层城市住宅模式建设，提供适宜的集中绿化和相应的配套设施。

9.2.2 经济估算

拆除建筑及补偿方式表1。

拆除建筑及补偿方式表1

业主	建筑类别	面积(m^2)	户数／人数	补偿方式
房管局	职工住宅	12 000	128/448	1：1.1拆赔
岗厦实业股份公司	食街	12 600	——	现金补偿
	商场	2 945	——	还建
	菜场	1 600	——	还建
	影院	2 000	——	还建
	居委会	2 000	——	还建100m^2，现金补偿1 900m^2
	厂房及办公	38 100	——	还建20 000m^2，现金补偿18 100m^2
	单身公寓	26 500	——	还建20 000m^2，现金补偿18 100m^2
村民	住宅	281 000	400/1 120	240m^2／户的全部和超出部分的50%，按1：1.1赔
合计		378 745	528/1 568	

拆迁费=378 745 × 60=22 724 700 (2 272.5万元)

安置费=528户 × 3 000元／月 × 24月=3 801 600(3 801.6万元)

补偿费=2 836.8万元

土地费用=6 583.1万元

上述利息=(2 272.5+3 801.6+2 836.8+6 583.1) × 30% × 9% × 2=15 494 × 5.4%=835.7(万元)

土建成本：同方案一

公建面积：小学2所10 800m^2，幼托三所8 000m^2，社区中心+菜市+其它=23 000m^2，

合计41 800m^2。

利息和不可预见费等同方案一

赔偿住宅面积：

12 000 × 1.1+400 × [240+(702−240) × 50%] × 1.1=220 440m^2

计算：

$$20\% \geqslant \frac{[(S-220\,440)\times 6\,800\times(1-5\%-2\%)-154\,940\,000-8\,357\,000-S\times 2\,385-41\,800\times 1\,625-20\,000\times 2170]\times 0.85}{154\,940\,000+8\,357\,000+S\times 2\,385+41\,800\times 1\,625+20\,000\times 2\,170}$$

S ≤ 513000m2

考虑到不定因素的影响，我们设参与改造平衡区内新建住宅面积约为520 000m^2。

9.2.3 规划结构

本方案保留原中心区规划路网结构，以海田路作为社区主要道路，兼起到中心区东南片区的联络作用，并在布局上以该道路为核心，串联起社区主要公共服务设施及大型公共绿地；内部环路组织各组团内部机动车交通。

在体形结构上，沿社区周边布置高层塔式商住和办公等，内环路以内以大型连体式中高层住宅围合空间，构成由外向内逐渐跌落形式。

社区整体结构表现为内轴(绿化、生活轴)外环(交通环)，内低外高的特征。

9.2.4 土地利用规划

其他用地规划同方案一。

本方案将参与拆迁平衡的用地规划如下：沿彩田路、深南大道和金田路为高层商住和住宅以及部分办公用地，以河园路为核心，规划二所小学、社区服务中心、肉菜市场、幼托和文体活动场地。

详见规划用地统计表2。

9.2.5 规模容量

建筑容量

本方案规划总建筑面积953 600m^2，总容积率2.64；居住用地容积率7.4。具体建筑面积分配详见下表：

规划建筑面积分配表

建筑类别		建筑面积(m^2)	百分比(%)
住宅(高层住宅)		685 000	
文化教育		18 800	
其中	小学	10 800	
	幼托	8 000	
商业综合		38 000	
办公		170 000	
酒店及其他		40 000	
公交管理		300	
变电站		1 500	
合计		953 600	100%

人口规模

1)房管局住宅常住人口128户，共448人。

2)岗厦村常住人口1 120人，户籍户数为370户，按住宅栋数计400户(含香港籍村民住宅)。

3)规划拆除全部村民住宅400栋，计281 000m^2，户均702m^2。设村民获赔偿住宅超出240m^{2}部分面积用于出租。则：

出租屋面积=400户 × (702−240) × 50% × 1.1=101 640m^2

可居住户数=101 640 ÷ 100m^2／户=1 016户

可居住人口=1 016 × 3人／户=3 048人

4)参与改造平衡用地新建住宅面积520 000m^2，扣除赔偿面积为520 000−240／400−(702−240) × 400 × 50% × 1.1−12 000 × 1.1=309 160m^2，可居住户数3 092户，可居住人口10 822人。

5)其他用地内人口

皇岗村用地新建住宅面积30 000m^2，可居住户数300户，可居住人口1 050人。

现状已建住宅(华厦新城)26 400m^2，264户，在建住宅(福地大厦)39 093m^2，416户。合计65 493m^2，共680户，居住人口2 380人。

以上各项合计得到规划区总住户数为5616户，总居住人口18868人，约1.9万人。

规划用地统计表2

编号	项目		用地代码	用地面积(m²)	所占比例(%)
1	住宅区用地		——	171 653.5	47.5
1-1	居住用地		R	92 909.0	25.7
	其中	二类居住用地	R2	72 674.0	
		三类居住用地	R3	20 235.0	
1-2	配套设施用地		R6	43 964.6	12.2
1-3	住宅区道路用地		R7	22 314.2	6.2
1-4	住宅区绿地		R8	12 405.7	3.4
2	其它用地		——	189 710.5	52.5
2-1	旅馆业用地		C4	3 166.9	0.9
2-2	商业性办公用地		C5	23 126.0	6.4
2-3	行政办公用地		G/IC1	5 060.0	1.4
2-4	供应设施		U1	2 393.0	0.7
2-5	交通设施用地		U2	2 472.0	0.7
2-6	公共绿地		G1	20 329.2	5.6
2-7	道路用地		S1	133 163.4	36.9
规划区总用地			——	361 364.0	100.0

9.2.6 道路交通规划

道路系统

规划道路结构特征为外环内轴。海田路为城市次干道，同时担负部分通过性交通和公共交通;环路作为区内交通性干道，各组团机动车出入口皆开向环路。以城市干道福华路为界，北区东西南北共有五个机动车道出口，南区共有四个出入口通向干道级城市道路。规划道路断面分别为：

城市次干道：海田路 30m

福华一路 30m

小区干道：环路 3+10.5+3=16.5m

小区支路：组团间道路 7m

交通组织：河园路承担部分规划区以南用地的通过性交通，实行双向组织；

为减少对城市干道交叉口的影响，环路与福华路的交叉口实施右进右出。

静态交通：规划区内机动车停车由高层住宅地下车库解决。

9.2.7 公共配套设施规划

规划区内总人口规模为1.9万人，按照标准设置小学2处(兼顾福华三路以南地区)，幼托4处(其中2处独立占地)，社区管理中心1处、肉菜市场1处。

9.2.8 分期实施建议

建议采用由北向南、由易至难、逐步滚动的实施计划。

9.3 方案三——中密度开发的城市型住区

9.3.1 规划构思

本方案基本同方案二，但采用不同的拆赔政策，对农民住宅超出240m² 的部分一律不予赔偿，而允许以成本价格购买。

9.3.2 经济估算

补偿建筑面积=12 000 × 1.1+240 × 400 × 1.1=118 800m²

按成本价格出售部分面积=400 × (702−240) × 50% × 1.1=101 640m²

公建面积：小学1所5 400m²，幼托2所6 000m²，其他35 000m²，合计46 400m²。

计算方法：

$$20\%=\frac{[(S-118\,800-101\,640)\times 6\,800\times 0.93-154\,940\,000-8\,357\,000-(S-101\,640)\times 2\,385-46\,400\times 1\,625-20\,000\times 2\,170]\times 0.85}{154\,940\,000+8\,357\,000+(S-101\,640)\times 2\,385+41\,800\times 1\,625+20\,000\times 2\,170}$$

S=427 000m²

9.3.3 规划结构

9.3.4 土地利用规划

其他用地规划同方案一。

本方案将参与拆迁平衡的用地规划如下：沿彩田路、深南大道和金田路为高层、中高层商住和住宅以及部分办公用地(21-1-1、21-2-1、21-2-2、21-2-3)，沿福华路设部分商住。规划内环路以内，主要为小高层住宅，基本保留15-5地块原申请的用地性质，规划为中高层住宅用地。以河园路为核心，规划沿街绿地广场系列，与社区公园相呼应，社区公园北片内安排社区服务中心、肉菜市场以及岗厦食街等低密度公共建筑。环路内设置小学一所(21-1-2)、幼托2所。

详见规划用地统计表3。

9.3.5 规模容量

建筑容量

本方案规划总建筑面积865 200m²，总容积率2.39；居住用地容积率5.9。具体建筑面积分配详见下表：

规划建筑面积分配表

建筑类别		建筑面积(m²)	百分比(%)
住宅		590 000	
其中	高层住宅	470 000	
	小高层住宅	120 000	
文化教育		13 400	
其中	小学	5 400	
	幼托	80 000	
商业综合		50 000	
办公		170 000	
酒店及其他		40 000	
公交管理		300	
变电站		1 500	
合计		865 200	100%

人口规模

1)房管局住宅常住人口128户，共448人。

2)岗厦村常住人口1 120人，户籍户数为370户，按住宅栋数计400户(含香港籍村民住宅)。

3)规划拆除村民住宅400栋，计281 000m²，户均702m²。拆除的村民住宅超出240m²部分的50%按成本价购入高层住宅，仍设该部分面积用于出租。则：

出租屋面积=400户 × (702−240) × 50% × 1.1=101 640m²

规划用地统计表3

编号	项目		用地代码	用地面积(m²)	所占比例(%)
1	住宅区用地		——	171 586.0	47.5
1-1	居住用地		R	99 926.5	37.7
	其中	二类居住用地	R2	56 964.0	15.8
		三类居住用地	R3	42 961.9	11.9
1-2	配套设施用地		R6	31 587.3	8.7
1-3	住宅区道路用地		R7	28 796.6	8.0
1-4	住宅区绿地		R8	11 275.6	3.2
2	其它用地		——	189 778.0	52.5
2-1	旅馆业用地		C4	3 234.4	0.9
2-2	商业性办公用地		C5	23 126.0	6.4
2-3	行政办公用地		G/IC1	5 060.0	1.4
2-4	供应设施		U1	2 393.0	0.7
2-5	交通设施用地		U2	2 472.0	0.7
2-6	公共绿地		G1	20 329.2	5.6
2-7	道路用地		S1	133 163.4	36.9
规划区总用地			——	361 364.0	100.0

可居住户数=101 640 ÷ 100m²/户=1 016户

可居住人口=106×3人/户=3 048人

4）参与改造平衡用地新建住宅面积427 000m²，扣除赔偿面积和成本价面积为427 000−220 440=206 560m²，可居住户数2 066户，可居住人口7 231人。

5)其他用地内人口

皇岗村用地新建住宅面积30 000m²，可居住户数300户，可居住人口1 050人。

现状已建住宅(华厦新城)26400m²，264户，在建住宅(福地大厦)39 093m²，416户。合计65 493m²，共680户，居住人口2 380人。

以上各项合计得到规划区总住户数为4 590户，总居住人口15 277人，约1.5万人。

9.3.6 道路交通规划

道路系统

交通组织

静态交通

规划区内机动车停车由高层住宅地下车库解决。

9.3.7 公共配套设施规划

本方案规划小学1处，幼托3处(其中2处独立占地、1处为现状在建)，社区公园北片内安排社区服务中心、肉菜市场以及岗厦食街等。

9.3.8 分期实施计划

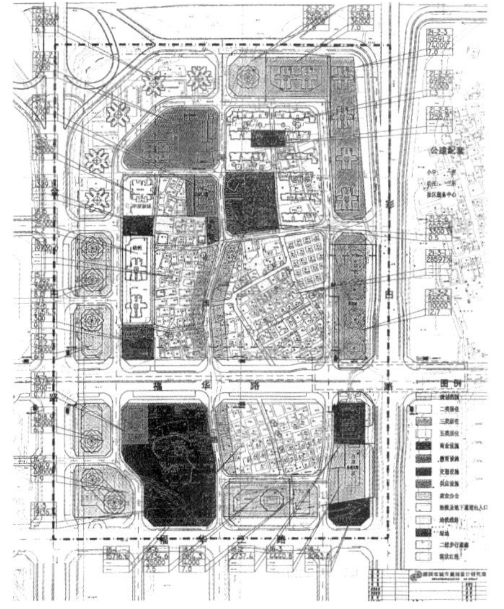

规划方案一

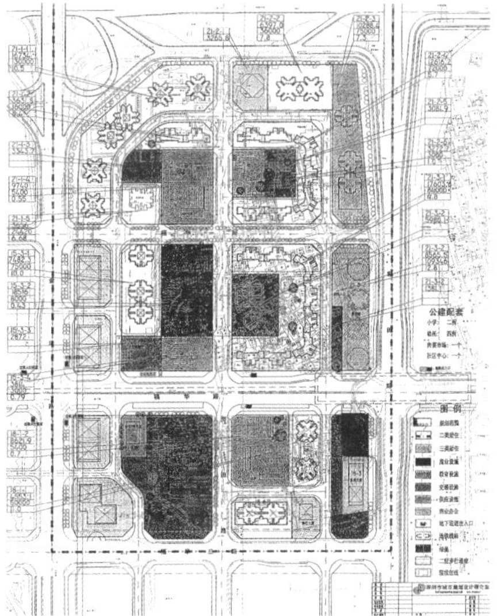

方案二

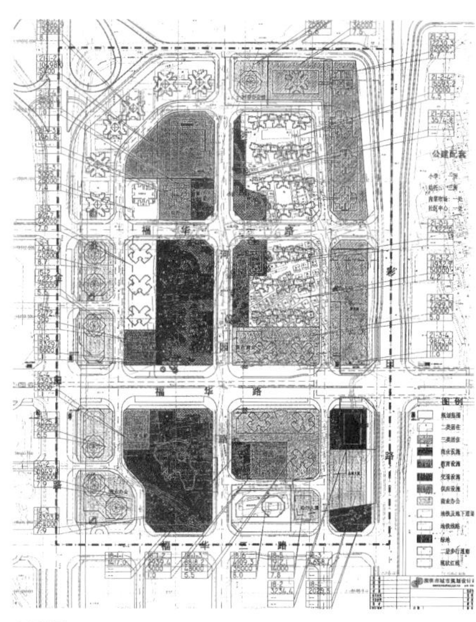

方案三

10.方案比较

项目		方案一	方案二	方案三
政策方面		政府参与程度高，主要作用在于扶持、推动 需要配合长期的、强有力的管理和控制。从目前的执法、管理力度来看较难控制	政府作用在于协调 需确定适宜的鼓励政策和拆赔比例，吸引市场资金投入	同方案二 拆赔政策对村民较为严厉，实施难度较大
规划方面		规划提供了形成有特色的社区风貌、延续性社区文化的可能 小尺度的广场、街道和绿化空间与周围环境形成强烈对比关系 由于路网等级结构与原中心区规划有矛盾，可能会加重福华路与金田、彩田路交叉口的负担 土地利用效益相对较低，建筑密度较高，容积率适中 公共配套设施用地局促 绿地率低	是对社区空间、环境以至社区文化结构的彻底解构和重组 大尺度的广场、街道和绿化空间以及建筑体量形式方面与中心区整体环境相协调 规划路网与中心区规划相一致 土地利用效益与中心区的高地价相吻合：容积率(尤其是居住用地容积率)较高，建筑密度相对较低 公共配套设施用地基本满足要求 绿地率相对较高	基本同方案二 由于赔偿比例降低，相对方案二减轻了环境和配套的压力，有条件形成综合环境质量较高的住宅区
市政方面	给排水	给水管线可根据现状情况改造建设；将现状合流制排水管改造为雨水系统，新建污水系统。规划改造可以在不影响使用的情况下逐步到位	区内给排水管线可按照中心区规划统一设置，彻底解决现状给排水存在的问题。但现状给排水设施不能利用，造成浪费。密度高，部分给水、污水管线大小需调整	可完全按照中心区规划设置。其余同方案二
	燃气工程	在保证保留建筑均不超过九层的条件下，燃气管道不进入旧区街坊，该部分居民使用瓶装石油气；新建高层建筑均可由外围市政管线接入使用管道燃气	小区道路敷设燃气管道，市政管网能满足规划人口的用气量	小区道路敷设燃气管道，市政管网能满足规划人口的用气量
	电气工程	规划高层建筑主要分布在周边地区，其电力供应、市话供给均可由周围市政道路接入；旧村保留街坊在统一规划后也能实现全部电缆化，改变现状乱架空敷设的现象	区内电力供应、市话供给可按照中心区规划统一设置，彻底解决现状电力电讯存在的问题	区内电力供应、市话供给可按照中心区规划统一设置，彻底解决现状电力电讯存在的问题
实施方面		拆迁量少，投资较小 若管理力度到位，较容易形成初步效果，但是达成规划的理想环境的周期较长 极易形成周边地区开发已完成，而农民住宅密集区无法改造的局面	拆迁量大，投资大 若资金到位，能够在较短时间内彻底改变岗厦村面貌 相对方案三的建设周期稍长	拆迁量大，投资较方案二小 能够在较短时间内彻底改变岗厦村面貌 相对方案二的建设周期稍短

（二）研究报告 2

设计单位：上海日建建筑设计有限公司

设计时间：2000 年 4 月

岗厦河园片地处深圳市中心区内部，深南大道南侧，紧邻彩田路、金田路，是一个典型的城中村。

1 设计依据

1.1 深圳市规划国土局对岗厦河园片区综合改造的原则意见和要求（市国土局中心办提出）；

1.2 岗厦河园中心片区实测地形现状图及岗厦实业股份有限公司红线用地图（岗厦实业股份有限公司提供）；

1.3综合改造调研报告及初步方案（市城市规划设计研究院负责）；

1.4 市城市规划设计研究院已完成初步方案的评审意见及市国土局批复文件（市城市规划设计研究院负责）；

1.5岗厦河园现有管线分布情况（岗厦实业股份有限公司提供）；

1.6深圳市规划标准与准则（市城市规划设计研究院负责）；

1.7 中华人民共和国及深圳地区有关法令法规。

2 面临的问题

2.1 居住环境的恶化

岗厦河园区由于长期以来，没有长远的规划，村民们在利益的驱使下，不停地违章建设廉价住宅，造成区域内居住建筑密度很大，部分容积率达到4。建筑间距、防火、垃圾运输等均未能保证居住建筑的起码标准。另外，整个村子内部基本上无集中绿地，没有完善的配套设施，诸如幼儿园、学校、社区中心，整体上，现地段内居民的教育素质低下，就业水平较低，没有太多的职业选择余地。大量建设的廉价住宅只是出租给外省低收入的打工仔，打工妹，造成整体环境内居民成份复杂。

岗厦河园片区建筑类型较为单一，大部分为廉价的居住建筑，少部分为老式标准厂房，及厂房改建的低标准食街，无建筑特征可言，整体环境内，由于居住条件恶劣，人员素质较低及流动性大，造成目前村落无稳定性，丧失归属感。随着中心区的逐步开发，现代商业机遇和高标准的商业环境，以及新的高素质人员的进入，对岗厦河园片区的发展甚至生存必将产生严重的问题。

2.2 拆迁与补偿问题

现有岗厦村在历史的形成过程中，建设量越来越大，但村所属用地却越来越小，造成目前建筑容积率偏高，建筑密度极大，没有公共活动空间，甚至连起码的生活空间质量都无法保证。如果采取传统的拆迁方式，一次性投资大又很难满足居民对补偿的要求，而且又要重新占有其它地方的土地。最为重要的是岗厦村以村为单位的生活形态将遭到严重破坏。

解决方法：第一，目前岗厦村的私建住宅占地未能得到合理利用，另一方面各种无法使用的空间又浪费了不少土地。比如岗厦的许多建筑，四边均与其它建筑不能相连。因此拆迁的首要步骤是合理地调整土地分配，合并一些以前浪费的土地以再生出合理的公共空间，组织成新型的组团邻里模式；第二，拆迁与补偿基本应由当地政府，居民及村里共同承担以提高居住标准。

2.3 以村为单位的生活模式如何适应未来城市的发展

目前岗厦村的社会结构基本上处于自发小商品及初步城市化的模式。村民受教育的程度普遍较低，可供选择的就业及发展方向不多。而且由于违章建设已使岗厦河园地区成为脏，乱，差的代名词。随着现代化城市的发展已难与深圳市中心区的发展趋势相容。

解决办法：岗厦地区也有自身优势，主要反映在以下三个方面：第一，外向型，以传统食街为代表的中华饮食已颇具规模与名气，只要加以合理开发与管理，必将成为深圳市的特色之一。因此规划中拟保留食街的大部分建筑，划分与改造现有空间层次。只要吸引到高素质的开发商，该地必将焕发出独特的魅力。第二，内向型，以文氏宗姓为主的大姓氏村落。利用文氏的姓氏文化合理组织空间，使村落的文化依据反映在院落组成之中。宗祠设于街道上使人们可从空间的结构组成看出其传统的意味，并能从所设立的特殊建筑（宇祠，牌坊等）看出其历史渊源，使岗厦河园片区成为独具精神含义的村落，也确立了在中心区的地位。第三，利用补偿土地合理引进资金，安排投资项目，确立公司的主体经济支柱及产业。促进居民的再就业及文化水平的提高。

2.4 与中心区整体规划的矛盾

目前从中心区整体规划的角度来看，岗厦河园片区用地将与右侧对称方位构成平衡的城市功能。类似传统中国城市中左祖右社。而目前岗厦河园地段内已不可能形成与右侧绿化公园相类似的绿地及休闲场所。这样就应该更大可能挖掘岗厦河园片区内已有的文化及地方特色，使其从文化意义的角度与右侧购物绿化公园的物质意义相平衡。因此规划中要求岗厦河园片区内应从整体上形成独有的村落博物馆。通过它的院落，街道，绿地，宗祠等外向型及内向型的各个因素成为中心区的特色。

3 存在的机遇

岗厦河园片区的居民长期以来，一直为文天祥的后裔文氏村民所居住。目前，村领导也一直希望借此提高对村民的凝聚力，以及对外的影响力，只是随着中心区的开发，文氏村落被彩田路人为的分成两半，并且宗祠也在开发中被拆毁，开发中如何重新与强调解决这一问题，重新恢复文氏村落的特征，成为规划的首要问题。

岗厦河园区在深圳的二十年开发过程中，逐渐形成了颇具特征并小有名气的岗厦食街，该食街是在利用早期厂房改建的基础上逐步自发形成的。该食街与该村落中心的商业街一起形成岗厦河园区内部颇具特征的自然商业经济，并构成相对自然、亲切、充满人气的自发的商业街道环境，如何保持原有的商业风貌并将其提高到新的标准，成为村落空间整体规划要解决的问题。

岗厦河园片区大部分居住建筑为最近若干年内陆陆续续建成，经初步勘察，大都为钢筋混凝土框架结构，结构形式相对较好，为建筑主体的改造提供了良好的物质基础，另外每一幢单体建筑都比较小，自发形成一片片的由若干个小单体建筑集合而成，这样就为规划中的拆、并提供了相对简单的空间基础，村民的自发建筑虽然造成环境恶劣，并缺乏规划造成用地的极不合理，但客观上也形成了建筑形态的灵活多变，顺应自然，这也为规划中村落空间的自然形态保留创造了基础。

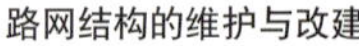

路网结构的维护与改建 →

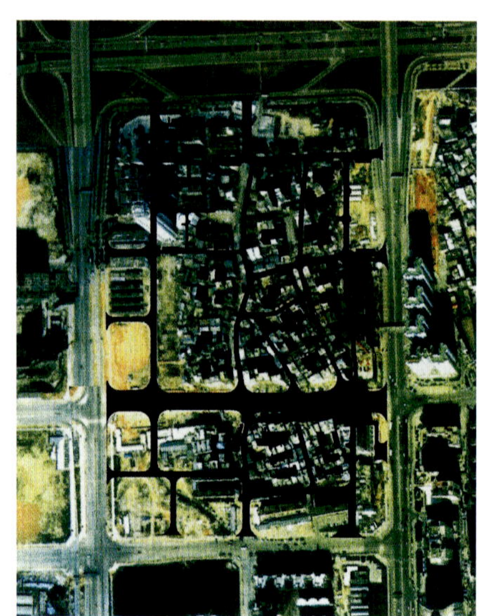

街区的拆迁及院落的空间形成 →

建筑设计与最终的改建

4 道路系统的建立

岗厦河园片区中的原有道路系统狭小，拥挤，远远不能满足未来地段内物质生活的需要，但是中心道路(河园路)又以其特有的商业形式形成充满人情味及亲切尺度的购物环境，因此地段规划中，适当保留原有道路，对岗厦文氏村落生活形态的连续性有很强的支持，规划中河园路局部拓宽，仍照其独有的商业环境为基本特征形成南北纵向的商业街，另外开辟福华一路作为横向的联系，构成彩田路东侧娄园片区的连续，其连接点以一个下沉式的文化广场及牌坊为标志，福华一路将以地方传统民间文化为主要商业特征。这样，一方面扩大现有居民的就业选择，另一方面扩大文氏村落的对外影响。在文氏村落与临街主要的大型城市综合体之间，新建环路构成整个区域内的服务通道，一方面减轻福华一路与河园片区的交通流量，扩大步行街效应。同时方便服务区域内各个功能设施。

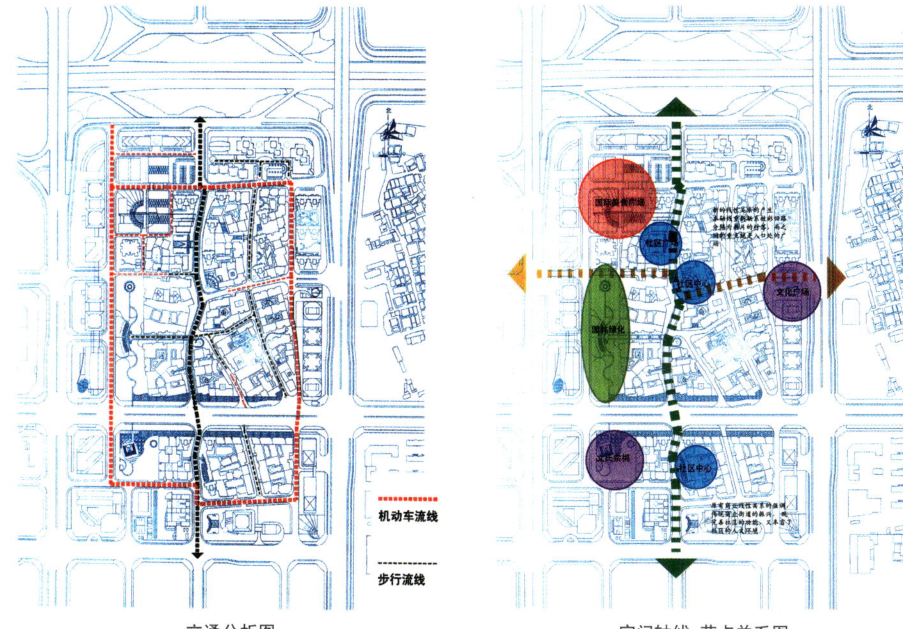

交通分析图　　空间轴线.节点关系图

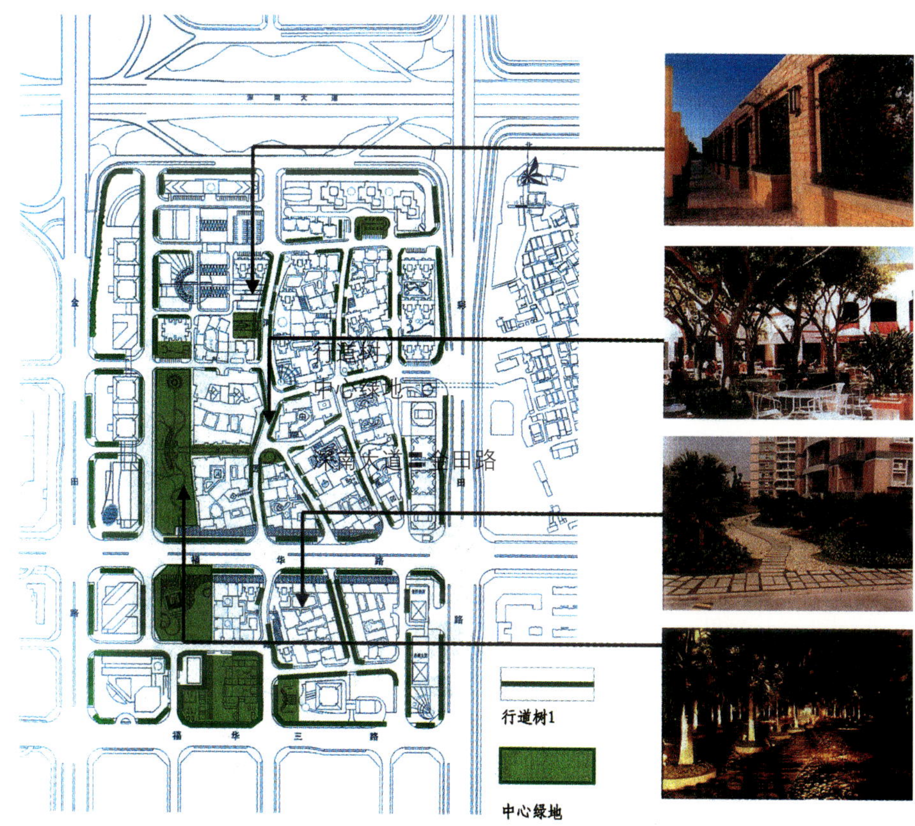

绿化分析图

再低一级的道路为各组团（村落各院落）之间道路，这些道路也是在现有道路的基础上，通过局部拆迁、放大、沿自然方式开辟出来的，符合地段肌理及村落尺度，可以各类小型沿街的商业散布其中，丰富各组团之间的空间联系。

这样，整个岗厦河园片区就将以清晰的道路结构，有机的街道空间，及有秩序的各级层次形成新的空间结构。

5 空间布局

结合功能结构，整个地块内部以保留、翻新及改建原有的建筑为主，四周则主要以大型商业开发性项目为主，带动内部的改建。

主要空间结构以两条轴线为基准。贯穿南北的轴线为原有河园路的保留，另外一条为新建成的福华一路。河园路将保留其亲切自然的空间尺度，维护原有的传统商业及零售业。作为一个村落特征的保留，反映了典型现代城市化过程中深圳市传统村落发展的进程。

而福华一路则以一种横向联系试图连接被彩田路分隔成两部分的村落的另一半。规划中这条道路应相对强调其文化特色，发展具有传统中国特色的地方商业。尤其是路口的文化广场，应凸现文氏村落的文脉渊源。

两条轴线成一个骨架构筑起地段各个组成部分的关系。连接中心绿地，美食广场，社区中心，宗祠等各个重要的节点。

6 园林景观系统

四季常青的阔、针叶树木及艳丽的花卉可以营造和点缀出祥和、舒适、安逸的自然环境。以文氏宗祠为中心，合理布置绿化场地，把建筑布置和开敞空间通过点、线、面有序地结合起来，可以使园林与各类建筑艺术相融合，创造出具有本项目特色的现代化城市园林景观环境。

在地块沿城市道路四周将有选择性地种植具有热带特色的高大植物，河园路二侧道路相对狭小，人流密集，选择无遮挡的花卉植物点缀。

福华一路主出入口将设置集中园林景观绿地，作为中心主导花园，街坊内的主要对景以及为内广场开阔的空间而配置的草坪、点缀花木使访客处于绿树鲜花的优美环境之中，给人们以舒适而美好的印象。

不同种类的乔木、花卉布置在文氏院落内，作到小中见大，优雅自然，庭院内花架座具以及独具特色的路灯、招牌、座椅点缀其中，创造出一个集观赏、休闲、居住与娱乐为一体良好的室外环境。

新建筑屋面，用轻质营养土栽培花卉草木，在屋顶和楼层边缘处种植藤蔓花草，这样使街坊内俯视景观良好。

7 相关配套设施的建设

新建成的文氏村落将按要求考虑小学、幼儿园、公共汽车站、垃圾站、变电站等各种相关公共配套设施的建设。满足一般新建小区的生活、生产、休闲的各方面需要。

随着中国经济的不断发展和市民生活水平的提高，根据项目远景发展之需求，经仔细核算，该地区原有市政公用设施已不能满足设计功能的要求。因此给排水、雨水管网、煤气、电话，电力等系统将根据国家标准进行计算并按此标准进行设计和施工。

8 环保设计

城市环境的保护越来越受到人们的关注和重视，因此根据中国环保法规和项目本身的特点，在污、废水处理、废气处理、油烟净化、噪声处理等方面进行了着重的专业设计。选择和采用的各项处理设备将强调较高的标准和质量，在一定的使用期内符合国际和中国规范、标准。

8.1建筑物内产生的污废水，经过增强型PVC管排至二级生化污水处理池进行生化处理，达到市污水综合排放标准后排至城市市政管网，产生的淤泥或脱水后的泥块由环卫部门定时清运。

8.2 商业用途而产生的餐饮和厨房废水将先排至隔油池进行隔油处理，然后与其它污废水合流经过增强型PVC管排至二级生化污水处理池进行生化处理。

8.3 变配电室、柴油发电机、垃圾房、柴油锅炉房、厨房等场所产生的废气将按市大气综合排放标准进行排放。

8.4 本项目所有机电设备除选择低噪型外并设置降噪装置，以配合先进的机电系统，良好的设备运行管理同样可以将设备在运行时产生的噪音和振动对周围环境造成的滋扰降低到最低限度。

9 消防安全

9.1消防系统将参照国家《建筑设计防火规范》和《民用建筑设计防火规范》设计。

9.2 汽车库将按《汽车库设计防火规范》规定的1类车库设计。

9.3 方案中所有建筑和设施耐火等级均按消防部门要求进行设计。

总体消防通路按街坊通道和周边道路系统相结合的原则进行设计，这样既能满足项目使用功能要求同时也能够在火警时及时和方便地疏散人员。

整个项目建筑物之间在保持一定的消防安全间距的前提下可将消防车引到达各幢建筑物主要位置，配备的消防环网和室内、外消火栓系统，以及按建筑物耐火等级和使用功能设置的其他自动报警和灭火系统，能有效地保障各使用者生命和财产的安全。

建筑物内部按消防设计规范设置人员疏散通道和疏散楼梯并配备辅助消防电梯，确保人流可以在最短的时间内安全疏散。消防控制室能有效地监控各项消防设施。

劳动保护

本项目机动车库、变配电、柴油发电机、燃油锅炉、风机、水泵等有噪音和空气污染的机电用房，不但与其他功能区域分离，而且在其内部设置排风量为6次/h机械排风系统。

厨房、厕所、垃圾房内部设有排风量为15次/H机械排风装置。

大型商场、文化娱乐、服务型公寓等人流密集场所将设置防烟楼梯间及其前室或合用前室，分别设加压送风系统，公共部位设机械排烟系统。

各建筑公共部位、广场、庭院将布置室内外灯光照明系统。

配置的柴油发电机作为自备电源，在发生供电故障时，柴油发电机将在10秒内自动启动，通过自动切换，保障上述各系统能正常使用。

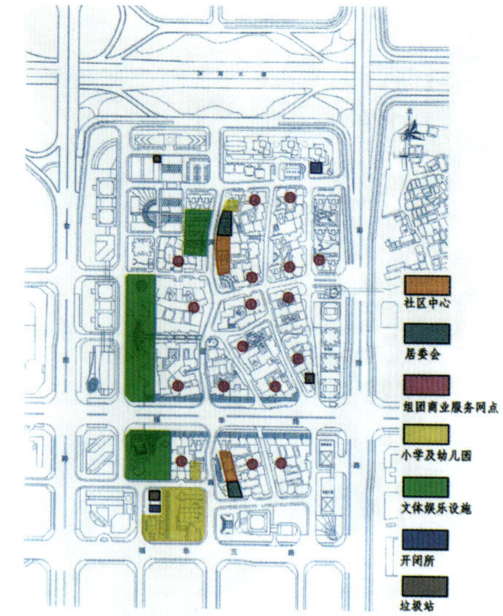

每一幢建筑物出入口、通道及门洞宽度不但满足人流进出方便而且必须便于设备和货物的运输。台阶、楼梯踏步、扶手、栏杆(板)建筑几何尺寸不但满足人体基本尺度，而且充分考虑在不同场合安全使用。

·环卫和卫生防疫

每楼层产生的垃圾送达专用垃圾储存室，在夜间定时由环卫部门清运，垃圾储存室面积视每幢楼建筑面积和使用功能确定，其内部设有排风口、防爆灯、杀菌灯、冲洗装置和地漏等专用设备，安装的密封门可以有效地阻止空气对流。

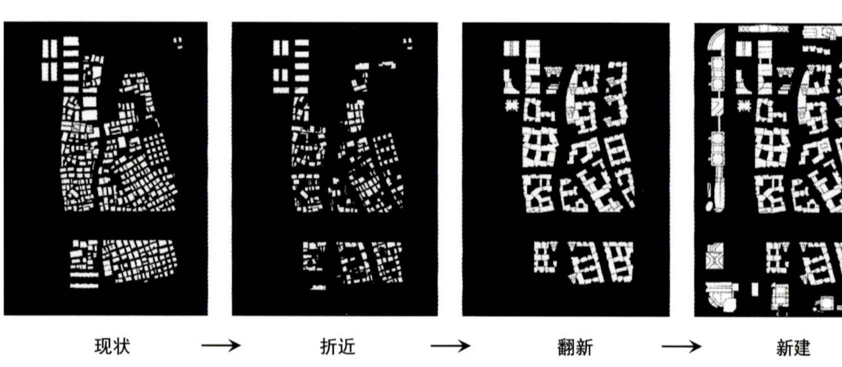

现状 → 折迁 → 翻新 → 新建

10.与中心区总体规划相融合

岗厦河园原有的建筑形态是一种自发形成的自然村落。通过拆迁，改建以及新建的过程，原有的村落形态得以保留并延续下去，并且作为具有自发生命力的村落，它将与新的中心区融为一体，成为文化的组成部分，也为新中心区的多元性提供了一个非常好的元素。

按照新的深圳市中心区规划，岗厦河园片区的改建应符合中心区规划的要求，并将以其独有的特点构成中心区内现代城市文明特征中的亮点，在空间结构方面它应与中心区另一侧购物公园，形成对称的格局，购物公园以其高档的现代物质文化为代表成为现代深圳的体现。而岗厦河园片区则以其活着的“乡土博物馆”特征形成具有中华特色的饮食、休闲、购物特征等文化。这样，文氏村落将作为历史文脉的延续，伴随着新的市中心区走入下个新的时代。

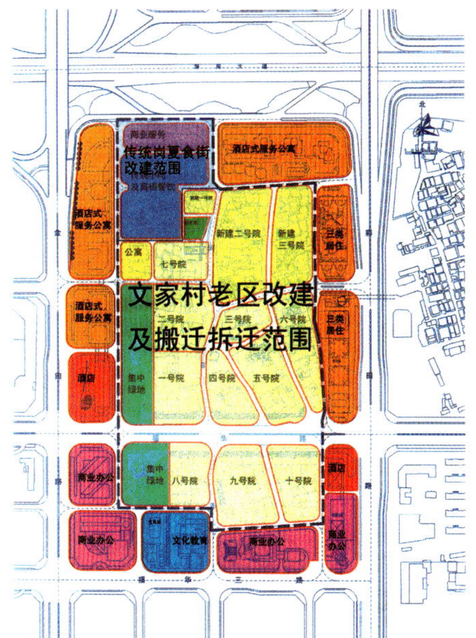

拆迁.改建.土地利用图

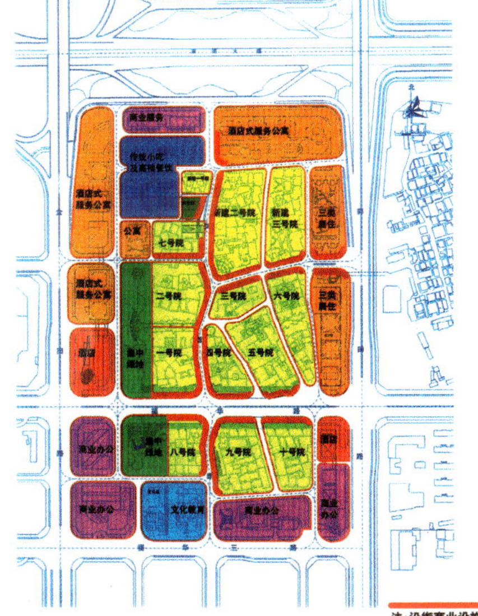

空间结构.功能分析图

住宅组团改造演变图

住宅组团剖面图

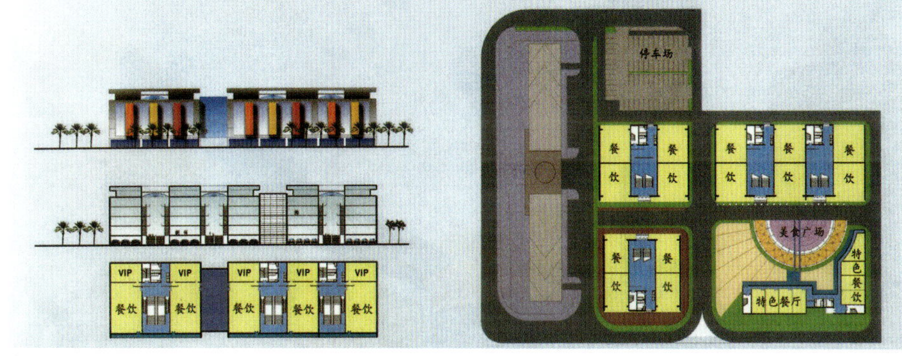

食街单体平.立.剖面图

10.1 建筑设计

10.1.1 保留建筑设计：

巧妙地拆迁和重组现有建筑群体，规划出合理的空间环境。对保留建筑进行地基及外墙加固，拆除内隔墙，重新划分使用面积，更新与重新设计建筑外立面。

10.1.2 新建建筑设计：

为了体现城市现代感，建筑设计将挖掘并发展改建项目本身的特征，采用通透三维空间与现有环境相配置与并存的手法，依照相邻区域的总体和综合环境特征，合理地利用空间，解决原有建筑分布不合理的局面，同时使人们领略和感受独特和鲜明的设计主体思想。

新老建筑最终以一种全新的风貌展现出来。通过老建筑的保留，延续原有的自然形态，通过新建筑的建设改变空间的使用及建筑的形体风貌。改建后的文氏村落将以其独特的空间环境和建筑形体在深圳这个国际大都市天际线中展现其重要性。

改建成功一个项目不只限于美化建筑本身，更重要着眼于环境的创造，是一个生活环境的自然延续过程，也是一个传统与现代文明融合的体现。

10.1.3文氏院落——现有住宅的改建与居住邻里单位的形成

将现有居住集落的个别单体拆除，留空地作为院落，将大部分的招手楼空隙填充，形成整体的板式或围合式的建筑。少部分空隙扩大形成院落的出入口，其中部分院落可抬高到地上二层。因为住宅的大部分将从地上二层开始，首层将大部分是店铺或邻里单位幼儿园、老年人活动站，及相关服务设施，停车场可建设在首层内部的院落下面，院落内铺设草坪，绿化，现有住宅的改建可局部加高楼层，并开辟一些屋顶花园或连廊，形成不同层次空间景观。

每一个院落均以文氏命名，造型及立面设计统一考虑，形成新建、改建所独有的建筑风貌，各个院落空间依现有道路结构，顺应自然，有机形成。

因此，这将是探索深圳市旧城改造中经济性、社会性、文化性并举的尝试。这样各个院落的形成将极大的改善了居住的环境，又合理的再分配及利用土地，同时增强安全感及舒适感，也创造了有别于一般商业开发的文氏特征。构成了区域内独有的可识别性及归属感。

10.1.4 传统食街的改建与翻新

现存食街是在原有厂房的基础上改建拼凑而成。进货，出货无明显划分，人流车位也无法分开，空间混乱，服务档次也较低，新的食街将重新规划，整体考虑，拆、迁、并、建一齐展开，形成既相对完整，进出分明、人车分流、空间灵活丰富的高档饮食空间。并以国际饮食广场为中心，形成相对集中，又与岗厦其他各部分有机联系的另一特有场所。这也是岗厦地区文化的另外一个重要的组成部分。

10.2 地段设计

10.2.1 场所中心的确立

岗厦河园片区如果要恢复文氏村落的凝聚力，则必然重建文氏村落的中心，因此规划设计中，文氏宗祠以一个博物馆的方式出现，一方面确立宗祠的地位，一方面也以别有特色的方式宣传文天祥的事迹增加凝聚力，这样文氏村落就以其特有的人文特征，在深圳市中心区确立的地位。并以此构成历史文脉的延续。

10.2.2集中绿地(文氏村落公园)的形成

目前，岗厦河园片区内唯一一块不临街的空地，位于福华路北侧，处于居住区与临街商业区之间，规划设计中将此区域作为地段内的绿化公园，该公园一方面形成临街大型商业综合体与内部文氏村落居住环境的隔离，同时又能够被两边共同使用，绿化公园南端以文氏宗祠的博物馆为收头，形成了别具特色的文氏公园，该公园与其平行的河园路共同形成地段中别具特色的文氏商业环境，在整个中心区规划中，与西侧的购物公园构成空间上的平衡，一左一右，为整个市中心区的休闲环境的形成创造了条件，同时作为文化涵义上的补充，它又创造了市中心区内别具特色的以文氏村落作为代表的文化商业环境。

10.2.3 社会中心的建设

旧有岗厦河园片区内基本上没有明显的新区中心，为了带动整体环境的运作，地段中新的社区中心在地段沿河园路内以一个标志性的建筑出现，这将是居民各方面物质、文化、生活的需要。

规划中，位于整个地段的中心在两个塔楼的裙房内，建设形成一个集综合商场、电影院、文化馆、老年人俱乐部、幼儿园为一体的综合建筑。新的社区中心向福华一路拓展并与整体的商业步行环境联成一个整体，构成联系周围食街、广场、绿地、

传统食街的改建与翻新

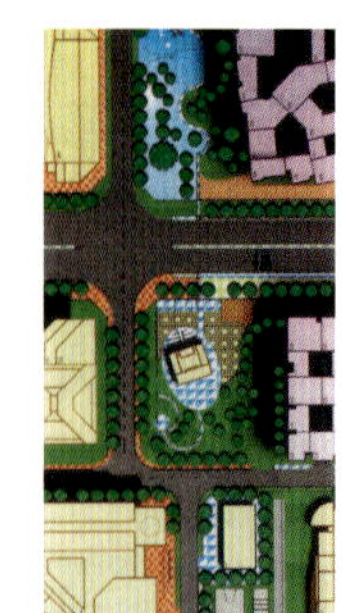

住宅邻里、沿街商业的纽带。既满足人们的物质要求，也满足人们的环境要求。

10.2.4 沿主要大街周边的商业开发

沿主要大街周边的空地是为开发大型城市综合体，酒店、商场或高档居住建筑的预留地。这些空地的开发，是岗厦河园片区巨大的商业价值的体现，但开发中必经采取开发与内部改建同时并举的策略，否则，将造成内外的严重失衡，因此开发时，要三方并举，政府提供相对的优惠政策，使开发商在具大的商业价值吸引力前，也能够承担内部改建的责任，按规划要求，开发外部一块空地，也必须改建内部一个文氏院落，这样才达成整个区域的发展。

最终大型城市商业综合体的建设引入大量的高档人员，改善整个区域的土地价值及居住水平，同时对于文氏村落而言，又改善了居住生活环境扩大就业机会。达成共同依靠，统一发展。这是解决整个地区改建及整治方式的一条合理途径。

金田路东立面图

河园路东立面图

深南大道上的建筑造型

福华路北立面图

中心绿地东立面图

10.3公建配套及经济技术指标详以下两表

公共服务设施配建表

	项目内容		建筑面积	说　明
	开发性公共建筑总面积		1 748 387m²	
	居住区配套公共建筑总面积		69 093m²	
一	教育设施		13 108m²	
	小学		10 108m²	每班50人，可兼设中学
	托幼	2处	3 000m²	7班幼儿园,7班托儿所
二	文体设施		8 520m²	
	文化活动站	16处	2 400m²	每组团一个
	文化活动中心	2处	1 600m²	南北区
	儿童游戏室	23处	920m²	每组团一个
	居民运动场23处含儿童沙地		900m²	每处40m²
	篮球场	1个	100m²	另小学运动场900m²
	游泳池	2个	800m²	(露天)
三	卫生设施		500m²	
	卫生站	16处	500m²	
四	商业服务		9 720m²	
	粮油站	1处	300m²	
	菜店.副食品.食品店	2处	800m²	
	饭店.小吃店		700m²	
	冷饮乳制品店	16处	800m²	每处50m²
	百货商店	1处	2 800m²	
	照相、冲印	1处	500m²	
	服装加工及服装店	1处	400m²	
	日杂店	1处	300m²	
	药店	1处	300m²	
	理发美容店	3处	300m²	
	书店	1处	300m²	
	综合修理部	1处	300m²	
	基层综合服务站	16处	1 600m²	每处100m²
	自助洗衣	16处	320m²	
五	金融邮电		600m²	
	储蓄所		350m²	
	邮政所		250m²	
	邮政点	16处		结合基层综合服务站
六	市政公用		28 445m²	
	开闭所	1处	500m²	独立设置
	变电所	2处	150m²	
	路灯配电所			与开闭所合建
	加压水泵房	2处		高层住宅地下室
	公共厕所	3处	120m²	
	居民小汽车停车库		14 200m²	高层住户停于地下室 中高层位于各栋底层
	居民自行车库、摩托车库		8 430m²	高层住户停于地下室车库
	居民小汽车停车场		5 045m²	停车道路两侧及高层北侧
	公共停车场及地下停车库			食街中心前及地下车库 居住区入口两侧
	出租汽车站			
	电话总机			与小区综合管委会合建
	垃圾站(地下)	6处		
七	行政管理		1 900m²	
	综合管委会	2处	400m²	高层住宅二至三层
	房管段	2处	300m²	高层住宅二至三层
	环卫及绿化管理	2处	150m²	高层住宅二至三层
	居民自助共管会	26处	1 050m²	各楼幢内
八	临街经营性建筑		6 300m²	

综合技术经济指标

	项目	单位	数值	%	说明
一	居住区规划总用地	ha	36.1141		
	居住用地	ha	12.0769	45.4	$7.43m^2$／人
	公建用地	ha	5.9858	20.9	$2.69m^2$／人
	内部道路用地	ha	5.4698	16.6	$2.46m^2$／人
	公共绿地	ha	5.0882	17.1	$2.28m^2$／人
	其他用地		7.4934	20.7	
二	居住户数	户	6 352		
	居住人数	人	22 232		
	户均人口	人／户	3.5		
	居住户数中：一室一厅户	户	971	15.3	可随市场需求调整户型比
	二室一厅户	户	2 629	41.4	
	三室一厅户	户	1 009	15.9	
	三室二厅户	户	343	5.4	
	二室二厅户	户	997	15.7	
	四室一厅户	户	156	2.4	
	四室两厅户(跃层)	户	247	3.9	
三	总建筑面积	m^2	2 093 960		
	1.住宅建筑面积	m^2	476 480		
	2.公建面积	m^2	1 617 480		
四	技术指标				
	改造地块用地面积	m^2	130 120		
	总用地建筑容积率		5.8		
	改造地块建筑容积率		3.66		
	住宅面积毛密度	m^2／ha	6 311.4		
	住宅面积净密度	m^2／ha	2 793.4		
五	住宅平均层数	层	9.72		
	高层住宅比例		5.90		
	中高层住宅比例		94.10		
六	总建筑密度		42.50		
	住宅建筑净密度		27.93		
	绿地率		19.72		
七	拆迁补偿效				
	原有住宅建筑总面积		344 234		
	新建住宅建筑总面积	8～9	303 598		
	保留住宅建筑总面积	6～7	1 728 882		
	保留住宅建筑总面积／原有住宅建筑总面积		50.2		

十二、中心区历年公众咨询意见汇总（1996—2003）

（一）1996年市中心区城市设计国际咨询成果公开展示

1996年8月27日～9月6日在深圳市市政工程设计院多功能厅举行中心区城市设计国际咨询成果公开展示及征集市民意见活动，其中回收的主要建议有：

1、市中心周围高楼大厦少一些，多一些文化信息，和中心区外的商业区形成鲜明的对比，给人一种文化和商业相结合的感觉，这才能够称得上国际化城市。

2、深圳市面临香港回归，而要再造辉煌，压力就更大，我想正好以这次中心区建设为起点，动员全市市民，唤起深圳人再创业的自信与勇气，向国际介绍自己，让世界重新认识深圳——一个国际化现代化城市。这是我一个中学生的心愿。

3、应多建一些博物馆、太空馆之类的建筑，有助精神文明建设。

4、深圳作为一个特区，既要吸取国外一些城市建设的经验，也应保留中国的传统文化遗产，因此在建设国际化城市同时，要突出东方文化特点。另外在交通设施上要有所改进，这方面应向日本学习。

5、请尽量少用反光、太光亮的建筑材料，以免造成光线污染。

6、 不要拘泥于某一方案，应博长众长，如李明仪方案在总体布局方面适合中国大众的审美特点，但在单体建筑方面略显不足，缺乏现代风格，建议吸纳法国方案中的部分单体建筑设计。

7、中心区的建设过程中，应尽可能让专家参与，并应将规划以立法形式确定下来，不要因领导人的变动而影响原来的规划，应多考虑市民娱乐、休闲的需要。

8、市中心区城市设计以法国模式（深南中路段）显然非常别致，体现出城市在21世纪的新格局，城市应有全新定位，法国设计充分反映了新型国际城市的定位。同时应在集思广益的基础上进一步采纳一些建议，形成主导方向。

9、少一个国际展览中心、少一个新闻中心，在城市规划模型中见不到图书馆等市政设施。

10、多一些中小学生的娱乐场所，多一些绿化，造价费用应经济。

11、城市设计中，在北面应增加一些架空人行道和一些地下通道。在市中心建一座带东方色彩的高塔作为观光用。

12、加强中心区的保护，避免市政设施遭到破坏；成立中心区物业管理处，对中心区地块进行管理，最好将每一闲置地块用围墙围住；严格管理建筑渣土排放，防止中心区在建设中遭到破坏，不让彩田南路、福强路悲剧重演。

13、请城市规划建筑专家站在深南中路和华强路交叉路口看一眼，一座大厦贴满了各式各样广告，有损深圳国际化大都市的形象。

14、市民参加市中心区规划建议很好，要继续深入，坚持下去；政府先大力支持市政建设，广场、市政厅建起来了，其他建设投资也就会跟上去，商家总是注意政府行为的。

（二）1998年市中心区规划展公众征询意见摘要

第一、您对中心区的规划有什么建议？

1、人行通道将两边物业有机地连接，比建一条呆板的人行天桥（尤其是临时的那种造型）强得多。

2、建议将皇岗路禁行过境车辆，以减少此路的空气和噪音污染，建议在福田河上修一条专门过境车道，以避免出现堵塞市内交通现象。

3、图书馆的规划似乎太小，与深圳书城的规模不相称，建议将规划中的音乐厅扩为图书馆，而音乐厅放到少年宫南面；中心区内最好不要有住宅。

4、街名要突出国际性，不要再用土地名与一、二、三、四；市民广场要改成圆形，用七彩地砖铺成一个世界上绝无仅有的世界地图。

5、水晶岛从实际上讲不如建一个中华大牌坊更有气势，要充分考虑地上的布局，原水晶球方案较好，地下的考虑太少，地铁与长途高速大巴站要连接好（在地下），像巴黎新区那样。

6、中心区绿化带设计很好，但更应该注意在南北走向的新洲路和彩田路区域保留适当绿化带与中心绿化带呼应。

7、深圳未来的中心区应以超高层的摩天大楼建筑为主，有足够的公共绿地，希望每幢建筑都是一位精美的艺术品，希望各具特色，不要在其他城市找到相同或类似的建筑。

8、要有气魄，当人们进入中心区即被雄伟的城市标志和壮观的建筑所吸引，而从现在的规划图中看不出壮观气势：当人们驾车从机场进深南大道（见到美丽的绿地），而进入中心区还是绿化加上一个水晶岛，只能远远向南北二侧看到一些点点滴滴的建筑。

9、政府办公大楼不应该放在中心区，这样一来变成浪费资源，政府应该讲节约来发展经济。

10、我希望在中心区的规划中多一些雕塑方面的内容，因为建筑和雕塑是物质文明与精神文明最直观的体现，特别是雕塑，它是一个城市精神物质形态，用雕塑艺术形式去表现市民的时代精神与风貌。

11、 预留地太少，体育用地少，居住用地相对较多，建议将居住用地改为体育用地，为深圳申办世界或国际性体育比赛打下基础；中心区的建筑在外型上不仅单个看要有特色，而且整体上也要体现深圳的特色。

12、建议改变单位圈地和行政中心封闭、与市民隔绝的状态，使其成为展示于公众的开放型城市空间，提高土地利用率；我认为随着社会的发展，未来城市中以自行车作为交通工具的人会越来越多，规划中应重视自行车的流通、存放及管理等问题。

13、由于特区中心的地域有限和资源宝贵，在规划上，除技术上因素以外，最重要的是必须从一开始就制定严格的措施，自始至终按规划要求去建设和管理物业。

14、 请多设计公交设施，满足市民出行方便，特别是道路设计要有远见，中心区干道至少有10个车道以上的宽度，尽量避免重蹈彩田北路的覆辙。

15、 中心区的建筑群略显低矮，建议实施象征现代化气息的城市“高空效应”。由于土地面积有限，中心区的商业、写字楼等建筑应向高空发展，特别是要多建些象征性、标志性的超高层建筑，低矮的建筑与现代化国际性都市不相适应。

16、 少年宫、图书馆、音乐厅要打破传统观念，可放于一幢大型公共建筑内，经常是几万平方米、几十万平方米，而实际给市民、儿童使用的只有几千平方米而已，这样可节省5万m^2土地，约8亿资金；中轴线两侧建筑景观上未能代表下个世纪的特区风采，天际线不突出；相比而言，只有市政厅和中轴线空间的设计比较成熟，无主景观点，其他如大中华、投资大厦、儿童医院、辛城花园皆未如人意。

17、规划很普通，初看起来是广与大，没有必要。周围建筑群与国内已有及将来要有的高层建筑并无新意，除了建筑外，其他主体威而不强，节日灯光要配置，并且要有公共广场（最好是小片）。

18、 超高层、高层太多太滥，在建筑覆盖率、容积率的控制、把握仍停留在80年代中后期水平，过于乐观，对社会经济发展的评估预测不够客观和实事求是，好大喜功是中国城市规划的通病。

19、 多几处（在人流密集处）巨幅电子信息屏幕，便于行为观看；多设几处电脑查询信息（如：商品、股市、路线、机票、车票等）点；在商业裙楼（写字楼、商场、酒店）少露混凝土墙面，还应有绿色覆盖：草与花。

20、 第一点建议：能否以莲花山顶为视觉点，以中轴线绿带为中心线，对区内建筑的高度有所规定——中轴线两侧建筑高度向两侧逐渐降低，使人感觉整个中心区的建筑整体造型也像只展翅的大鹏，并孕育了小鹏（市民中心），显示了无限生机和生命力。第二点建议：区内街道能否种植各不相同的观赏性强的树（花），并以此树（花）命名街道名。

21、 新中心区的绿化面积占地过大，给人的感觉与其说是一个城市中心不如说是一个公园中心，从北到南可供人观赏的多是一些草地，南面东西区的商业中心亦由于中间被宽达200m的草地公园阻隔，未能有机地联系起来，分成独立的两区，从而影响了大商业区的气魄和能量，因为繁华的国际大都市中心都少不了高楼、商铺，人气旺盛，在中心地带应发挥至极点：像香港的弥敦道、东京的银座等。过份强调绿化或草地的功能就会削弱城市中心区的商贸功能，造成东一块，西一块，市民只能坐车游玩和购物，否则在太阳猛、雨量多的深圳也真够你受的。

22、 中心区绿化带设计很好，但绿化两边的高楼建议往彩田路和新洲路两边靠，以保持景观从低到高排列。

23、 不宜集中太多的人口居住，以免没有给后代留下发展的空间，必须考虑由于科技的进步，使规划更具有历史意义。

24、 中心区中轴线规划恰当，但两侧规划比较单调、贫乏，建议两侧的规划增加丰富的内容和动感，使整个中心区从总体上看又是一个极富动感与整体形象的“整城”。

25、请少用玻璃幕墙。

26、我觉得在中轴线与莲花山接口处，可以添建一座有意义的纪念馆（展示深圳建设全过程），应设一处有气魄、规模和艺术性的浮雕或群雕等（反映深圳与建设者如天安门广场的浮雕），而在中轴线绿化带二层艺术公园中心处，可以建一座高大的、有创意的大雕塑，旁边辅以群雕（有自由女神那样的永远巨大的效果）。中轴线的绿化带一层和六层生物园至艺术公园，立体的和横向两面应加强水体的横向贯通和纵向直泻的流动。

27、 建筑尺度太大，高度可否降低？

如行森林中，无人情味，使人把握不住空间感，建筑高度可否考虑近中心绿化带一排低于近住宅区一排，使从中心公园处望天际线丰富、有层次，不至过于唐突。

28、有三点建议：①希望将水晶岛改成大型喷水池，因为水晶岛阻碍了南北向的视线，造成南北向不流畅的感觉；②深南路以南的中心区两侧的建筑不宜过高，否则会造成压迫感；③中心区能否真正跨入二十一世纪，要看中心区能否有一个类似于爱菲尔铁塔这样的标志性建筑，这是中心区的关键之关键。

第二、您希望中心区的未来规划成什么样的？

1、全开放式。

2、是一个标志性的、代表性的城市广场，市民可以悠闲地散步、购物，最好能有和平鸽放养。

3、公共建筑、环保绿化、娱乐休闲以人文为主，辅以市政设施。

4、应安排些雕塑。深圳已有一些抽象雕塑，适当应有些现实主义的英雄主义的雕塑。

5、人们进入中心区第一印象（直观）就产生难忘的壮观，如中国画家徐悲鸿年轻时留学欧洲，当第一次到希腊即被迷人的雕塑所吸引，我建议中心区应该将各大建筑有机结合起来配以雕塑和喷泉（不宜将绿化作为主角，深南大道已有绿化了）。

6、要有露天剧院式广场，以供市民免费欣赏并参与活动。没有体现“科学”普及的迹象，请设类似“三藩市”探察馆Explorian Museum，使广大市民尤其青少年能入内体验各种科学的实践。

7、充足的绿化，成片成林成系统，优美的人工化自然景观，建筑物宁缺勿滥，建筑群体整体性强，建筑单体造型要新颖、富于时代感。

8、希望未来多点室内运动场。

第三、喜欢“市民中心”造型的占85%；喜欢中轴线绿带设计构思的占83%；对“购物公园”规划设计方案满意的38%，比较满意的52%，不满意10%。

（三）2001年深圳会展中心建筑设计国际竞标方案公开展示

于2001年3月15日至25日在振华路设计大厦规划展厅进行了深圳会展中心建筑设计国际竞标优选方案的公开展示，征询市民意见。到展示截止时，共收到留言62条、传真1份和信件1封。

归纳总结市民意见，有28条留言同意采用1号方案（德国GMP设计公司），16条留言同意采用3号方案（美国墨菲／扬公司），7条留言同意采用2号方案（加拿大蔡德勒罗伯茨设计公司），另有17条意见认为3个方案都不理想。可以认为，市民的看法和专家评审的结果基本相同。

参观、留言和来信的市民来自不同的阶层和行业，多数是本地人，还有一些外地人。他们在表达自己对几个方案的选择同时，还提出了许多他们关心的问题，如建筑与规划的协调问题、建筑的风格问题、建筑与生态环境方面的问题、建筑技术与材料运用是否合理等方面的问题。他们提出的这些问题和建议，对于方案确定后的修改和完善具有参考价值。

（上述会展中心国际咨询各家方案详见本丛书《深圳会议展览中心》）

(四)其他建议

深圳市民乐先生对中心区南中轴线两侧CBD开发专门调研提出宝贵的建议(2000年):

1、一定要把深圳市中心区建成为世界上最美好的、最有经济意义的,最有高新技术含量的、最有生长活力的"中心区"。要达到这些目标,就要有先进的策划、战备、措施和方法。目的是要吸引更多的人来深圳旅游渡假。

2、把北美快速发展城市及地区作了一个比较,如下:

A、硅谷(Silicon Valley,San Jose)vs拉斯维加斯(Las Vegas)

硅谷在美国加洲,旧金山市以南,是世界上的发展迅速的城市,当然可以值得深圳校仿,但硅谷模式也存在不足,这就是资本循环周期较大,难度较高,资金回收存在风险。本人硅谷住了几天了,会见不少各界人士,得知硅谷的效益时好时坏,目前处境不太好,裁员近一万八千人。硅谷中心的圣何赛市,市区规模不大,发展速度也不如想像快。本人走访了该市规划局,得知其建设经费最近因经济下滑受到较大影响。因此我觉得,深圳可以借鉴硅谷,但无需走单一模式的道路,借鉴"硅谷"也借鉴其他成功的城市。因此本人建议深圳一条腿走谷硅之路,另一条腿走拉斯维加斯与"狄斯尼"之路,双管齐下。这样用两条腿走路,双轨并行,深圳的发展安全系数可达两倍以下,可说是双保险。

B、拉斯维加斯:最近20年来拉市发展较快,且没有停顿过,每年来拉市人数达几千万人,这些人中并非百分之百来赌博,其中有约20%~25%是观光游乐,这类人数近一千万人次。所以有人说,来美旅游,洛杉矶可以不去,不来拉斯维加斯等于未来过美国的不夜城。

C、拉市与"狄斯尼"不一样,狄斯尼是户外的大型游乐场,近年来也转向室内,经济效益不俗,各列世界前列,但"狄斯尼乐园"(Disney World 和 Disney Land)模式对深圳市中心不可取,占地大,形象不合宜作市中心。但其游乐的内涵值得考虑。

D、拉市的中心大道Strip 即Las Ve-gas Blvd林阴大道,深圳市可以借鉴,作为市中心南区的模式,特别是它的工商模式和旅游结合在一起十分成功。金融业和市区、市区和中心大道相得益彰,因此建议市中心区考虑拉斯维加斯的建筑物模式,低价门票,打开门经营。

至于赌博业的问题,我在拉市的中国朋友作了很好的建议,他们建议深圳采用国内已经相当普遍的"有奖游戏"方式,把中奖率适当提高,百分之五十的人,大奖小奖都有奖,大奖可大到汽车、电脑,中奖可以是机票、酒店食宿和手机、电视,小奖是一顿饭、一瓶好酒等。真正把"有奖游戏"经营成一种游戏。不必考虑赌博业的内容,成效依然会较大。拉市的观点景点,大多在室内或半室内,除景点外还有许多以高科技为支持的"秀"(Show),每个"秀"是一个奇观,种类很多,不一而是。

建议:

(1)深圳市中心区的景点大部分将放在室内,基本上是拉斯维加斯模式,具体方法是把猎奇游览、购物漫步、高技术娱乐、有奖游戏、中外餐饮、异乡情趣、异国生活、文体活动、酒店住宿、世界风情、金融股市等人类文化生活的风景线融为一体,把高科技、消闲、旅游观光融为一体。

(2)所有模拟建筑的比例均为实物大小,有威尼斯运河,对应苏州水乡;有荷兰小镇对应绍兴水域;有纽约联排私宅对应北京胡同;有甘肃敦煌石窟相对埃及神庙等。

(3)景点:可以有名人馆、高技术的名人像能发言能动作、电子喷泉、音乐光线舞蹈、各种童话的戏剧、科技游戏、人与电脑对奕下棋等。

(4)"表演秀":拉斯维加斯表演秀种类很多,最具吸引力,都可以借鉴。从"狄斯尼"和拉斯维加斯的实践经验来看,我们只选其"非赌博部分",有它们的15%~20%的游客,每年吸引一千万人来深圳是有客观例证的。

(5)因此建议深圳用硅谷的模式发展"科技工业园"。这是一个发展的侧面。另外用拉斯维加斯+"狄斯尼"的模式开发市中心区南部,融工商、金融、游乐为一体。每年不断加建,每年有新的创造,永远走在前面,永远走在前卫锋线上。初步估计每一期工程有投资五亿元可建五万平方米,平均每平方米一万元。

(6)总之,本人建议不要用常规商业模式去规划设计深圳市中心区南区。用世界上最有效益的方式来策划、规划,设计南区的总图和建筑个体平面具有五光十色的建设内容,勿庸赘言,自然会有十分丰富的外观,这是水到渠成的事。拉斯维加斯和"狄斯尼"每年都上新项目,其股票也始终看好,名列前茅,因此本人建议以游乐街、景观街来代替普通购货商业街。

本人的专业特长是建筑设计,中心区南区CBD,如果有鲜明特色就能钩大量吸引中国内地游客,粗略估计可以每年一千万以上,创造15 000个就业机会,这是国外经验,可供我市参考。以上模式,与我市已有的"世界之窗"概念不同,"世界之窗"是一种游乐园,上述建议是六位一体的CBD。

"市中心区城市设计建筑策划"工作很关键,宜先作一次调研,收集各种数据,供市领导决策,待定出方向后,市中心区的建筑设计就可以有明确目标,各方面可齐头并进,胸有成竹。本人估计这样做的效果将很有成效。

(7)本建议的学术理论根据是R·venturi的名著《向拉斯维加斯学习Learn from las》

台湾黄恒义先生对中心区南中轴线规划建设的建议(2003年3月)

1、深圳市中心区是全中国绝无仅有的一块宝地,其开发价值在世界上也是罕见的。

历数世界各大都市,几无可能找到像深圳市中心区这样地处城市中心,面积高达607hm²的大片未开发土地。从地缘上看,中心区北望莲花山,南邻皇岗口岸,向东依靠深圳过去二十余年的建设成果,向西承接着深圳美好的未来。面对如此一块举世罕见的宝地,我个人认为,在功能规划上一定要多方面考虑,不仅要考虑到深圳的现在状况,还要考虑到深圳的未来发展;不仅要考虑到环境因素,还要考虑到土地这种不可再生资源的综合利用;不仅要听取城市规划专家的意见,还要征询以年轻人为主体的市民诉求。因实务和学术毕竟有很大的不同,尤其是随着都市人口增多和可开发土地的减少,人们已经越来越重视城市土地的高效综合利用,城市规划和都市空间开发方面已经产生了很多很好的新思路。按照中心区目前的自然条件和深圳市的城市地位,如加以合理规划和大胆创新,中心区应可营造成为影响力国辐射全国、在亚洲知名的个性化都市空间。

2、对HOPSCA模式的创新要以人为本

根据西方国家对城市中心商业发展模

式的比较研究，城市中心区商业项目的成功发展，应首推以酒店（Hotel）、办公楼（Office）、停车场（Parking）、购物空间（Shopping）、俯公共活动和娱乐空间（Convention）、公寓（Apartment）六大行业结合的HOPSCA模式。中心区的规划是HOPSCA模式的创新，主要体现在规划中强调的生态概念。生态概念是都市居民生活、消费达到一定层次后的需求，但是我们应该充分认识到，生态概念并不专指完全的绿化和自然（否则就不是都市空间，而是生态公园了），而是指人类活动的相宜性。片面地强调外部环境要素，已经使中心区HOPSCA模式中六大行业之一的购物空间（Shopping）被压缩到极点，这对于建造一个"活"的中心区、充分宝贵的土地资源是非常不利的。事实上，环境不应仅仅局限于室外环境，成功的都市空间不会让人感受到室内外的差异，室内空间本身就是环境的一个组成部分。

3、中心区的商业规划要有大的气魄和手笔

中心区的商业规划应和中心区的定位相一致，应和深圳市的经济地位相称。中心区定位为市的行政、文化、金融、商务、商业中心，由于其地理位置和占地规模的独特性，必将对深圳市的旅游、观光、商业、休闲等经济活动产生深远的影响，因此中心区的商业功能规划不能因循守旧，必须要有突破，有创新，必须要有大的气魄和手笔。目前中心区内规划的只是超级市场、百货商场、专卖店、餐饮娱乐等等传统业态，虽然与深圳市现有的商业业态已经有所改善，但是仍然缺乏前瞻性，尤其是不能与中心区的优美环境相结合。我个人建议将现有的呈"三"字形排列的三个商业地块整合成"Y"字形，在三个分枝分别设立欧洲风情区、北美商业区和亚洲精华区，并安八家世界顶级品牌的核心店入驻，这样不仅可以形成非常诱人的聚客概念，而且可以与周边环境进行完美的结合，形成有特色的整体，避免过多的功能死角。我相信，如果依此种规划，一定能够使深圳市中心区成为辐射珠江三角洲地区、在全国和亚洲都具有影响力的都市空间。

4、中心区商业项目的开发和运营应由一个单一的实体执行

中心区南中轴的三个商业地块目前由三家发展商执行开发。虽然政府在土地出让合同上提出了"统一规划、统一设计、统一建设、统一经营"的指导原则，但是如何保证"四个统一"的实现仍然存在悬念。尤其在工程竣工、进入运营阶段后，发展商从自身利益考虑，进行恶性竞争的可能性极大。恶性竞争的结果就是发展商无法实现赢利，而中心区的品牌、形象必将受到损毁。为了保持中心区商业项目的成功运作，商业项目的开发和经营应由一个法人实体执行。鉴于目前土地已经批租出去，可以考虑由三家发展商按照土地面积入股，成立一家股份公司，集合三家的人力、物力和财力等优势资源，共同运作南中轴的商业项目，达成统一规划、统一建设、统一经营的指导原则。

5、在建设模式上宜采用BOT模式

为了形成可支撑的商圈，中心区南中轴商业面积应在15万m²以上。根据保守估计，15万m²商业面积的投资规模不低于20亿元人民币，而资金回收期应在9年以上。面对如此大规模、长周期的投资，我个人认为在建设模式上要有所创新，不能单纯依赖开发商的自有资金再加银行信贷资金模式。目前海外游资金数额巨大，且成本极低。我个人认为可以考虑引进具有雄厚资金实力和建设能力的国外财团，采用BOT模式建造中心区南中轴商业项目。通过采用BOT模式，国内的开发商可以把主要精力放在项目规划、和未来的运营管理上，而把融集资金、建设施工等工作交给国外机构。这样不仅可以规避资金风险，而且能够保证建设质量和工期。台湾的大湖工商区开发即是采用BOT模式，而北京机场的项目也准备采用该模式建设。

总之，我个人认为，深圳市的中心区是举世罕见的一块宝地。中心区的开发将对深圳未来的城市发起到不可估量的作用，因此必须把它作为千秋大业来做。在商业项目的规划和策划上，要有大手笔；在建设管理模式上，要有所创新。

后记

深圳市中心区专项规划研究始于1996年下半年（即1996年中心区城市设计国际咨询评审会后），至今已基本完成。当时因急需确定深圳地铁一期工程（1号线和4号线）在中心区的选线及站点位置而进行比较研究。由于1996年中心区城市设计国际咨询任务书的技术条件是地铁1号线经过深南路，4号线位于中轴线上，即把水晶岛位置作为地铁1号线和4号线的换乘站来设计的。咨询评审会后，部分专家提出疑问：地铁一期工程既然经过中心区，站点却离CBD的高层高密度办公楼400m～1000m，且中心区的大型公交枢纽站也同样紧靠深南路南侧设置，未来在CBD就业的15万名职工很难乘地铁和公交上下班，这样的选线和站点设置不能提高公共交通的出行比例。于是，就请铁道专业设计院和交通规划研究中心共同进行地铁在中心区的选线及站点位置的比较研究。经过多次研究和专家评审，最终将1号线南移至福华路，4号线东移至中心五路，使地铁一期工程选线及站点直接穿过CBD，许多高层和超高层建筑办公楼或酒店已成为地铁上的覆盖物，地铁（或公交）出站后可直接进入办公楼和会展中心，大大减少了地面的人流交通量。此项研究成果全部被采用实施，并且对中心区交通规划与实施具有深远的历史意义。

专项规划一直作为中心区实施规划过程中解决实际问题的一种重要的技术手段，不断补充和完善中心区规划与城市设计。本册所列专项规划主要分两类：第一类是中心区完整规划链条中不可缺少的环节，例如：法定图则、交通规划研究、行道树规划设计、雕塑规划研究等。第二类是在规划实施过程中“应运而生”的，经中心办集体商量有必要进行专项规划研究的课题，并报局领导审批通过后列入设计前期项目。例如：为了连接地铁会展中心站与购物公园站的地下空间进行的福华路地下商业街可行性研究；为了实施中轴线进行的中心广场及南中轴建筑方案设计前期研究；为了节约土地资源进行的220KV变电站换址到立交桥匝道圈内的可行性研究等。市政设施的选址和建设在满足功能和需求的前提下，尽量与周边项目结合进行综合开发，满足城市中心土地价值的最大化。

中心区大部分路网结构和市政管线都在1996年之前规划和实施，随着中心区城市规划与城市设计的不断深化，交通规划和市政设施也进行了相应的规划调整，并做了大量的专题研究。尤其在交通规划方面进行几轮研究，其中对深南大道中心区段的改造、会展中心选址中心区后周边交通改造、地铁两条线路在中心区的选线、福华路结合地下商业街进行道路断面重新设计等进行了大量创新，引入一些新的理念，体现“以人为本”的宗旨。

由于本书篇幅所限，本册所载专项规划没有覆盖中心区这七年来进行的所有专项规划，例如：针对1999年中心区城市设计及地下空间综合规划设计的优选方案提出在中轴线两侧规划大面积水系进行的可行性研究报告；深南大道中心区段近期改造方案的研究等登载在本套丛书第3册。尽管中心区专项规划研究从不同领域、不同学科、不同角度开展了大量研究工作，各项研究成果的层次深度不同，但每项成果都为中心规划的实施提供了技术支撑和科学依据。诚然，有些成果被全部采用了，有些被部分采用，有些成果尽管可行，但现实技术问题尚未解决，暂时无法实施。由此可见，中心区规划和城市设计过程的每一步、每个环节是慎重的、科学的，甚至有些专项课题的探讨是前瞻的，所有这些都为中心区现在和将来的规划实施奠定了坚实的基础。

丛书编辑后记

本套丛书是对深圳市中心区6年多的城市规划设计与建筑设计及其实施过程资料的整理出版，可谓厚积薄发，水到渠成。在这之前，中心区在专业界的介绍，相对其多年丰盛的国内外设计成果来说是很不相称的。尽管这些年来，中心区的宣传工作也做了不少：编写过两个版本的宣传册子；内部编印过1996、1999年的城市设计国际咨询成果、社区购物公园设计、黑川纪章的中轴线规划、SOM的街坊城市设计、交通规划等资料；1999年委托制作了在当时国内罕有的10分钟动画；2000年制作了多媒体宣传片在莲花山公园的规划展厅长期公开播放。但除了2001年由《世界建筑导报》发行过一期容量有限的专集外，正式发表和出版的资料非常少。专业界对中心区较为全面的了解，应该是通过1999年北京举行的世界建筑师大会。由吴良镛先生推荐，中心区模型和动画参与了大会的展览，引起一些注意。德国包豪斯基金会就是这些注意者中的一个，他们寻踪而来，上门邀请中心区参加了2000年在德国德绍包豪斯举行的中国城市（北京、上海、深圳）规划建设展览。随着专业界对中心区的日益关注，以及中心区规划不断调整和项目建设的大量展开，提供详尽的资料，让各界人士了解中心区规划设计的进展和全貌并能展开一些研究和评论，这是中心区也是专业界所期望的一件事情。这样一件好事，由深圳市规划与国土资源局和中国建筑工业出版社，历时一年多的艰辛合作，于是有了这套精心选编、力求全面完整的中心区系列丛书。本套丛书实质是中心区6年城市设计和建筑设计成果资料的档案编纂，注重史料的原汁原味，不加修饰，不予评论。当然资料浩繁，篇幅有限，编辑还有个取舍删简的问题，所坚持的编辑宗旨，一是全面，二是完整。全面指的是内容的全面，城市规划、城市设计、法定图则、概念设计与前期研究、雕塑规划、交通规划、建筑设计、环境设计乃至室内设计等等，涉及城市建设面貌的各类计划和图纸尽录其中；完整指的是过程的完整，一个方案，从概念到可行性研究到方案设计，再从评议到工程报建审批直至项目实施，各个阶段的演变及其原因，都力求有所交代。追求这样的全面和完整，是因为只有从规划设计的不同类别不同侧面不同阶段

Editors' postscript of the series

A Chinese idiom says that when water is available, the aqueduct is ready. This saying exemplifies the six-years put into the Shenzhen Central District planning and design. Before this Series, the material available to the public has been only a small fraction of the material that has been generated over the course of the design and construction of the Central District. There had been a few efforts to introduce the Central District over the years. However, including a special issue of the World Architecture Review in 2001, publicly available publications on Shenzhen's Central District have been very rare. Not until the 1999 World Congress of the International Union of Architects was the Central District broadly known among design professionals. As recommended by Mr. Wu Liangyong, models and animations of the Central District were exhibited at the conference, and they garnered quite a bit of attention. The Bauhaus Foundation in Germany was among those interested. Later, the foundation invited Shenzhen to participate in the "2000 China (Beijing, Shanghai, Shenzhen) Urban Planning Show" in Dessau, Germany.

Due to the increasing interest shown by professionals, the consistent evolution of the Central District, and the development of its construction, those involved in the planning realized the need to publish detailed information that would reveal the process of the Central District's planning and design for research and commentary. The Shenzhen Planning and Land Resources Bureau and China Architecture and Building Press immediately reached an agreement to carry out the project. After a year of hard work, now we can present this Central District Series.

The series is an archive of the Central District planning and design over the years, and the data is authentic-without any modification and comment. Obviously, due to space limitations, the abundant data has been simplified somewhat. Two principles are followed: one is comprehensiveness, the other is completeness. The comprehensiveness refers to the content, which should cover urban planning, urban design, specifications, conceptual and preliminary designs, sculpture planning, traffic planning, architectural design, landscape design, interior design and the other plans and drawings related to urban design. Completeness refers to documenting the whole process of every project from concept to implementation, so as to illustrate each project's evolution and causes behind the evolution. Only with comprehensiveness and completeness can we have a clear picture of the Central District-a complicated and dynamic system-from all angles. Members of the Development and Construction Office of the Central District have understood this.

As members of a planning department specifically created for the Central District, they have often been asked two questions over the course of the six-year evolution of the Central District. One is, "who planned the Central District: John Lee, Kisho Kurokawa, or Obermeyer?" Another one is, "why does the

入手才有可能认识这个系统复杂同时又是在不断演变的中心区的真面目，这一点，尤其是中心区开发建设办公室的成员有深刻的体会。作为中心区专一的土地规划建筑管理部门，关于6年来中心区的规划设计的演变，有两个问题是经常听到人提出。问题一是：中心区的规划是谁做的？有人知道李名仪、有人说到黑川纪章、有人提起德国的欧博迈亚公司；问题二是：中心区的规划为什么总在变？不是常说实施任何一个方案都比一打变来变去的好方案强吗？要回答好这两个问题，可谓说来话长、一言难尽，想来想去，也只有把所有的方案摆出来才能说得清楚，这也算是编辑出版这套书其中的一个用意吧。城市规划设计及其实施过程中，有太多的影响因素，这些因素都会通过不同阶段的图纸反映出来。希望这套书的档案资料，能有助于读者了解城市规划的综合性、系统性和复杂性，能有助于读者从这些相对完整全面的资料中找到关于中心区各种规划设计问题的答案，能有助于读者提出更多关于中心区甚至是中国城市规划的问题，或者有助于读者从中找到自己的研究课题和素材，以及规划设计的参考范例。

虽然是档案资料汇编，十本书的工作量、难度和所需的时间还是出乎意料之外，加上年久日长也难免有所缺失遗漏，需要四处求索补齐，因此整理编辑的工作成了一项烦琐和艰难的工程。部分缺失资料也得到一些设计机构、建筑师、开发单位的支持，我们感谢本丛书所有出版资料相应的设计委托方对出版工作予以授权和配合。

在此谨对所有为丛书出版提供帮助的机构和人士表示衷心感谢。感谢在深圳工作的美国朋友迈克尔·盖勒高先生为全部英文的定稿付出了心血，特别感谢本书的责任编辑李东禧先生和唐旭女士，他们多次亲临深圳解决问题，他们的敬业精神促成了本套丛书的出版。中心区的规划设计仍在进行，这一少见的城市设计和建设实践，相信还会积累下更多宝贵的资料，到时候还需要这套丛书的续集来记录。

plan of the Central District keep changing all the time? Isn't it always better to stay with one scheme rather than a dozen?" It is hard to answer these questions without showing all the schemes. This is also one of the purposes of publishing this series. It is a long and complex process to take initial urban design concepts to final construction of roads and buildings. Although there is a saying that our city is "built up overnight" with the so-called "Shenzhen speed", there is also another old saying that "Rome was not built in a day". A careful reader may discover that the improvement of the Central District urban design also parallels to the progressive maturity of its administrators' understanding of urban planning issues.

It is unrealistic and dangerous to construct a city totally according to only one version of planning or only one person's will. The city must present the views of the people of all social strata and leave the distinct traces of time and therefore is always in a process of compromise and change. There are many factors having impacts on urban planning, and they are reflected by the drawings throughout the district's different phases. We hope that the relatively comprehensive data in this series can help readers find out the answers to the planning and design questions of the Central District, raise more questions about the Central District or even all China's urban planning, and sort out subjects and materials for research, or create models for further urban planning and design.

Although it is strictly a compilation, the work, the difficulty and the time spent on these ten books have far exceeded what we anticipated. Since missing files had to be tracked down, collecting material often became very complex and difficult. We also received support from many design offices, architects and developers. Kisho Kurokawa sent us the requested data from Japan as soon as he received our letter. In addition, we have received assistance from owners who have authorized us to publish selected materials.

Hereby, we would like to express our heartfelt gratitude to those organizations and people who have provided their invaluable help in publishing the series. Thanks to Michael Gallagher from the United States who works in the Urban Planning & Design Institute of Shenzhen and was the final English editor. Thus, Mr. Li Dongxi and Ms. Tang xu , the managing editor of the series, went to Shenzhen four times to make contributions. His patience and enthusiasm propelled the publication of this series.

The planning and design of the Central District is still going on. More valuable data will accumulate and be documented in subsequent volumes of this series.

丛书简介

一方热土，二次创业。

深圳新世纪的城市形象将在这里重点展开，国际花园城市全新的行政、文化、商务中心职能将在这里有效运行，特区二十年的发展实力和建设经验将在这里集中体现，

两千年之际江泽民总书记两度光临。此地成为市府客人必游之节目，成为地产商家必争之地盘，更成为国内外设计精英智力角逐的竞技场。谁都知道从边陲小镇发展到数百万人口的城市是一个奇迹，殊不知道又一个新的奇迹正在这块土地上酝酿着。蓝图经过反复描绘，建设已经全面展开，一个崭新的城市中心正在呼之欲出伸手可及——这就是深圳市中心区。

这里有全球罕见的太阳能大屋顶建筑，有概念全新的生态－信息立体复合空间的城市中轴线，有国际水准规模一流的会议展览中心，有气势磅礴尺度恢宏的城市中心大广场。在这个城市规划过程中，吴良镛、周干峙、齐康等院士的名字与中心区结缘。矶崎新、黑川纪章、亚瑟·艾里克森、海默特·扬、SOM等国际专业界的名家大师也纷纷为中心区出谋划策贡献才智。

本套丛书正是对深圳中心区规划与设计历程的忠实纪录，全过程展示自1996年以来中心区所有重要的城市设计和重要项目建筑设计招标成果，以及这一过程中观念的逐渐演变和设计的不断改进。全书共分十册，囊括中心区的城市设计、专项规划设计研究、法定图则编制和实施、重要项目设计招标，乃至项目的环境设计和室内设计。

深圳市政府对中心区规划建设的高度重视、巨大投入和设立专门机构所进行的统一管理，在中国城市中都是少有的，而以大型丛书的超大容量来记录一个城市片区规划设计各个方面的档案资料，更是中国城建史和出版史上前所未有的一项事情。这一丛书的真正价值不但在于其沉甸甸的分量感、某项规划设计的国际水准以及资料的翔实，更在于系统和连续地记录了一个在中国少有的能够保持系统和连续的城市设计及其建筑实施的实例。系统和连续，这是深圳市中心区规划管理同时也是本套丛书的精髓所在。要在专业书刊中找到一个精彩的设计很容易，但要了解一个精彩

An outline of the Series

The New Central District is the center of the city's second downtown, the first of which was Luohu and Shangbu.

The image of Shenzhen in the new century is unfolded here; the new administrative, cultural and commercial functions of a world-class garden city will be carried out here; the strength and experience of the Special Economic Zone that has accumulated over the last two decades will be showcased here.

Here is the place where President Jiang Zemin stopped by twice in 2000; where guests of the municipal government will come to visit; where developers compete to invest; and where domestic and international design elites contest for design excellence. It is well-known that Shenzhen emerged from being a remote border town to a metropolis with a population of seven million, but less is known that there is another miracle planned here-that of the New Central District. The blueprints are on the board, construction has started, and a new urban center is emerging.

This is the Shenzhen Central District.

The civic center has a huge, super roof with solar panels; a three-dimensional central axis with new eco-media concept; a world-class convention and exhibition center; and a magnificent central plaza. Over the course of its planning, academicians like Wu Liangyong, Zhou Ganchi, and Qi Kang, along with world-renowned architects like Arata Isozaki, Kisho Kurokawa, Arthur Ericsson, and Helmut Jahn and the architectural firm SOM, have also shaped this project.

This Series records the process of design and planning for the Shenzhen Central District, presents entire schemes of international design consultations and major project competitions since 1996, and demonstrates the evolution of concepts and later improvements in designs. The ten volumes covers urban design, specific areas of study, development and implementation of the Statutory Plan, major design competitions, as well as environmental and interior design that have taken place in the Central District.

It has been rare in China that a municipal government would pay so much attention, invest so much money, and empower such an office responsible for overall project management of a city's central district. It is also unprecedented in China to have so thoroughly documented and analyzed the construction and development of a single urban district. Its real value not only lies in its rich and detailed information, but also in a systematic and consecutive documentation. Because, in fact, a methodical framework and consistency have also been the soul of planning for the Central District. There are many publications that show works of good design, there are far fewer publications that explain how a design has been selected, revised, adjusted and executed. This Series tries to link results at various stages to make readers familiar with a true and complete story about the evolution of a particular urban design and its architectural schemes. This approach undoubtedly will have positive impact on academic research, urban design and

设计是如何从评议中脱颖而出，又如何被修改、调整直到实施，这种机会却是十分难得，而且极为珍贵。本套丛书正是试图通过多个阶段成果的链接，让读者能解读出一个个真实而完整的关于城市设计和建筑方案的成长故事。这对中国城市规划设计及建筑设计的学术研究、对中国城市规划的管理实践、对专业院校的教学科研，无疑都有着极为积极的意义。

十本分册简介分别如下：

《深圳市中心区核心地段城市设计国际咨询》是1996年举行的中心区最重要的一次城市设计国际咨询，由当时的深圳市城市规划委员会顾问专家提议举行的这次咨询，体现了市政府和规划专业界对已经历时十年研究不断的中心区规划设计的更高期望。美国、法国、新加坡、香港四个国家和地区的设计机构各显其能，设计构思精彩纷呈。国际评议结果为中心区确定了总的形态布局和很多为日后所继承和发展的设计概念，诸如250m宽中央绿化带、水晶岛、太阳能屋顶的市政厅、社区购物公园、二层步行商业街等等。

《深圳市中心区中轴线公共空间系统城市设计》是日本著名建筑师黑川纪章1997年接受邀请，对1996年城市设计国际咨询优选方案提出的250m宽中央绿化带所进行的深化改进设计。黑川纪章应用他的共生理论，提出了生态－信息轴线的概念。他把随轴线空间所展开的时序、动态、功能、节庆、形态、隐喻、透视等层面的变化富有创意地演绎成一部独特的城市音乐总谱，并将中轴线设计成立体复合的由一系列公园、广场和开发空间组成的城市公共空间系统。这一公共空间系统被誉为中心区的绿色生命线，是中心区的脊椎和灵魂所在。

《深圳市中心区城市设计及地下空间综合规划国际咨询》是1999年举行的在1996年中心区核心地段城市设计优选方案、1997年黑川纪章中轴线公共空间系统规划设计、1998年SOM设计公司的两个街坊城市设计等规划成果基础上，就中心区交通规划的系统改进、地下空间开发策略研究、城市空间形体的整体协调这三大课题进行的城市设计国际咨询，是对中心区已有规划成果的全面整合和系统优化。在为中心区开发建设全面展开创造规划条件的同时，优选方案系统的城市设计概念和超乎想像的创造力，也给中心区建设带来了挑战。

《深圳市中心区22、23－1街坊城市设计及建筑设计》是美国SOM设计公司1998年对中心区CBD的两个办公街坊所做的城市设计及其导则，以及根据这些导则所做的建筑设计方案招标成果。SOM通过实地调查、细心观察以及令人信服的城市设计分析，成功调整现有地块和街道网络，巧

planning management, and planning education.

An outline of each volume:

"The International Urban Design Consultation for Core Areas of Shenzhen Central District"

Proposed by urban planning experts, the international design consultation for the Core Areas has been the most important event in the overall course of the Central District, and it manifests the high expectations from the municipal government and planning circles after their ten years of research. Firms from the United States, France, Singapore and Hong Kong displayed their capabilities with brilliant designs. As a result, the international jury panel selected what was considered the optimal design-a design by Lee-Timchula architects of the United States. This master plan and most of its design concepts would indeed be carried out--including the 250-meter-wide central green area, Crystal Island, the civic center with its solar panel roof, community shopping park, and pedestrian shopping streets with skywalks.

"Systematic Planning for Public Space along the Central Axis of Shenzhen Central District"

In 1996, Kisho Kurokawa, the renowned Japanese architect, was invited to refine the concept and design of 250-meter-wide central green area that was proposed in the winning Lee-Timchula design. Based on his symbiosis theory, Kisho Kurokawa introduced the concept of an eco-media central axis. It is a unique urban "symphony" combining changes, dynamics, functions, festivals, forms, metaphors, and perspectives. The central axis is designed into a three-dimensional public space system comprised of parks, squares and developed areas. This public space is viewed as the green lifeline and backbone of the Central District.

"International Planning Consultation for Urban Design and Underground Space in Shenzhen Central District"

Based on the 1996 Lee-Timchula's winning urban plan for the Central District, the 1997 Kisho Kurokawa scheme for the public space system along the central axis, and SOM's 1998 two-block urban design, this international consultation emphasized three areas: traffic planning, underground space development, and overall urban space. It integrates and optimizes the existing Central District urban plan. At the same time, the systematic urban design concepts and incomparable creativity in the Optimal Design challenge the Central District construction.

"Urban Design and Architectural Design for Blocks No. 22 and No. 23-1 in Shenzhen Central District"

It includes the SOM's proposal of urban design and architectural guidelines for two large city blocks, and the results of architectural competitions according to those guidelines. Based on field investigation, careful observation, and convincing urban design analysis, SOM split the existing blocks into many smaller blocks. The American firm also created two small neighborhood parks in the middle of each of the original blocks, in order to open up the landscape and add value to each

妙地在两个街坊中间各辟一个小公园，全面改善了各个地块的景观条件和土地价值。SOM关于街道形式和建筑形体的控制通过其制定的城市设计导则，在随后的单体建筑设计招标中得到认真贯彻。这是一个极为难得的街坊城市设计及实施的范例。

《深圳市民中心及市民广场设计》是美国李名仪／廷丘勒建筑师事务所根据其在1996年中心区核心地段城市设计优选方案中所提出的市政厅概念，经过多轮设计和论证于2002年最终完成的一项庞大的工程设计。480m长的太阳能曲面大屋顶犹如大鹏展翅，覆盖着由三组建筑组成的巨大综合体，建筑面积达21万m^2，包括政府办公、人大办公、礼仪庆典、市民活动、会堂、博物馆、档案馆及工业展览馆等内容。这个项目既是深圳市未来的行政中心，也是一个真正意义的市民中心。这一建筑及其前面的市民广场是整个中心区中轴线上的高潮和焦点。

《深圳市中心区文化建筑设计方案集》荟萃了中心区1996～2000年由政府投资建设的5个文化建筑的设计招标成果。包括音乐厅和图书馆两个建筑的文化中心项目由日本著名建筑师矶崎新在阵容豪华强盛的国际设计招标中力拔头筹。而深圳市少年宫和电视中心则是经过多轮的方案征集和招标评议，最后由本地建筑师中标。深圳市高新技术成果交易会展馆是通过国际设计招标确定方案，用不到一年时间筹建开馆，并且一年之内就进行扩建的高标准临时建筑。这些招标设计方案无论中标还是落选，都各具精彩之处，值得研究借鉴。

《深圳市中心区商业办公建筑设计招标方案集》汇集了除SOM所作城市设计的两个街坊之外的中心区1996～2002年商业办公项目。社区购物公园在1996年城市设计优选方案中被提出，是一个寓休闲、购物和园林于一体，作为办公区和住宅区之间空间缓冲过渡的特殊商业项目。完整的资料展示了项目从概念提出、任务书、方案国际招标、项目招标乃至建设的一系列过程和演变。其余五个商业办公建筑都是中心区的超高层建筑，尤其值得注意的是日本建筑师矶崎新参与的大中华交易广场（原名）设计招标的方案，对建筑空间做了空前的探索和创新。

《深圳市中心区住宅设计招标方案集》收集了1996～2002年中心区范围内的住宅方案，有13个项目及一个旧村改造研究，分布在中心区四周，居住人口总计约7万人。这些居住区无论对中心区的人气活力，还是对中心区的形态面貌都起着非常重要的作用。由于市场的原因，中心区住宅投资建设相对踊跃和早熟，中心区成为房地产市场销售的重要概念，这对中心区的规划管理带来了压力和挑战：这些位于中心区的住宅，是否充分发挥了中心区的土地价值，体现了城市中心地区住宅所应有的特点，并与中心区城市设计有良好的关系

block. SOM's urban design guidelines for controlling street character and building massing have even been implemented in later design competitions. This is a rare case in China where urban planning concepts have been fully carried through to completion.

"The Civic Center and Civic Plaza Design in Shenzhen Central District"

The second focus of the1996 Central District Urban Design International Consultation was to derive a concept for a new city hall, and Lee-Timchula Architects' concept of a city hall was an integral part of its winning urban design for the Central District. Their enormous city hall is the result of many design modifications and evaluations. It is a gigantic compound covered by a 480-meter-long roof tiled with solar electric panels, and resembles a giant bird spreading its wings. With a total area of 210,000 sq. m., the city hall actually consists of three buildings that house government offices, celebration halls, a civic entertainment center, museums, archives, industrial exhibition halls, etc. As the future administrative center of the city and as a real civic center, the building, along with its front plaza, is the climax and focus of the whole central axis.

"A Collection of Cultural Building Designs in Shenzhen Central District"

This volume collects competition schemes for five cultural buildings developed by the government. The design of the Concert Hall/ Library was awarded to Arata Isozaki, while the Children's Palace and the TV Center were won by local architects after rounds of competitions and bidding evaluations. The design for the High-Tech fair Exhibition Hall also resulted from an international competition. It is a high-quality but temporary structure that was completed within less than a year and seamlessly expanded just a year later. Whether competition entries won or not, all of them deserve further study.

"A Collection of Commercial Building Designs and Spaces in Shenzhen Central District"

This collection assembles the designs of all the commercial buildings and commercial spaces planned for the Central District other than the ones in the two blocks designed by SOM. The idea of a community shopping park was proposed in the Optimal Design in 1996. As a special commercial project buffering the space between offices and residential areas, the park provides for entertainment, shopping and recreation. Comprehensive data show how all the projects have evolved from concept to program, international competition, construction bidding, and finally to construction. The five office buildings are super-high buildings. Special attention is given to one of the proposals for the China Grand Trade Plaza (original name), by Arata Isozaki, who had an innovative idea of public space.

"A Collection of Residential Designs in Shenzhen Central District"

This collection assembles residential designs scattered around the Central District--including 13 new projects and a housing development renovation. In total, they accommodate approximately 70,000 residents. The residential areas play an important role in forming the dynamics and prosperity of the Central District, while the Central District ur-

呢？此分册对这些问题，提供了研究素材。

《深圳市中心区专项规划设计研究》是中心区1996～2002年城市设计不可缺少的组成部分，系统反映了对一些国际咨询成果消化吸收、改进完善、管理实施的过程。其中交通规划研究一直保持着对规划演变的动态配合和支持；行道树规划和城市雕塑规划体现了对环境要素整体性的重视以及在城市设计专项领域的探索；地下商业街、地下水系、广场及南中轴，以及一些街区研究则是对城市设计概念的深化和延伸；成功应用电脑仿真技术进行城市设计和方案比较分析也是在中国城市建设史上的一项开创性工作；而这些规划成果的实施，最终将依靠法定图则的编制和执行。

《深圳会议展览中心》是一个几经周折于2002年最终落户中心区的大型项目。关于这个项目如何与城市功能布局、开发策略、交通设施相衔接的比较研究是大型建设项目选址，同时也是城市设计研究范畴的一个典型实例。这些研究资料和过程的忠实展示，也是试图向公众解释这样一个几近戏剧性变化的客观事实：这个项目为什么从位于华侨城填海区由海默特·扬中标的精彩方案（该次国际招标详见《深圳会议展览中心建筑设计国际竞标方案集》，中国建筑工业出版社，1999年）变为中心区中轴线南端的由德国GMP设计公司中标的精彩方案？也说明了一个片区的城市规划随着城市经济发展不断调整并实施的过程。

ban plan has been instrumental in generating residential real estate sales. So far the market for residential real estate has been stronger than the market for office space. This creates a challenge for the planning and management of the Central District: How to have housing developments that are unique, economically feasible and enjoyable to live in yet also are street friendly and compatible with the general urban plan rather than inward facing?

"Specific Area Studies of Shenzhen Central District"

These are indispensable parts of the Central District urban planning, and systematically reveal how international consultation results have been digested, improved upon, and implemented. Of these studies, traffic planning has always dynamically coordinated with and supports the whole planning evolution. Planning for street trees and urban sculptures enhances total environmental quality. Design research on underground streets, water systems, plazas and central axis is an important extension of general urban planning. In addition, successful adoption of computer simulation technology to conduct comparative analysis of urban design schemes has been innovative. All of these efforts will be implemented according to the Statutory Plan. The collection of these studies will help the reader explore specific fields of study in-depth.

"Shenzhen Convention and Exhibition Center"

This volume tells the story of a single large project now in the Central District. In terms of site selection and urban design study for big projects, this is a model for comparative study on how a project is linked with urban functional layout, development strategy and traffic facilities. The story reveals the process behind the changing of sites from a parcel on reclaimed land by Shenzhen Bay in Shenzhen's Overseas Chinese Town to a site on the south of the Central District axis. As a result, Helmut Jahn's winning design (International Competitive Design Collection for Shenzhen Convention and Exhibition Center, published by Chinese Building Industry Publications, 1999) had to be scrapped and GMP of Germany won the subsequent competition for the new site.

图书在版编目(CIP)数据

深圳市中心区专项规划设计研究/深圳市规划与国土资源局主编.-北京：中国建筑工业出版社，2002
(深圳市中心区城市设计与建筑设计系列丛书)
ISBN 7-112-04954-7

Ⅰ.深... Ⅱ.深... Ⅲ.市中心-城市规划-设计方案-研究-深圳市 Ⅳ.TU984.16

中国版本图书馆CIP数据核字(2002)第004976号

责任编辑：李东禧 唐 旭
整体设计：冯彝诤

《深圳市中心区城市设计与建筑设计1996-2002》系列丛书
Urban Planning and Architectural Design for Shenzhen Central District 1996-2002
深圳市中心区专项规划设计研究
Specific Area Studies of Shenzhen Central District

丛书主编单位：深圳市规划与国土资源局
Editing Group:Shenzhen Planning and Land Resource Bureau
中国建筑工业出版社出版、发行(北京西郊百万庄)
新华书店经销
北京广厦京港图文有限公司设计制作
深圳利丰雅高印刷有限公司印刷
*
开本：889×1194毫米 1/16 印张：12 字数：422千字
2003年9月第一版 2003年9月第一次印刷
定价：128.00元
ISBN 7-112-04954-7
TU·4416(10457)

本社网址：http://www.china-abp.com.cn
网上书店：http://www.china-building.com.cn